Felix Holzapfel, Klaus Holzapfel

facebook – marketing unter freunden

dialog statt plumper werbung

BusinessVillage
Update your Knowledge!

Felix Holzapfel, Klaus Holzapfel
facebook – marketing unter freunden
dialog statt plumper werbung
4. Auflage, Göttingen: BusinessVillage, 2012
© BusinessVillage GmbH, Göttingen

Bestellnummern
ISBN 978-3-86980-166-7 (Druckausgabe)
ISBN 978-3-86980-167-4 (E-Book, PDF)

Direktbezug www.businessvillage.de/bl/834
Bezugs- und Verlagsanschrift

BusinessVillage GmbH
Reinhäuser Landstraße 22
37083 Göttingen
Telefon: +49 (0)5 51 20 99-1 00
Fax: +49 (0)5 51 20 99-1 05
E-Mail: info@businessvillage.de
Web: www.businessvillage.de

Layout und Satz
Sabine Kempke

Illustration auf dem Umschlag
Vanessa Wronna

Druck und Bindung
AALEXX Buchproduktion GmbH, Großburgwedel

Über die Autoren

Felix Holzapfel ist Geschäftsführer der deutschen Niederlassung von conceptbakery. Die Agentur ist auf die Entwicklung alternativer Marketingstrategien für Unternehmen in Deutschland und den USA spezialisiert – sowohl für große namenhafte Anbieter als auch für KMU. Er hat sich einen Namen als Autor und Co-Autor mehrerer Bücher gemacht und ist gefragter Referent für unkonventionelles, digitales und medienübergreifendes Marketing.

Kontakt

www.conceptbakery.de
www.facebook.com/felixholzapfel

Klaus Holzapfel lebt seit 1997 in den USA und ist Geschäftsführer der Marketingagentur conceptbakery llc. in Denver, CO. Diese ist auf die Entwicklung und Umsetzung außergewöhnlicher Konzepte in den Bereichen Guerilla- und Social-Media-Marketing spezialisiert. Außerdem ist er Experte für die Verbindung von Werbemaßnahmen mit einem guten Zweck und Gründer der Non-Profit-Organisation Ubuntu Now.

Kontakt

www.conceptbakery.com
www.facebook.com/klausholzapfel

Vorwort

Die erste Auflage dieses Buches wurde im Mai 2010 veröffentlicht. Seither gingen die Entwicklungen im Bereich Social Web weiter im Eiltempo voran. Für Facebook gilt dies, wie gewohnt, im Quadrat. Denn das Unternehmen gibt in diesem Bereich nach wie vor den Takt vor. Und dieser wird immer schneller.

Sprich: Die neue Auflage dieses Buches enthält zahlreiche Neuerungen. Hier ein kurzer Überblick der wesentlichen Änderungen:

Umstellung der Facebook-Seiten auf Timeline (Chronik)

Im Februar beziehungsweise März 2012 wurden die Facebook-Seiten einem umfangreichen Update unterzogen. Seither bieten sich hier vollkommen neue Möglichkeiten. Sowohl technisch als auch inhaltlich.

Redaktion und fortlaufende Pflege einer Facebook-Seite

Welche Art von Inhalten kann und sollte man zu welchem Zeitpunkt veröffentlichen? Welche Anzahl an Beiträgen ist pro Tag oder Woche zu empfehlen? Wie kann man seine Tätigkeiten mithilfe eines Redaktionsplans besser strukturieren und auswerten? Einige Tipps und Tricks aus unserer täglichen Arbeit.

Facebook-Werbeanzeigen

Inzwischen gibt es diverse neue Werbemöglichkeiten auf Facebook sowie unterschiedliche Tools, um die Werbewirkung zu steigern. Wir zeigen, wie diese funktionieren und vor allem, wie man das Beste aus dem vorhandenen Budget herausholt.

Controlling

Wir stellen verschiedene, teilweise neue Werkzeuge vor, welche ein noch besseres Controlling ermöglichen. Sowohl im Bezug auf die Aktivitäten auf einer Facebook-Seite, der Verwendung von Social Plug-ins auf der externen Unternehmens-Website als auch mit Hinblick auf die Schaltung und Wirkung von Werbeanzeigen innerhalb von Facebook.

Persönliche Profile wurden zur Timeline (Chronik)

Bereits im September 2011 wurde die Timeline-Funktion für persönliche Profile vorgestellt. Diese verleiht den Profilen nicht nur einen schickeren Look, sondern vor allem eine Fülle neuer Funktionen.

Facebook Mobile App

Immer mehr Menschen nutzen Facebook inzwischen mobil auf ihrem Smartphone. Insofern findet sich auch dieses Thema verstärkt an verschiedenen Stellen der neuen Auflage wieder.

Neue Showcases

Nach wie vor bilden Showcases einen äußerst wichtigen und umfangreichen Teil dieses Buches. Dabei bieten wir nicht nur neue, sondern vor allem noch einmal viel mehr Beispiele, wie Unternehmen Facebook nutzen, welche Kampagnen besonders erfolgreich waren und warum.

Dankeschön

Wir möchten die Gelegenheit nutzen, uns bei den vielen Lesern zu bedanken, welche dieses Buch zu einem Bestseller gemacht haben! Die zahlreichen, extrem positiven Rückmeldungen haben uns wirklich überwältigt und mehr als nur sehr gefreut. Vielen Dank!

Außerdem ein riesiges Dankeschön an das Team der conceptbakery, welches uns bei der täglichen Arbeit immer wieder begeistert, inspiriert und vor allem auch tatkräftig bei der Überarbeitung des Buches mitgewirkt hat (insbesondere Swantje Schwanebeck, Dara Schneider, Constanze Gatza, Sarah Petifourt, Patrick Dörfler, Tabea Junczyk, Vanessa Wronna, Alexander Jongen und Christopher Egger).

Nun wünschen wir viel Spaß beim Lesen, möglichst viele Erkenntnisse für die tägliche Arbeit und hoffen, dass auch diese Version wieder ähnlich gut ankommt, wie die erste Fassung! Wir sind gespannt und freuen uns über jedes Feedback, entweder in Form einer Rezension auf Amazon oder auf der Facebook-Seite dieses Buches unter: *www.facebook.com/fbmarketingbuch*.

1. Einleitung – Das Phänomen Social Networks

1.1 Vom Internet zum Web 2.0 und Social Networks

Das Internet hat die Kommunikation und den Fluss von Informationen revolutioniert. Beides ist schneller geworden, globaler, effizienter, grenzenloser, unkontrollierbarer und vieles mehr.

In den letzten Jahren ist ein weiteres Phänomen hervorgetreten. Nutzer wandeln sich von reinen Konsumenten von Inhalten zu aktiven Produzenten von Web-Contents. Seien es Einträge in Blogs, Kommentare oder Bewertungen von Inhalten oder Uploads von selbst erstellten Fotos und Videos. Niemals war es so leicht, seine Meinung kundzutun und – zumindest theoretisch – mit unzähligen Menschen zu teilen.

Teilweise sind diese Möglichkeiten nicht einmal wirklich neu. Zum Beispiel bietet Amazon seinen Kunden schon seit jeher die Möglichkeit, Produkte zu bewerten und Rezensionen zu schreiben.

Der grundlegende Wandel, den man unter dem Begriff »Web 2.0« zusammenfasst, besteht also eigentlich weniger in neuen Technologien, sondern in der verstärkten und teilweise auch alternativen Nutzung von Möglichkeiten, die bereits seit geraumer Zeit bestehen. Aber vor allem geht es um Folgendes: das veränderte Verhalten der Internetnutzer!

Dabei wird die Kommunikation immer aktiver, persönlicher und vernetzter. Und genau im Zentrum dieser Entwicklung steht ein elementarer Baustein: Soziale Netzwerke.

Hier verbringen zahlreiche Nutzer einen Großteil ihres Alltags. Sie kommunizieren mit ihren Freunden, treffen alte Bekannte, Arbeitskollegen, tauschen Bilder vom letzten Urlaub aus, teilen mit, was sie gerade tun, kommentieren und bewerten die Inhalte anderer Nutzer, Spiele und zahlreiche andere Dinge. Der Clou dabei: Sie machen dies nicht wie im Web 1.0 im »stillen Kämmerlein«, sondern so, dass es jeder mitbekommen kann und oftmals auch soll.

Ist diese Entwicklung gut? Möchten wir eine Gesellschaft heranzüchten, die aus Menschen besteht, die virtuelle Seelen-Striptease begehen? Führt diese Form der virtuellen Kommunikation nicht zu einer Verarmung der zwischenmenschlichen Beziehungen in der »realen Welt«?

Oder sind Social Networks doch gar nicht so böse, wie sie manchmal gesehen werden? Und helfen vielleicht, das Zusammenleben zu vereinfachen oder gar zu verbessern? Teilweise bis hin zu grundlegenden gesellschaftlichen Entwicklungen, wie politischen Protestbewegungen, beispielsweise im Iran, Tunesien oder Ägypten? Den Fluss von Informationen zu optimieren und der immer stärker anwachsenden Datenflut zumindest ansatzweise Herr zu werden? Bedienen Social Networks nicht einfach einen Grundtrieb von Menschen, nämlich miteinander zu kommunizieren und eigenes Wissen zu teilen? Ist dies demnach eigentlich alles gar nichts wirklich Neues, sondern eher eine Art Turbo für seit jeher fest in uns verwurzelte Verhaltensweisen, denen wir es zu verdanken haben, dass wir nicht mehr in einer Höhle leben, sondern bereits auf dem Mond gelandet sind? Sprich: Sind Social Networks unter Umständen ein nützliches Werkzeug, um den scheinbar niemals endenden Drang nach neuem Wissen des Menschen besser zu befriedigen?

Wie so oft kann man diese Fragen wohl weniger mit »Ja« oder »Nein« beantworten, vielmehr liegt die Wahrheit irgendwo dazwischen. Dies ist eine Diskussion, die uns nahezu tagtäglich im Umgang mit unseren Kunden begleitet. Wir finden solche Gespräche sehr spannend und freuen uns in einer Zeit zu leben, in der wir diese Entwicklung aktiv mit prägen können. Denn jeder von uns ist nicht nur »Deutschland«, sondern nahezu jeder von uns ist in irgendeiner Form auch »Web 2.0«. Egal, ob er sich aktiv beteiligt oder nicht.

Doch diese Diskussion möchte dieses Buch gar nicht führen und die damit einhergehenden Fragen auch nicht erörtern. Vielmehr besteht das Ziel darin, aufzuzeigen, wie Menschen sich in Social Networks verhalten. Was sie dort machen, welche Grundregeln herrschen, wie sich Informationen verbreiten und vor allem wie sich Unternehmen oder Marke in dieser Welt verhalten sollten, um nicht außen vor, sondern mitten drin zu sein.

Denn unabhängig davon, wie man selber zu gewissen gesellschaftlichen Entwicklungen steht, ist eines Fakt: Soziale Netzwerke haben in kürzester Zeit einen unglaublichen Siegeszug erlebt und die Kommunikation sowie den Fluss von Informationen grundlegend verändert. Und die Welle flacht noch lange nicht ab. Im Gegenteil: Sie nimmt gerade erst richtig Fahrt auf. Daher ist jedes Unternehmen schlichtweg gut beraten, sich zumindest mit diesen Entwicklungen auseinanderzusetzen. Um daraufhin fundiert beurteilen und entscheiden zu können, wie man damit umgeht, welche Einflüsse all dies auf die tägliche Arbeit, das Verhältnis zum Markt und den Kunden hat.

Social Networks sind aktuell ein »hyperdynamisches« Umfeld. In anderen schnelllebigen Branchen ändern sich die Produkte im Wochen- oder Monatsrhythmus, indem sie leicht modifiziert werden oder in regelmäßigen Abständen eine neue Version veröffentlicht wird. Im Bereich Social Networks ändern sich die Produkte nahezu täglich.

Facebook-Gründer Mark Zuckerberg hat die Unternehmenskultur von Facebook einmal wie folgt beschrieben: »Wenn man schnell durch einen Raum rennt, ist es vollkommen normal, dass mal etwas kaputtgeht und zum Beispiel eine Vase herunterfällt. Ein Mitarbeiter, der nichts kaputtmacht, bewegt sich für unser Unternehmen einfach nicht schnell genug!«

Sprich: Durch eine konsequente und hyperdynamische »Trial & Error-Kultur« ist die Plattform innerhalb relativ kurzer Zeit von einem Studenten-Projekt zu einem Multi-Milliarden Dollar-Unternehmen herangereift. Das Geheimnis: Anders und schneller sein als alle anderen, bisher in Zement gemeißelte Denkweisen auf den Kopf stellen, eher Fehler machen und diese gegebenenfalls korrigieren, statt jeden Schritt genau zu planen, zu analysieren und dann langsam und bedächtig umzusetzen. Daher ist es nicht verwunderlich, dass der Entwicklungszeitraum von der Entstehung einer Idee bis hin zu deren Integration bei Facebook oftmals nur wenige Wochen beträgt.

Das Video Social-Media-Revolution – eine Art kurzer Trailer zu dem lesenswerten Buch *Socialnomics* von Erik Qualman – bringt diese »Hyperdynamik« mit diversen Aussagen sehr gut auf den Punkt. Hier einmal ein kleiner Auszug ergänzt, durch einige weitere ähnliche Aussagen:

- 96 Prozent der Generation Y sind Mitglied in einem Social Network.
- Zwei Drittel dieser Nutzer loggen sich täglich mindestens einmal ein.
- Ein Drittel ihrer Online-Zeit verbringen 18- bis 24-Jährige auf Social Networks wie Facebook & Co.
- 93 Prozent der Nutzer glauben, dass Unternehmen ebenfalls in Social Networks präsent sein sollten.
- Im Jahr 2009 nutzten allein in Deutschland 26,4 Millionen aktive Teilnehmer Social Networks. Im Sommer 2011 lag dieser Wert laut Bitkom bei 40 Millionen Nutzern – Tendenz weiter steigend.
- Social-Media-Angebote haben Porno als Hauptaktivität im Netz abgelöst.
- Wenn Facebook ein Land wäre, wäre es die drittgrößte Nation der Welt.

- Generation Y and Z bezeichnen die E-Mail als ein Relikt der Vergangenheit, sie kommunizieren via Social Networks (zum Beispiel gibt es in den USA erste Universitäten, die ihren neuen Studenten keine eigene E-Mail-Adresse mehr anbieten, da diese kaum mehr genutzt werden).
- 25 Prozent der Suchergebnisse zu den weltweiten Top 20-Marken bestehen aus Links zu User Generated Content.
- Laut *Hitwise.com* stoßen inzwischen mehr als zweieinhalb Mal so viele Nutzer über Facebook auf News-Quellen wie über Google.
- Facebook erzeugt in den USA bereits mehr Traffic pro Woche als Google.
- Eins von fünf Paaren in den USA hat sich online kennengelernt. Bei gleichgeschlechtlichen Partnern liegt dieser Wert sogar bei drei von fünf. Wobei diese Werte insofern relativiert werden, als das auch eine von fünf Scheidungen in den USA bereits auf Aktivitäten in Social Networks zurückzuführen ist.
- 50 Prozent des mobilen Traffics der UK wird durch Facebook generiert.

Neben dem unglaublichen Wachstum im Bereich Social Networks gibt es eine weitere Entwicklung, der sich Unternehmen im Rahmen der Verbreitung des Web 2.0 stellen müssen: Laut Nielsen, einem der führenden Marktforscher im Bereich Online, vertrauen 78 Prozent der Konsumenten den Aussagen ihres persönlichen Netzwerks, nur 14 Prozent vertrauen den Aussagen in der Werbung. Sprich: Die Konsumenten werden nicht nur mit einer immer größeren Anzahl von Werbebotschaften konfrontiert, von denen sie nur noch vereinzelte Bruchstücke wahrnehmen (laut der Studie »Futuring Communication« von BBDO sind dies täglich circa 3.000 Werbebotschaften, von denen man 52 wahrnimmt), sondern das Vertrauen in diese Aussagen ist außerdem kaum noch vorhanden (laut Nielsen vertrauen nur noch 15 Prozent der Konsumenten in die Aussagen von Werbung). Im Gegenzug setzen sie stärker auf die Aussagen ihres Netzwerks, mit dem sie dank des Web 2.0 und insbesondere dank Social Networks immer besser vernetzt sind.

In Zukunft wird die Bedeutung des persönlichen Netzwerks für die Wahrnehmung einer Marke und das Entstehen einer Kaufentscheidung also immer weiter zunehmen. Denn eins ist sicher: Social Networks arbeiten mit Hochdruck daran, ihre Daten noch besser miteinander zu vernetzen und leichter auffindbar zu machen, sodass Nutzer den optimalen Mehrwert aus ihrem Netzwerk ziehen. Damit werden Empfehlungen von Freunden und die Präsenz einer Marke im Umfeld des Social Webs immer stärker über den Erfolg eines Unternehmens entscheiden.

Klingt beängstigend? Keinesfalls! Vielmehr spannend und nach einer Zeit voller neuer Möglichkeiten. Die damit einhergehenden Chancen soll unser Buch vorstellen. Es veranschaulicht, welche Herausforderungen und Möglichkeiten das weltweit führende Social Network Facebook bietet.

> **Wichtig**
>
> Das Social Web ist ein hyperdynamisches Umfeld. Dies gilt insbesondere für Facebook, das weltweit führende Social Network, auf das wir uns in diesem Buch konzentrieren. Funktionen und Oberflächen ändern sich dort in sehr kurzen Abständen. Beispielsweise werden einzelne Grafiken in diesem Buch unter Umständen bereits zum Zeitpunkt der Veröffentlichung veraltet sein. Der Einwand, dass ein Buch rund um diese Plattform nicht das richtige Medium darstellt, ist daher nicht ganz von der Hand zu weisen. Wir machen es trotzdem! Denn, a) auch wenn wir »Social-Media-Nerds« das manchmal nicht wahrhaben möchten, es gibt immer noch zahlreiche Menschen, die gerne ein »klassisches Buch« in der Hand halten. b) Das Buch erhebt nicht den Anspruch, als Facebook-Handbuch zu fungieren. Hierfür sind andere Quellen wesentlich besser geeignet. Aber die wesentlichen Funktionen und grundlegenden Mechanismen und Strategien, welche erfolgreiches Social-Media-Marketing auszeichnen, behalten nach wie vor ihre Gültigkeit. Sie sind relativ unabhängig von veränderten Funktionen und Benutzeroberflächen. Und genau dieses grundsätzliche Wissen möchten wir den Lesern mit diesem Buch vermitteln.

1.2 Warnung – Risiken und Nebenwirkungen im Social Web ...

> **Hinweis**
>
> Facebook ist ein persönliches Umfeld. Man ist dort in der Regel per du. Daher wundere DICH bitte nicht, dass wir hier mit DIR als Leser genauso verfahren ;)

Vorsicht bei folgenden Symptomen: »Wir brauchen unbedingt eine Facebook-Seite!«
Der oftmals blinde Aktivismus bei dem Aufbau einer Präsenz auf Facebook & Co. erinnert teilweise an das Vorgehen Mitte/Ende der Neunzigerjahre – den Siegeszug des Web 1.0. Damals sind ebenfalls viele Unternehmen ins WWW gestürmt, ohne sich vorher ausreichend zu überlegen, was sie dort erreichen oder wen genau sie dort wie ansprechen wollen.

Eine weitere Parallele: Oftmals wurde damals versucht, einen Print-Katalog und altgediente Vorgehensweisen eins zu eins auf das Internet zu übertragen und als Website abzubilden. Die Möglichkeiten des WWW wurden allzu oft nur unzureichend verstanden und genutzt. Genau die gleichen Fehler passieren heute leider häufig, wenn Unternehmen blindlings ins

Social Web marschieren, und versuchen, ihre 1.0-Inhalte und Denkweise auf diese »neue 2.0-Welt« zu übertragen.

Hier also die traurige Nachricht: Auch das Social Web ist keine »Marketingwunderwaffe« oder »eierlegende Wollmilchsau«. Die bloße Einrichtung einer Facebook-Seite nutzt also kaum etwas, wenn das Social Web nicht verstanden wird, keine stimmige Strategie zugrunde liegt, keine klaren Ziele formuliert werden und kein Zusammenspiel mit anderen Maßnahmen beziehungsweise keine reibungslose Integration in die gesamte Marketingstrategie erfolgt. Die in diesem Buch vorgestellten Inhalte, Strategien und Vorgehensweisen sowie die Berücksichtigung von Tipps anderer Experten und Quellen helfen, unliebsame Risiken und Nebenwirkungen bei der Eroberung des Social Web zu vermeiden.

Das Ergebnis: ein gekonnter Auftritt im Social Web, der eine äußerst attraktive Bereicherung im Bereich Marketing darstellt.

Tipp

Auch im Social Web wird nichts so heiß gegessen, wie es gekocht wird. Sicherlich ist es auch hier hilfreich, die Trends zu setzen, anstatt ihnen hinterherzulaufen. Aber der »First Mover-Effekt« nutzt rein gar nichts, wenn der Auftritt im Social Web nicht gut durchdacht ist und die Möglichkeiten dieser »neuen Marketingwelt« nicht ausreichend nutzt. Hier kann man durchaus folgendes chinesisches Sprichwort empfehlen: »Wenn du es eilig hast, sollst du langsam gehen.«

1.3 Für wen eignet sich dieses Buch – und für wen nicht ...

Hier eine kurze Übersicht möglicher Zielgruppen für dieses Buch und eine Einschätzung, wer von diesem Buch was erwarten kann. Für wen sich das Buch eignet. Und für wen nicht.

Zielgruppe	Ja	Nein	Teilweise
Non-Facebooker	✕		
Aktive Facebook-User			✕
Geschäftsführer/Unternehmer	✕		
Marketingverantwortliche	✕		
Facebook-Nerds		✕*	

✕* An deiner Stelle würden wir also, wenn überhaupt, einfach mal einzelne Kapitel kurz in einer Buchhandlung durchstöbern, anstatt das Buch direkt zu kaufen. Wahrscheinlich reicht das vollkommen aus.

Non-Facebooker

Du hast bisher keinen Facebook-Account? Oder du hast dich einmal angemeldet, aber die Plattform nie wirklich genutzt? Nichtsdestotrotz wunderst du dich, wie oft Begriffe wie Facebook, Social Media, Web 2.0 und so weiter in deinem engeren Umfeld auftauchen? Daher möchtest du zumindest einmal einen Eindruck gewinnen, was die Nutzer auf Facebook so treiben, wie Unternehmen sich erfolgreich positionieren, welche Werbemöglichkeiten die Plattform bietet, was erfolgreiche Kampagnen auszeichnet und so weiter? Dann ist dieses Buch wahrscheinlich genau das Richtige. Und zwar von Kapitel 1 bis zum Schlusswort.

Aktive Facebook-User

Du bist bereits privat auf Facebook aktiv? Doch du fragst dich nun, ob und wenn ja, wie du Facebook im Bereich Marketing nutzen könntest? Die Kapitel 5 bis 7 beschreiben, was Nutzer auf Facebook machen, wie der Newsfeed funktioniert und welche Möglichkeiten Profile bieten. Diese Inhalte werden dir wahrscheinlich weitestgehend vertraut sein, sodass du diese Kapitel möglicherweise überspringen kannst. Der Rest des Buches sollte dir hingegen helfen, Facebook aus der Marketingperspektive zu verstehen und aufzeigen, wie sich Unternehmen erfolgreich in dieser »neuen Marketingwelt« etablieren.

Geschäftsführer/Unternehmer

Du entsprichst weitestgehend dem Profil des »Non-Facebooker«? Du fragst dich, ob und wenn ja, wie du Facebook für dein Unternehmen nutzen könntest. Dann viel Spaß mit diesem Buch! Und zwar von A bis Z.

Marketingverantwortliche

Du bist Mitarbeiter in einer Marketingabteilung, einer klassischen Werbeagentur, im Bereich PR oder auch einer Web- oder Online-Marketing-Agentur? Mit all diesen Marketingbereichen kennst du dich aus. Aber Facebook ist nicht dein zweites Zuhause. Doch dein Chef, Kunden oder Kollegen sprechen das Thema immer wieder an. Du möchtest endlich mehr über Facebook erfahren und mitreden können? Mit diesem Buch hast du die Möglichkeit.

Facebook-Nerds

Du bewegst dich im Social Web wie ein Fisch im Wasser? Facebook-Seiten für Unternehmen und Marken erstellen ist dein täglich Brot? Dann ist dieses Buch wahrscheinlich weniger für dich geeignet. Lediglich einige wenige Kapitel könnten interessant sein und unter Umständen zumindest einzelne Denkanstöße liefern (zum Beispiel die Showcases). Aber der Großteil wird dir sehr vertraut vorkommen.

2. Facebook-Historie – Es kam, sah und siegte

Facebook ist das weltweit führende Social Network. Der Gründer von Facebook heißt Mark Zuckerberg. Er wurde am 14. Mai 1984 geboren und wuchs im noblen Landkreis Westchester County in der Nähe von New York auf. Während seines Studiums an der Harvard University entwickelte Mark Zuckerberg zunächst eine Plattform namens Facemash. Diese funktionierte nach dem Prinzip »Hot or Not« und war nur für Studenten der Harvard University zugänglich. Diese Plattform spiegelte die realen Identitäten der Studenten wider. Eine der wichtigsten Eigenschaften, die später Facebook ausmachen sollte. Harvard war von der Erstellung dieser Plattform wenig begeistert. Daher wurde die Ausführung der Seite wenige Tage später von der Harvard-Verwaltung verboten.

2004 – Facebook erblickt das Licht der Welt

Im darauf folgenden Semester, im Januar 2004 und im Alter von zwanzig Jahren, begann Zuckerberg einen Code für eine neue Website »thefacebook.com« zu schreiben. Die Mitgliedschaft war auf Harvard-Studenten beschränkt. Innerhalb eines Monats waren mehr als die Hälfte der »Undergraduate Students« bei »thefacebook.com« registriert.

Im März 2004 wurde Facebook auch für Studenten in Stanford, Columbia und Yale zugänglich und es folgten schnell Registrierungsmöglichkeiten für die meisten Universitäten in den USA und Kanada. Obwohl Mark Zuckerberg zunächst keine Firma gründen wollte, geschah genau dies im Juni 2004. Die Firma zog nach Palo Alto, California. Das »The« verlor die Firma, nachdem die Domain facebook.com für 200.000 US-Dollar gekauft worden war.

2007 – Einbindung externer Entwickler

Nachdem in nur drei Jahren die Nutzerzahl auf fast 10 Millionen Nutzer gewachsen war, erfolgte im Mai 2007 ein weiterer Meilenstein in der Geschichte von Facebook. Das Unternehmen öffnete seine Plattform für externe Entwickler, welche sogenannte Applikationen entwickeln können. Seitdem wuchs das Angebot von Facebook stetig – die Nutzer konnten aus mehreren Tausend kostenloser Anwendungen wählen – Spiele, Fotoverwaltung, Programme zum Abgleichen von Lese-, Film- und Musikvorlieben und vieles mehr.

Am 24. Oktober 2007 verkaufte Mark Zuckerberg einen winzigen Anteil von 1,6 Prozent seiner Firma Facebook für 240 Millionen Dollar an den Software-Riesen Microsoft. Sprich: Bereits drei Jahre nach der Gründung des Unternehmens verfügte dieses über eine Bewertung in Höhe von 15 Milliarden Dollar. Ende 2007 überschritt die Zahl der Mitglieder die 50-Millionen-Grenze. [1]

---

1 http://www.readwriteweb.com/archives/facebook_growth_explodes.php

2008 – Facebook wird international

Anfang 2008 war Mark Zuckerberg Gast bei der TV-Show *60 Minutes*. Das Hauptthema der Show war Zuckerbergs junges Alter und wie er so ein großes Unternehmen wie Facebook leiten kann. Durch den Beitrag wurde der unkonventionelle Führungsstil von Mark Zuckerberg verdeutlicht. Das Headquarter gleicht auch heute noch eher einem Studentenraum und weniger einem Multi-Milliarden-Dollar-Unternehmen.

Ebenfalls im Januar 2008 wurde die erste übersetzte Version von Facebook eingeführt. Von nun an war Facebook auch in Spanisch verfügbar. Wenige Monate später, im März, wurde Facebook auch in deutscher Sprache angeboten. Die deutsche Mitgliederzahl verdoppelte sich daraufhin auf 1,2 Millionen Mitglieder. [2] Facebook knackte am 26.08.2008 die 100-Millionen-Nutzer-Grenze. Facebook lag im Wachstum damit vor Myspace. [3]

2010 – Facebook überall

Anfang 2010 wurde in Hamburg das erste Facebook-Büro in Deutschland eröffnet. Damit unterstrich das Unternehmen seine Absicht, Deutschland als eines der einflussreichsten Länder Europas intensiver zu betreuen.

Auf der Facebook F8 Entwickler Konferenz im April 2010 wurde bekannt gegeben, dass Facebook Lite wieder eingestellt wird und Facebook Connect durch das Open Graph Konzept abgelöst wird. Dies ermöglicht ein noch stärkeres Zusammenspiel zwischen Aktionen der Nutzer auf externen Websites und ihrem Profil als auch ihrem persönlichen Netzwerk auf Facebook. Sogenannte Social Plug-ins ermöglichen es fortan, ursprüngliche Facebook-Funktionen wie »Gefällt mir« oder »Kommentare« auch auf externen Websites einzubinden.

Im August 2010 hat Facebook die Applikation »Places« für Smartphones veröffentlicht. Dieser Geo-Location-Service ermöglicht dem Nutzer mithilfe der GPS-Ortung des Telefons mitzuteilen, wo er sich gerade befindet und zu sehen, ob Freunde aus dem eigenen Netzwerk den Ort ebenfalls schon mal besucht haben oder sich gerade in der Nähe befinden.

Ende des Jahres wurde »Places« um ein Produkt Namens »Facebook Deals« oder in Deutsch »Angebote« erweitert. Dies ermöglicht Unternehmen, Nutzern spezielle Angebote zu unterbreiten, welche sich in einem Ladenlokal einloggen.

---

2   http://computerwoche.de/netzwerke/web/1875081/
3   http://www.shortnews.de/id/724648/Facebook-knackt-die-100-Millionen-Nutzer-Grenze

2011 – Facebook hebt das Social Web auf das nächste Level

Nach eigenen Angaben zufolge hat Facebook im Januar 2011 die Marke von 600 Millionen aktiven Mitgliedern weltweit geknackt. Ende Februar betrug die Anzahl der aktiven Mitglieder bereits mehr als 640 Millionen aktive Mitglieder.

Im März 2011 erfolgte eine umfangreiche technische Umstellung, betreffend der Facebook-Seiten. Diese bilden unter anderem das Fundament eines jeden Unternehmensauftritts auf der Plattform. Dabei wurden alte Standards eingestellt und neue etabliert. Die wichtigste Änderung bestand darin, dass nun zahlreiche Inhalte nicht mehr auf den Servern von Facebook, sondern jenen der Unternehmen selber gehostet werden. Dazu später mehr im Kapitel 8 *Facebook-Seite – Auftritt eines Unternehmens*.

Das Highlight im Jahr 2011 folgte dann im Herbst – lustigerweise kurz nach dem Launch des Konkurrenzdienstes Google+: Die Umstellung der persönlichen Profile bei Facebook, auf die sogenannte Timeline. Dort kann der Nutzer nun nicht mehr nur über die Dinge sprechen, welche ihn tagtäglich beschäftigen, sondern wahlweise auch sein gesamtes Leben interaktiv erlebbar machen und sein »digitales Ich« enger mit dem wahren Menschen und den Geschichten dahinter verknüpfen. Ein netter Nebeneffekt: Dank der optischen Anpassung hat Facebook gezeigt, dass Profile im Social Web nicht immer lieblos aussehen, sondern durchaus stylish wirken können. Unter dem Strich hat Facebook das Thema Social Network mit dieser Umstellung auf das nächste Level gehoben und die Konkurrenz wieder einmal beeindruckend in den Schatten gestellt. Ende des Jahres kaufte Facebook Gowalla, einen der führenden Anbieter von Lacation Based Services.

2012 – Jetztzeit

Anfang des Jahres gab Facebook bekannt, dass das Unternehmen an die Börse gehen wird. Dabei wird es sich um den größten Börsengang der IT-Branche aller Zeiten handeln. Aktuell wird der Börsenwert auf rund 100 Milliarden US-Dollar geschätzt. Das entspricht dem Unternehmenswert von Siemens, RWE, Thyssen Krupp und der Lufthansa – zusammen. Ende Februar gab Facebook bekannt, dass ähnlich den persönlichen Profilen, nun auch die Facebook-Seiten von Unternehmen auf die Timeline umgebaut werden. Zum 31. März erfolgte die Umstellung sämtlicher Seiten, welche das Update bis dahin nicht selbstständig vorgenommen hatten. Kurz vor dem Börsengang tätigte Facebook noch zwei weitere Zukäufe. Zuerst sorgte das Unternehmen mit der Übernahme von Instagram, einer mobilen Anwendung zur Bearbeitung von Fotos, für große Aufmerksamkeit. Anschließend wurde das Start-Up Tagtile übernommen. Das Unternehmen bietet eine App mit der Nutzer Treueprämien in bestimmten Geschäften sammeln können.

Facebook – Zahlen, Daten, Fakten auf einen Blick

Hier eine Übersicht der Nutzerzahlen von Facebook in verschiedenen Ländern und deren Wachstum im letzten Jahr (Stand: April 2012).[4]

Rang	Land	Anzahl Facebook-Fans in Millionen (März 2010)	Anzahl Facebook-Fans in Millionen (April 2012)	Wachstum der letzten 24 Monate in Prozent	Anteil der Bevölkerung in Prozent
1	USA	114,2	154,8	35,6	49,9
2	Indien	7,8	45,9	488,5	3,9
3	Brasilien	3,6	44,2	1127,8	21,9
4	Indonesien	20,8	43,5	109,1	17,9
5	Mexico	9,2	33,9	268,5	30,2
6	Türkei	20,5	31,3	52,7	40,3
7	UK	24,4	30,2	23,8	48,4
8	Philippinen	11,6	27,9	140,5	27,9
9	Frankreich	17,3	24	38,7	37,2
10	Deutschland	8,5	23,2	172,9	28,2

Im Folgenden eine kurze Übersicht von Zahlen, Daten, Fakten von Facebook auf einen Blick (Stand: April 2012). Die aktuellen Daten können jederzeit unter folgender URL abgerufen werden: *http://newsroom.fb.com/*

Unternehmensdaten
• Gegründet im Jahr 2004.
• Aktuell circa 3.000 Mitarbeiter.
• Jahresumsatz 2011 circa 3,71 Milliarden US-Dollar.
• Unternehmensbewertung im Jahr 2010 circa 100 Milliarden US-Dollar.

Daten der Mitglieder
• 901 Millionen monatlich aktive Mitglieder. 526 Millionen besuchen die Plattform täglich.
• Jedes Mitglied hat durchschnittlich 139 Freunde.
• Die Nutzer sind durchschnittlich mit 80 Seiten, Gruppen und Events vernetzt.

---

4 http://www.socialbakers.com/facebook-statistics/

4 http://www.socialbakers.com/facebook-statistics/

- Pro Tag wird 3,2 Milliarden Mal »Gefällt mir« geklickt oder ein »Kommentar« verfasst und es werden 300 Millionen Bilder hochgeladen.
- Im Verlauf eines Monats erstellen die Nutzer im Schnitt 90 Inhalte auf Facebook.

Internationales Wachstum
- Mehr als siebzig verschiedene Sprachen sind bei Facebook verfügbar.
- 70 Prozent der Mitglieder leben nicht in den United States.
- Über 300.000 Mitglieder halfen, über die »Translation-Applikation«, die Seite zu übersetzen (hierbei wurde die Seite von Nutzern in die jeweilige Landessprache übersetzt).

Plattform
- Insgesamt werden mehr als 30 Milliarden Inhalte pro Monat auf der Plattform geteilt.
- Weltweit beteiligen sich Entwickler aus mehr als 190 Ländern am Ausbau von Facebook.
- Jeden Monat interagieren mehr als 250 Millionen Menschen mit Facebook via externe Websites (Stichwort »Social Plug-ins«).
- Seite dem Launch im April 2010 integrieren täglich 10.000 neue Websites Social Plug-ins von Facebook.
- Mehr als 2,5 Millionen Websites haben Funktionen von Facebook in ihre Website integriert. Darunter 50 Prozent der laut Comscore meist besuchten Seiten der Welt.

Mobile
- Mehr als 488 Millionen aktive Mitglieder nutzen Facebook auch mobil.
- Die Leute, die Facebook auf ihren mobilen Geräten nutzen, sind doppelt so aktiv wie die »nicht-mobilen« Mitglieder.
- Mehr als 200 Mobile-Hersteller in 60 Ländern arbeiten daran, Facebook-Mobile-Geräte zu entwickeln und anwendbar zu machen.

Daten speziell für Deutschland
- 23,2 Millionen aktive Nutzer in Deutschland.
- 48 Prozent der Nutzer sind weiblich und 52 Prozent männlich.
- 15,9 Prozent der Nutzer sind zwischen 13 und 17 Jahren alt (3,7 Millionen), 25,9 Prozent zwischen 18 und 24 Jahren (6 Millionen), 26,7 Prozent zwischen 25 und 34 Jahren (6,2 Millionen), 15,5 Prozent zwischen 35 und 44 Jahren (3,6 Millionen), 12,5 Prozent zwischen 45 und 60 Jahren (2,9 Millionen) und 3,4 Prozent älter als 60 Jahre (0,8 Millionen).
- Pro Woche verbringen die Nutzer etwa drei Stunden und neun Minuten auf Facebook.
- 67 Prozent der Nutzer loggen sich mindestens einmal täglich ein.
- Der deutsche Nutzer verfügt durchschnittlich über 121 Freunde.

3. Marketing-Lovestory – Erfolgreiche Positionierung im Social Web

Nicht nur Facebook, sondern das Thema Social Web insgesamt stellt das Marketing vor vollkommen neue Herausforderungen. Das klassische Sender-Empfänger-Modell wird durch einen mehrstufigen Dialog auf Augenhöhe ersetzt. Die Tage, in denen Unternehmen bestimmt beziehungsweise kontrolliert haben, was über sie gesprochen oder wie eine Marke in der Öffentlichkeit wahrgenommen wird, sind vorbei. Diese »Macht« liegt heute ganz klar in den Händen der Verbraucher.

3.1 Sagt »Bye Bye« zum Marketing-Elfenbeinturm

Dieser Wandel erfordert ein grundlegendes Umdenken im Bereich der Kommunikation. Oftmals handelt es sich dabei in der Theorie um eigentlich banale Dinge, die auch schon lange vor dem Web 2.0 galten. Doch treten diese Faktoren heute einfach stärker an die Oberfläche. Beispielsweise wird es für Unternehmen immer schwerer, erfolgreich an dem Vogel-Strauß-Prinzip festzuhalten und sich dermaßen abgeschirmt in ihren Marketing-Elfenbeinturm zu verkriechen, dass sie sorglos an der Realität vorbeileben können. Vielmehr findet heute ein offener Dialog im Angesicht der Zielgruppe statt. Egal, ob sich ein Unternehmen das wünscht oder nicht.

Man kann dieses Phänomen ausgiebig auf der marketingtheoretischen Ebene betrachten, erörtern und diskutieren. Unsere Erfahrung hat jedoch gezeigt, dass es einfacher ist, diesen abstrakten Sachverhalt mit etwas relativ Einfachem und eher Alltäglichem zu vergleichen, damit ihn möglichst viele Menschen verstehen. Ohne großes, Eindruck schindendes »Marketing-Blabla« zur erfolgreichen Positionierung einer Marke in einer hypertransparenten und höchst dynamischen Web 2.0-Welt.

3.2 Männer wollen immer nur »das Eine« – Unternehmen auch

Lassen wir die Marketingwelt also einmal kurz hinter uns und wenden wir uns einem anderen Bereich zu: der Beziehung zwischen Mann und Frau. Denn letztendlich bietet diese sehr viele Parallelen zu der Beziehung zwischen einem Unternehmen und seinen Kunden im Web 2.0. Kaum zu glauben? Abwarten.

Stell dir folgende Situation vor: Ein Mann betritt eine Bar und sieht eine Frau, die er gern näher kennenlernen würde. Er geht also auf diese Frau zu und sagt: »Hallo, mein Name ist Horst und ich würde gern mit dir schlafen.« In der Regel funktioniert dieses Vorgehen nur sehr bedingt. Und dies gilt wahrscheinlich nicht nur für Horst – der eine oder andere Leser mag sich da voraussichtlich wiedererkennen.

Doch genau so sprechen viele Unternehmen Stand heute noch mit ihren Kunden. Zumindest, wenn man den Verkauf mit dem Sex gleichsetzt. Möglicherweise eine gewagte Theorie. Aber man kann durchaus sagen, dass Männer nur »das Eine« wollen – und Unternehmen eben auch.

Aber zurück zu dem Mann in der Bar. Anstelle dieser doch recht direkten Frage könnte er natürlich erst einmal nach gemeinsamen Interessen suchen. Beispielsweise stellt er beim Small Talk fest, dass die Frau gern Musicals besucht. Treffer.

Er: *»Welches ist denn dein Lieblings-Musical? Also, ich habe vor einigen Wochen ‚Tanz der Vampire' in Oberhausen gesehen und fand das wirklich toll.«*

Sie: *»Oh ja. ‚Tanz der Vampire' habe ich vor einigen Jahren mal in Stuttgart gesehen. Das war wirklich super. Als Letztes habe ich ‚Romeo und Julia' in Wien besucht. Echt klasse inszeniert und auch das Theater in Wien hatte einfach ein ganz besonderes Flair.«*

Er: *»Oh ja. Wien ist schon eine tolle Stadt und sicher immer einen Besuch wert, welches Theater man auch immer besucht ...«* Und so weiter ...

Oftmals ist es also wesentlich Erfolg versprechender, wenn man nicht direkt mit der Tür ins Haus fällt. Viele Männer haben inzwischen gelernt, dass es sich bei Frauen nicht mehr um ein fleischliches Objekt handelt, das sich den Wünschen des Mannes unterzuordnen hat. Nein. Heute muss ein Mann um eine Frau werben. Übrigens kommt dieser Ausdruck auch nicht von ungefähr.

Wichtig

Dank Sozialer Netzwerke wie Facebook & Co. ist Kommunikation nicht länger ein abstraktes Gebilde, in dem Werbung Kunden überzeugt, sondern in dem Marken zu Freunden werden. Damit nimmt die Kommunikation menschlichere Züge an. Es geht nicht länger primär um die reine Umsatzsteigerung, sondern um den Aufbau und die Pflege langfristiger Beziehungen (welche dann aber natürlich wieder auf das Grundziel eines jeden Unternehmens abzielen: die Maximierung des Gewinns).

3.3 Emanzipation der Kunden

Unternehmen haben diese Tatsache leider oft noch nicht wirklich verstanden. Sie denken noch immer, dass es sich bei dem Konsumenten um ein willenloses Objekt handelt, das sich gefälligst ihren Wünschen zu fügen hat. Dieser arrogante Ansatz mag sogar lange Zeit tatsächlich sehr gut funktioniert haben.

Letztendlich war das bei Männern und Frauen hierzulande sehr lange nicht anders. Wenn man sich überlegt, dass der Prozess der Emanzipation Jahrzehnte gedauert hat und auch heute zwar schon weit gediehen, aber bei weitem noch nicht abgeschlossen ist. Bei der Beziehung zwischen Unternehmen und Kunden hat sich dieser Prozess innerhalb weniger Jahre vollzogen und durch das Web 2.0 extrem beschleunigt. Daher ist es nicht weiter verwunderlich, wenn es wohl noch mehr Unternehmen als Männer gibt, die den »Knall noch nicht gehört haben«. Und wenn hier noch einiger Sand im Getriebe ist, der eine reibungslose Beziehung zwischen Unternehmen und Kunden unnötig erschwert.

Aber zurück zur erfolgreichen Positionierung. Unternehmen müssen also lernen ihre Macho-Allüren abzulegen und nicht länger nach Untergebenen, sondern nach Partnern suchen. Dabei gilt es, gemeinsame Interessen zu identifizieren, über die man sich austauschen kann. Ohne dabei die ganze Zeit nur über sich selber zu sprechen und zu betonen, was für ein toller Kerl man sei, sondern indem man über Dinge spricht, die beide Seiten interessieren. Mit der Zeit lässt sich so eine Beziehung aufbauen. Und am Ende des Tages kann man dann sehen, was daraus noch entstehen kann. Somit zielt man nicht länger auf einen Onenightstand ab beziehungsweise darauf, jemanden möglichst schnell herumzubekommen, sondern zeigt Interesse an einer langfristigen, partnerschaftlichen Beziehung, in der man sich gegenseitig schätzt und liebt. Was denkst du: Welcher der beiden Ansätze ist wohl in der Regel Erfolg versprechender?

Außerdem gibt es eine weitere Dimension, die man dem »Mann – Frau«- und »Unternehmen – Kunden«-Bild hinzufügen kann. Lange war es so, dass es verpönt war, wenn eine Frau den ersten Schritt gemacht hat. Dies war den Männern vorbehalten. Heutzutage ist es nicht länger ungewöhnlich, wenn eine Frau sagt, was und wen sie möchte. Auch hier besteht durchaus eine Parallele zu der Beziehung zwischen Unternehmen und Kunden. Nicht mehr der Mann beziehungsweise das Unternehmen sucht den Partner aus. Das macht heute verstärkt die Frau beziehungsweise der Kunde. Auch wenn das weder Männer noch Unternehmen gern hören ;)

3.4 Nur wenige einfache Schritte zum Glück

Was bedeutet das also konkret für die Positionierung eines Unternehmens im Social Web? Eigentlich müssen Unternehmen »nur« einige Schritte beachten und fest in ihre Unternehmenskultur verankern. Wobei man diese Dinge wirklich fest verinnerlichen und leben muss. Ansonsten verpufft die Wirkung. Denn nicht nur Frauen kann man zwar gelegentlich auf den ersten Blick blenden, aber mittel- beziehungsweise langfristig nur sehr schwer täuschen. Sobald sie merken, dass man(n) ihnen etwas vormacht, reagieren sie für gewöhnlich berechtigterweise extrem verärgert. Warum sollte dies bei Kunden anders sein?

Hier also die Liste der »Lebensweisheiten« für Unternehmen, die es im Web 2.0 wirklich ernst meinen:

3.5 Nicht nur ich, ich, ich ...

Unternehmen sprechen in der Regel sehr viel über sich selbst. Was für ein tolles Produkt sie haben. Wie gut ihr Kundenservice ist. Und so weiter. Männer, die nur über sich selbst sprechen, kommen nicht gut an. Bei Unternehmen im Web 2.0 ist das genauso. Natürlich sollen sie über sich und ihre Produkte sprechen. Diese sollten aber nicht permanent im Mittelpunkt des Gespräches stehen. Kunden sollten eigenständig nachfragen, recherchieren und mit der Zeit selber herausfinden. Weniger ist hier oftmals mehr. Nicht nur Frauen lieben Understatement. Für viele Kunden gilt genau das Gleiche! Außerdem sind nicht nur Frauen oftmals weitaus cleverer als viele Männer denken, sondern Kunden eben auch. Dabei gilt: Interesse steuert Wahrnehmung. Natürlich sollte man sie bei diesem Prozess, soweit gewünscht und erforderlich, unterstützen. Aber man sollte eben nicht versuchen, sie allzu sehr zu überreden oder zu etwas zu drängen.

3.6 Weniger sprechen, mehr zuhören ...

Unternehmen sind es gewohnt, in der Werbung immer nur zu senden, aber kaum zuzuhören. Im Rahmen von Marktforschung & Co. mimen sie durchaus auch einmal den Zuhörer. Oftmals ist dies allerdings wenig überzeugend und vor allem nicht authentisch. Denn unter Test-Bedingungen reagieren Menschen nun einmal anders als im realen Leben. Die Kunst erfolgreicher Kommunikation in Social Networks besteht also darin, nicht nur ständig zu reden, sondern auch ein guter und vor allem interessierter Zuhörer zu sein. Sprich: Die Gespräche mit den Kunden sollten nicht zu dem einen Ohr reingehen und zu dem anderen wieder hinaus, sondern man sollte darauf eingehen. Frauen lieben Männer mit dieser Eigenschaft. Das ist bei Kunden und Unternehmen nicht anders.

Mal ganz davon abgesehen sind Social Networks auch ein großartiges Tool im Bereich Marktforschung. Denn hier können sich Unternehmen vollkommen entspannt an einen Tisch mit ihren Kunden setzen und diesen einfach nur zuhören. Anders als im »wahren Leben« werden sich die Kunden dabei nicht verstellen, sondern genauso weitersprechen und reagieren wie bisher. Außerdem interessant: Anders als im realen Leben freuen sich viele

Nutzer über den Besuch von Unternehmen und Marken an dem eigenen »virtuellen Stammtisch«. Zumindest solange sich der Gast an die Gepflogenheiten und Hausordnung hält.

3.7 Gemeinsame Interessen – der Weg zum gemeinsamen Glück ...

»Schatz, wir haben uns irgendwie auseinandergelebt. Uns verbinden eigentlich kaum noch irgendwelche Gemeinsamkeiten. Wir haben komplett unterschiedliche Hobbys und Interessen. Es ist wohl besser, wenn wir zukünftig getrennte Wege gehen!«

So oder so ähnlich empfinden nicht nur Partner in einer Beziehung, sondern auch Kunden eines Unternehmens – was, wie der Titel dieses Abschnittes schon sagt, im Bereich Social Media in verschiedenen Facetten auf das Gleiche hinausläuft.

Das Geheimnis einer erfolgreichen Partnerschaft und auch Beziehung besteht also unter anderem darin, sich gemeinsam weiterzuentwickeln, die Interessen des Gegenübers wahrzunehmen und zu akzeptieren. Bei allen natürlich vorhandenen Unterschieden sollte man doch stets darauf bedacht sein, ausreichend Schnittmengen und gemeinsame Interessen zu haben.

3.8 Man kann es nie allen recht machen ...

Es gibt keinen Typ Mann, auf den alle Frauen stehen. Das gilt selbst für Brad Pitt, George Clooney & Co. Okay, auch wenn der Anteil hierbei verschwindend gering sein könnte. Aber für den »Otto Normalmann« gilt das definitiv. Männer machen sich allerdings kaum Gedanken darüber und hegen nur in den seltensten Fällen den Anspruch, allen Frauen gefallen zu wollen. In der Regel reicht es vollkommen aus, wenn der »richtige Typ Frau« in »ausreichender Menge« das erforderliche Interesse zeigt. Es ist vollkommen klar, dass man(n) ein wenig Profil zeigen und auch mal gegen den Strom schwimmen muss!

Bei Unternehmen ist das oft anders. Viele Unternehmen versuchen, es allen recht zu machen, damit sie möglichst jeder lieb hat. Das funktioniert weder bei Schauspielern noch bei Sportlern noch bei Politikern noch bei XYZ. Zu polarisieren ist oftmals sogar ein Merkmal des Erfolgs. Es entwickelt sich ein Kern an treuen Anhängern, dem eine gewisse Menge an Menschen gegenübersteht, welche eine »Antihaltung« haben. Warum sollte das bei Unternehmen anders sein?

3.9 Verarscht ...

Menschen lassen sich offline nicht gerne »verarschen«. Online ist das nicht anders. Der einzige kleine, aber feine Unterschied: Im Internet und dank des Web 2.0 haben Menschen, die sich hinters Licht geführt fühlen, wesentlich weitreichendere Möglichkeiten, ihrem Ärger Luft zu machen und ihre Erfahrungen mit anderen Menschen zu teilen.

3.10 Umgang mit Fehlern ...

Männer machen Fehler. Frauen machen Fehler. Unternehmen machen Fehler. Das ist vollkommen selbstverständlich und eigentlich auch kein Problem. Zumindest nicht, solange man richtig damit umgeht, zu seinen Fehlern steht und vor allem daraus lernt. Natürlich ist das alles andere als einfach. Aber in der Regel erwartet hier auch niemand Perfektion. Solange Ehrlichkeit, Offenheit und ein aufrichtiges Bemühen zu erkennen sind. Daher sollten auch Unternehmen offen mit ihren Fehlern umgehen, Probleme nicht totschweigen und auch nicht versuchen Fehler zu vertuschen. Mal ganz davon abgesehen, dass es im Social Web in der Regel vergebene Liebesmüh ist, wird dieses Vorgehen in erheblichem Maße dazu beitragen, das Ansehen eines Unternehmens zu steigern. Bei Menschen sagt man in solch einem Fall: »Der hat Charakter und Rückgrat.« Das Gleiche erwarten die Nutzer verstärkt auch von Unternehmen in einer extrem vernetzten Welt.

Fazit – Kommunikation wird menschlicher ...

Im Grunde lässt sich daraus folgende – recht naheliegende – Faustformel für erfolgreiche Kommunikation ableiten: Versetze dich in die Lage des Gegenübers – in diesem Falle also des Kunden – und frage dich ganz ehrlich und selbstkritisch, ob du dir selbst wünschen würdest, dass vergleichbar mit dir umgegangen beziehungsweise kommuniziert wird. Ob du dich tatsächlich als Partner und nicht als Kunde wahrgenommen fühlst, ob nicht nur mit dir gesprochen, sondern auch zugehört wird, ob nicht nur versucht wird zu manipulieren beziehungsweise zu überzeugen, sondern zu gewinnen beziehungsweise zu erobern, und so weiter. Wenn du all diese Fragen mit einem ehrlichen »Ja« beantworten kannst, bist du auf dem besten Wege zu einem erfolgreichen Auftritt auf Facebook & Co.

Man kann hervorragend darüber streiten, ob es sich hierbei um eine Revolution oder eine Evolution handelt. Fakt ist: Ein wesentlicher Erfolgsfaktor von Facebook & Co. besteht darin, dass diese Plattformen den Fluss von Informationen erheblich verändert haben.

4. Passive Viralität – (R)Evolution des Informationsflusses

Der Paradigmenwechsel liegt darin begründet, dass wir die Informationen immer weniger selber aktiv suchen müssen, sondern dass die für uns relevanten Inhalte ihren Weg nahezu selbstständig durch die Aktionen unseres Netzwerkes zu uns finden. Zukünftig zählt immer weniger das, was eine Suchmaschine wie zum Beispiel Google an Ergebnissen liefert, sondern das, was mein eigenes Netzwerk sagt und tut. Aber gehen wir Schritt für Schritt, um den neuartigen Fluss von Informationen und dessen verschiedene Ebenen zu veranschaulichen. Nehmen wir zu Beginn ein Beispiel, das wahrscheinlich viele Leser kennen: Du erhältst ein lustiges Video von einem Freund.

4.1 Ein lustiges Video im Web 1.0

Bis vor wenigen Jahren – genauer gesagt bis zum Startschuss von YouTube am 15. Februar 2005 – wurden Videos in der Regel wie folgt versendet: Ein Nutzer verfasste eine E-Mail mit einem kurzen Text à la »Hallo zusammen, hier ein superlustiges Video ...« und fügte das Video als Datei-Anhang bei. Anschließend wählte er (aktiv) einen oder mehrere Empfänger aus seinem Adressbuch aus. Nach dem Klicken des Senden-Buttons quälte sich die E-Mail inklusive des in der Regel von der Dateigröße her recht umfangreichen Anhangs durch das Modem des Absenders und anschließend dann durch das Modem des Empfängers. Ja, einige mögen sich nicht mehr daran erinnern, aber dies war bei vielen Nutzern noch vor der Verbreitung des Breitbandnetzes in Form von DSL.

Wichtig

Der Nutzer musste das Video AKTIV als Anhang beifügen und AKTIV einen AUSGEWÄHLTEN Kreis von Empfängern definieren.

4.2 Und dann kam nicht Polly, sondern YouTube

Anfang 2005 ging das Videoportal YouTube online. Das vereinfachte die Verbreitung von Videos erheblich. Denn sie mussten nicht länger als Datei-Anhang per E-Mail versendet werden, sondern wurden fortan auf YouTube hochgeladen und konnten dort von jedermann betrachtet werden. Von da an verbreiteten sich Videos erheblich einfacher. Wobei der wesentliche Unterschied darin bestand, dass der Nutzer kein Video in Form eines Anhangs, sondern einfach den Link zu dem Video auf YouTube in seine Mail einfügte. Der Rest blieb weitestgehend wie gehabt.

> **Wichtig**
>
> Der Nutzer musste also weiterhin eine E-Mail verfassen und diese AKTIV an einen AUSGEWÄHLTEN Kreis von Empfängern versenden.

4.3 Vergiss die E-Mail und die Empfänger

Im Social Web hat sich dieser Fluss nun entscheidend verändert. Ein Nutzer muss keine E-Mail mehr versenden. Auch muss er keinen Kreis ausgewählter Empfänger definieren. Er klickt einfach auf ein kleines Icon und teilt das Video mit seinem GESAMTEN Netzwerk. Anstelle des Icons kann er alternativ auch einen Button in seinem Browser betätigen, der »Share on Facebook« heißt. Ein einfacher Klick reicht aus, um einen Inhalt »PASSIV« mit dem GESAMTEN persönlichen Netzwerk zu teilen. Wobei das, anders als bei E-Mails, in der Regel nicht als SPAM, sondern als wertvoller Beitrag aus dem Freundeskreis empfunden wird. Daher sprechen wir in diesem Umfeld von einer »passiven Viralität«.

> **Wichtig**
>
> Keine AKTIVE Auswahl der Empfänger, kein AKTIVES Verfassen einer E-Mail, kein AKTIVES Anfügen eines Datei-Anhangs. Ein Klick reicht aus, um einen Inhalt »PASSIV« mit dem GESAMTEN persönlichen Netzwerk zu teilen.

Ein einziger Klick auf Myspace, Facebook oder Digg oder den fest im Browser integrierten »Share on Facebook«-Button reicht aus, um die Nachricht mit dem gesamten persönlichen Netzwerk zu teilen.

Mithilfe dieses automatisch erscheinenden Eingabefensters kann optional eine Nachricht zu dem Content verfasst werden, den man auf seinem persönlichen Profil veröffentlicht und damit mit seinem gesamten persönlichen Netzwerk teilt.

Abbildung 1: Screenshot YouTube, Video »Social Media Revolution 2011«.

Abbildung 2: Funktion »Facebook Share«, welche auf Knopfdruck ermöglicht, sämtliche Inhalte mit dem eigenen persönlichen Netzwerk zu teilen.

4.4 Die Mauer IST weg!

Dieses Verfahren findet allerdings nicht nur bei Videos statt, sondern bei jeglichem Content. Denn die »Share on Facebook«-Funktion erlaubt es, wirklich alles mit dem persönlichen Netzwerk zu teilen. Seien es Fotos, Hyperlinks, Spiele etc. Dabei ist es irrelevant, ob die von einer Website beziehungsweise dem Anbieter des Contents gewünscht und sogar eine entsprechende Funktion integriert ist. Denn der Facebook-Nutzer kann die erforderliche Funktion entweder fest in seinem Browser verdrahten oder einfach den Link eines beliebigen Inhalts aus der Adresszeile seines Browsers kopieren und als Statusmeldung auf Facebook veröffentlichen, um den Content mit seinem gesamten Netzwerk zu teilen. So oder so. Unternehmen sind in dieser Welt nahezu machtlos. Sie können nicht länger kontrollieren, wer welche Information mit wem teilt. Sie können es höchstens fördern, indem sie entsprechende Funktionen direkt in ihre Website integrieren und mit entsprechenden »Call-To-Action-Aufrufen« verknüpfen. Aber sie können es nicht länger verhindern.

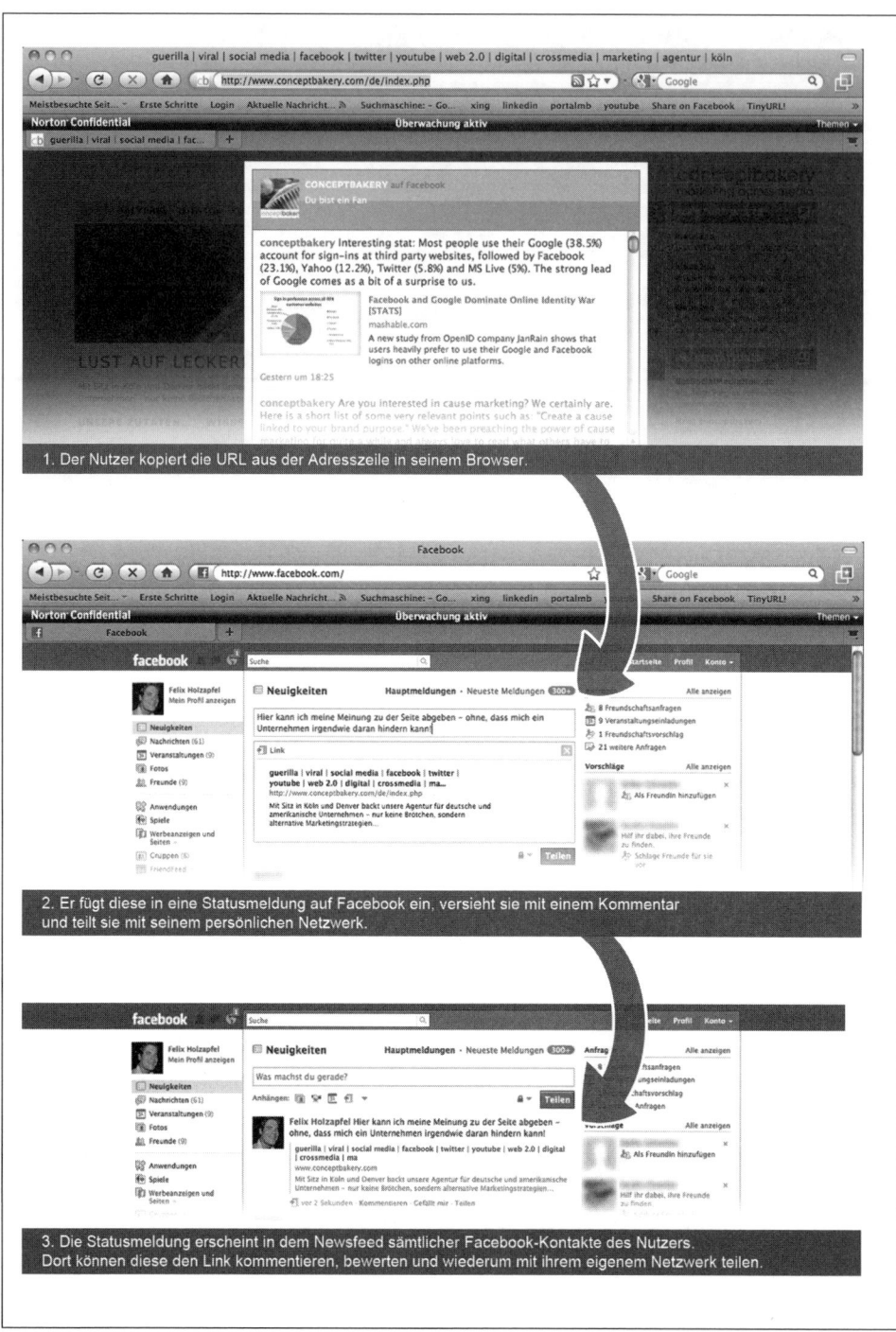

Abbildung 3: Schaubild »Ablauf zum Veröffentlichen eines externen Inhaltes auf Facebook«.

4.5 Kommentare im Web 1.0

Der Fluss von Informationen hat sich nicht nur in puncto bestehender Inhalte radikal verändert. Das Gleiche gilt auch für Bewertungen, Kommentare und ähnliche von Nutzern selbst verfasste Inhalte. Nehmen wir einmal das Beispiel eines Blogbeitrags, den ein Nutzer kommentiert.

In der »alten Web-Welt« ging er dabei wie folgt vor:

Er verfasste seinen Kommentar unterhalb eines Blogbeitrags in dem dafür vorgesehenen Formularfeld. Um den Kommentar absenden zu können, musste der Nutzer seinen Namen und seine E-Mail-Adresse angeben. Das Problem dabei: Nutzer hinterlassen nur ungern ihre persönlichen Daten. Sprich, hier wurde eine eigentlich unnötige Hemmschwelle geschaffen. Hatte ein Nutzer diese jedoch genommen, wurde sein Kommentar unterhalb des Blogbeitrags veröffentlicht. Von diesem Zeitpunkt an war er für die gesamte Welt sichtbar. In der Regel wurde er allerdings »nur« von dem Verfasser des Kommentars, dem Betreiber des Blogs und anderen Lesern des Blogbeitrags eingesehen. Kaum ein Nutzer wäre auf die Idee gekommen, den Link zu seinem Kommentar in eine E-Mail einzufügen und an sein GESAMTES persönliches Netzwerk zu versenden, um dieses darüber zu informieren, welch grandiosen Kommentar er soeben verfasst hat.

Hürden auf einen Blick

1. Eingabe persönlicher Daten erforderlich, was eine unnötige Hemmschwelle errichtet.
2. Kaum jemand teilt einen Kommentar mit seinem gesamten persönlichen Netzwerk via E-Mail.

4.6 Mitreden im Web 2.0

Durch ein Konzept namens »Open Graph« und den damit einhergehenden »Social Plug-ins« von Facebook ist der Prozess eines Kommentars oder einer Bewertung erheblich umgestaltet worden. Ähnliche Funktionen gibt es auch von anderen Anbietern, wobei sich zumindest derzeit die Funktion von Google, Facebook und Twitter am stärksten etablieren und de facto nahezu als Standard bezeichnet werden können.

4.7 Was genau machen Facebook Open Graph und die Social Plug-ins?

Stell dir die verschiedenen Webseiten wie einzelne Wohnungen vor. Jede Wohnung erfordert einen einzelnen Schlüssel (in Form eines Benutzernamens und Passworts). Dadurch hat sich der Schlüsselbund vieler Nutzer innerhalb sehr kurzer Zeit erheblich vergrößert. Bei vielen enthält er nahezu unzählige Schlüssel. Die Konsequenz: Man verliert schnell den Überblick. Oftmals will man gar keinen speziellen Schlüssel für jede dieser Wohnungen haben, zum Beispiel wenn man eine Wohnung nur selten betritt. Und genau hier kommen die Facebook Social Plug-ins ins Spiel. Sie fungieren als eine Art Generalschlüssel, mit dem du jede Wohnung betreten kannst, welche dieses System nutzt. Und das werden immer mehr.

Konkret sieht das am Beispiel eines Blogbeitrags wie folgt aus: Du hast die Wahl, ob du dich mit deinem Namen und deiner E-Mail-Adresse verifizieren möchtest oder ob du einfach das Facebook Log-in, Social Plug-in oder eine ähnliche Schnittstelle nutzt, zum Beispiel OpenID oder Twitter Connect.

Hinweis

Bis April 2010 wurden viele dieser Funktionen mithilfe des Standards »Facebook Connect« umgesetzt. Seither wird dieser durch das neue Konzept des »Facebook Open Graph« ersetzt. Hierbei übernehmen sogenannte »Social Plug-ins« die unterschiedlichsten Funktionen, um Facebook besser mit externen Websites zu verknüpfen. Mehr dazu schildern wir vor allem noch im Kapitel 12 *Integration – Facebook auf einer externen Website*.

Abbildung 4: Screenshot conceptbakery Weblog, zur Veranschaulichung von Facebook Social Plug-ins.

Sobald du dich für den Klick auf den »Facebook Connect«-Icon entschließt, erkennt dich das System (natürlich vorausgesetzt, dass du über einen Account bei Facebook verfügst und auf der Plattform eingeloggt bist).

COMMENT (1)

Sort by: **Date** Rating Last Activity

Ostern kann kommen… Karstadt lässt grüßen
[…] Form der Postkarte dort zu platzieren. Gesagt, getan. Wie schon bei der letzten Anwendung
"Post Your Style", haben wir auch hier die Anwendung von A wie aufsetzen bis Z wie zugänglich
machen, […]

Felix Holzapfel · less than 1 minute ago   0

Karfreitag… Ich sitze gerade an einem Text, der einzelne Open Graph Funktionen beschreibt…
Und womit ginge das heute passender, als mit einem Beitrag zu der Oster Applikation für
unseren Kunden Karstadt;)

(Reply)   Report

POST A NEW COMMENT

Enter text right here!

Connected as Felix Holzapfel (Logout)   ☐ Share on Facebook

Email (optional)

Not displayed publicly.

Posting anonymously.

☐ Tweet this comment

Subscribe to [None   ▼]   (**Submit comment**)

Comments by intense**debate**

Abbildung 5: Screenshot conceptbakery Weblog, persönliche Authentifizierung mithilfe von Facebook Connect –
ohne persönliche Daten auf einer externen Website zu hinterlegen.

Die unnötige Eingabe persönlicher Daten wird dir also erspart und du musst dir keinerlei Sorgen machen, dass der Betreiber eines Blogs deine E-Mail-Adresse missbraucht und dir beispielsweise unerwünschte Werbung sendet. Ansonsten verfährst du wie gewohnt und gibst einfach deinen Kommentar ein. Einziger äußerst wichtiger Unterschied: Mit einem simplen Klick kannst du einen Hinweis zu deinem Kommentar auf deinem Facebook-Profil veröffentlichen. Dies sorgt dafür, dass der Kommentar nicht länger nur eine Sache zwischen dir, dem Betreiber des Blogs und den anderen Lesern des Beitrags ist, sondern dass du als Verfasser eines Kommentars diesen ganz einfach zusätzlich mit deinem GESAMTEN persönlichen Netzwerk teilst. Wie gesagt, per E-Mail wäre wohl kaum jemand auf die Idee gekommen, einen selbst verfassten Kommentar an all seine Freunde zu versenden. Auf Facebook ist dies hingegen ganz alltäglich.

Abbildung 6: Screenshot Funktion »Share on Facebook« mit deren Hilfe man beispielsweise seinen Kommentar einfach mit dem persönlichen Netzwerk teilen kann.

Vorteile auf einen Blick

Eingabe persönlicher Daten entfällt. Man benutzt einfach seinen persönlichen Generalschlüssel von Facebook.

Ein auf diese Weise verfasster Kommentar bleibt nicht auf eine kleine Leserschaft begrenzt, sondern kann von dem Verfasser ganz einfach mit dem GESAMTEN persönlichen Netzwerk geteilt werden.

5. Grundfunktionen – Was machen Nutzer in Social Networks?

Was machen Millionen Nutzer so den ganzen Tag auf Plattformen wie Facebook & Co.? Fragt man Menschen, die dem Phänomen Social Networks kritisch gegenüberstehen, lautet die Antwort wahrscheinlich eher wie folgt: Ihre Zeit verschwenden!

Auch dies ist ein Punkt, der durchaus für abendfüllende Diskussionen geeignet ist. Vergeuden die Menschen hier einen erheblichen Teil ihrer nun einmal mehr oder weniger endlichen Lebenszeit? Oder sparen sie mithilfe von Social Networks sogar bedeutend viel Zeit ein, weil sie Informationen wesentlich kompakter und in einer höheren Qualität erhalten, als es bisher der Fall war?

An dieser Stelle möchten wir weder irgendwen missionieren noch zur finalen Klärung dieser Frage beitragen – die es wahrscheinlich auch nie geben wird ;)

Vielmehr wollen wir im Folgenden einen kleinen Überblick darüber liefern, welche Möglichkeiten Facebook bietet beziehungsweise was die Menschen dort den ganzen Tag treiben. Zum Teil gehen wir in den folgenden Kapiteln noch einmal detaillierter auf einige wesentliche Funktionen ein. Die Bewertung der einzelnen Möglichkeiten überlassen wir jedoch den Nutzern und Lesern selber. Unsere Aufgabe sehen wir an dieser Stelle »lediglich« in der Beschreibung der Funktionsvielfalt.

5.1 Der Startschuss – Profil erstellen

Um sich frei in Facebook bewegen zu können, benötigst du zuerst einmal ein Profil. Dies ist in wenigen Klicks erstellt. Neben grundlegenden Informationen wie Name, Alter und Geschlecht kann man optional zahlreiche zusätzliche Informationen zur eigenen Person eingeben.

5.2 Freundeskreis – Aufbauen und pflegen

Alleine auf Facebook zu sein ist ungefähr wie eine große Party zu schmeißen, ohne einen einzigen Gast einzuladen. Sprich: Es macht einfach keinen Sinn. Denn eines der absolut zentralen Elemente von Facebook ist die Kommunikation zwischen Freunden beziehungsweise innerhalb des eigenen Netzwerks zu optimieren. Das Auffinden von Freunden erfolgt über eine entsprechende Suchfunktion, die Profile meiner Freunde, Gruppen, Facebook-Seiten oder auch Verlinkungen in anderen Netzwerken wie Twitter, XING oder LinkedIn. Bestehende oder neue Freunde sind also eigentlich immer nur wenige Klicks entfernt. Einzige Voraussetzung: Diese müssen die Freundschaftsanfrage bestätigen.

5.3 Up to date bleiben – Was geht?

Das Erste, was ein Facebook-Nutzer sieht, wenn er sich auf der Plattform einloggt, ist der sogenannte Newsfeed. Hier bleibt er immer up to date darüber, was sich in seinem Freundeskreis tut. Wer hat einen neuen Freund, neue Bilder hochgeladen, Inhalte bewertet oder kommentiert, an einem Quiz oder einer anderen Applikation teilgenommen und vieles mehr. Hier erhältst du also nahezu alle wichtigen Informationen und Neuigkeiten aus deinem eigenen Netzwerk auf einen Blick. Im Bereich Social-Media-Marketing bildet dieser Newsfeed für gewöhnlich einen der zentralen Erfolgsfaktoren, die über Sieg oder Niederlage einer Kampagne auf Facebook entscheiden. Dazu aber mehr im weiteren Verlauf dieses Buches.

5.4 Privatsphäre einrichten – Zahlreiche Möglichkeiten

Viele Menschen stellen auf Facebook auch äußerst persönliche Inhalte ein, die nicht für jedermann gedacht sind. Daher ist es wichtig, dass Nutzer ganz klar steuern können, welche Inhalte sie mit wem teilen möchten. Sollen die Urlaubsbilder, Party-Videos, Statusmeldungen zum aktuellen Befinden für jedermann, nur für die eigenen Freunde oder sogar nur einen ausgewählten Kreis innerhalb des eigenen Netzwerks sichtbar sein? Facebook bietet hierzu zahlreiche Optionen.

5.5 Statusmeldungen – Inhalte posten und Meinungen teilen

Ein Grundzug vieler Menschen: Sie teilen gerne mit, was sie gerade machen, was sie kürzlich erlebt haben, über bestimmte Dinge denken oder Ähnliches. Das ist kein Neuzeit-Phänomen, sondern begleitet uns bereits, seit wir aus den Höhlen ausgezogen sind. Neuartig daran ist allerdings, dass es nicht mehr innerhalb eines kleinen Kreises von Personen passiert, sondern dank Facebook & Co. mit der kompletten Welt. Seien es Bilder, Videos, kurze Textnachrichten, interessante Links, Hinweise auf Events, Erfahrungsberichte oder was auch immer. Auf Facebook können nahezu alle digital vorliegenden Inhalte schnell und einfach geteilt werden.

Tipp

Dich interessiert, was Facebook-Nutzer zu bestimmten Themen sagen? Unter *www.openbook.org* findest du eine entsprechende Suchmaschine. Einfach Suchbegriff eingeben und du siehst, welcher Nutzer, was zu einem bestimmten Thema als Statusmeldung veröffentlicht hat.

Abbildung 7: Eingabe einer Statusmeldung auf Facebook.

5.6 Interaktionen – Kommentieren, bewerten und teilen

Nahezu sämtliche Inhalte auf Facebook können kommentiert, bewertet und mit anderen Nutzern geteilt werden. Unter den entsprechenden Inhalten befinden sich jeweils die dafür erforderlichen Links. Somit sind sämtliche dieser Aktivitäten immer nur einen Klick entfernt. Nimmt ein Nutzer eine dieser Interaktionen vor, teilt er diese in der Regel auch automatisch mit seinem gesamten Netzwerk. Denn nicht nur auf dem Profil des Nutzers, sondern auch im Newsfeed sämtlicher seiner Freunde findet sich ein Hinweis auf diese Aktionen. Der Schlüssel zu einer breit gefächerten Verteilung von Informationen lautet also: »passive Viralität«.

5.7 Suchen – Und finden ...

Facebook bietet eine Suchfunktion. Diese hilft nicht nur andere Nutzer zu finden, sondern ermöglicht auch, nach bestimmten Stichwörtern oder Themen zu suchen. Auf diese Weise finden Nutzer Gruppen, die ihren Interessen entsprechen, aber auch die Facebook-Seiten von Unternehmen.

5.8 Inbox – Persönliche Nachrichtenzentrale

Selbstverständlich bietet Facebook auch die Möglichkeit, Direct Messages an andere Nutzer zu versenden. Diese landen ähnlich einer E-Mail Plattform in der Inbox. Lange Zeit war dies eine doch eher stiefmütterliche Funktion. Im November 2010 hat Facebook die Nachrichtenzentrale überarbeitet und damit zum Angriff auf andere Messaging-Dienste, wie zum Beispiel Googlemail geblasen. Das Besondere an Facebook-Nachrichten: Hier laufen unterschiedliche Nachrichtenkanäle, Facebook-Nachrichten, Chats, E-Mails und auch SMS an einer zentralen Stelle zusammen und werden in einer einzigen Oberfläche angezeigt.

5.9 Chatten – Nachrichten in Realtime

Direkt in Facebook ist auch ein Chat Client implementiert. Mit dem Funktionsumfang von ICQ, MSN Messenger oder Skype kann er zwar nicht konkurrieren. Aber er reicht vollkommen aus, um mit Freunden zu chatten, ohne die gewohnte Facebook-Umgebung oder den Browser verlassen zu müssen.

5.10 Applikationen – Pimp your Profile

Applikationen gelten als einer der entscheidenden Faktoren für den Erfolg von Facebook. Das Unternehmen hat sich relativ frühzeitig dazu entschlossen, externen Entwicklern die Möglichkeit zu geben, Erweiterungen der Funktionalität für Facebook zu erstellen. Diese werden unter dem Begriff Applikationen zusammengefasst. Zu den beliebtesten Applikationen zählen Quizzes, Umfragen und Spiele.

5.11 Social Games – Spannung, Spiel und unglaubliche Reichweite

Social Games sind eine Art spezielle Facebook-Applikation. Da sich diese höchster Beliebtheit erfreut, widmen wir ihr hier einen extra Unterpunkt. Das wohl immer noch berühmteste Social Game heißt FarmVille. Hierbei legen Nutzer eine virtuelle Farm an. Dort bauen sie ihr Haus und Scheunen, züchten Tiere und Pflanzen, fahren ihre Ernte ein und machen sonstige vergleichbare Dinge, die einen Bauern den Tag lang beschäftigen. Viele dieser Handlungen sind kostenlos beziehungsweise können mit einer Währung bezahlt werden, die man durch seine Teilnahme an FarmVille erhält. Wer sich darüber hinaus weiterentwickeln möchte, indem er sich beispielsweise einen neuen, leistungsstärkeren Traktor anschafft, muss dafür jedoch schnell auch einmal in den realen Geldbeutel greifen. Das Spiel eroberte bereits nach knapp sechs Monaten über mehr als 80 Millionen Nutzer. Das aktuell beliebteste Social Game heißt CityVille. Ja. Das Spiel ist vom gleichen Hersteller wie FarmVille und hat eine ähnliche Handlung – nur nicht mehr auf dem Land, sondern nun in der Stadt. Das Spiel wurde am 18. November 2010 veröffentlicht. Bereits Anfang März 2011 verzeichnete das Spiel mehr als 93 Millionen monatliche aktive Nutzer, davon 20 Millionen, welche täglich auf das Spiel zugreifen.[5] Zum Vergleich: Die Nintendo Wii, eine der erfolgreichsten Spielekonsolen aller Zeiten, wurde in den ersten drei Jahren weltweit circa 70 Millionen Mal verkauft.[6]

Am Rande erwähnt

Inzwischen können sogenannte »Zynga Game Cards« im Wert von 10 und 25 Dollar erworben werden, um virtuelle Güter in CityVille, FarmVille oder anderen Spielen des Herstellers zu erstehen. Ähnlich den Gutscheinkarten von iTunes werden diese an den Kassen von führenden Einzelhandelsketten wie 7Eleven, BestBuy, Target oder Walmart verkauft. Inzwischen sind die Karten auch in Deutschland verfügbar, zum Beispiel bei Saturn, Mediamarkt oder Rewe. Darüber hinaus können die Karten auch online erworben und gemeinsam mit einer netten E-Card als Geschenk geordert werden.

Der Clou beziehungsweise entscheidende Faktor für den unglaublichen Erfolg von Social Games ist auch hier wieder »passive Viralität«. Nutzer sehen, dass Freunde aus ihrem Netzwerk bei einem Spiel aktiv sind und welche Handlungen sie dort zuletzt vorgenommen haben. Das weckt Neugierde und hilft die Reichweite eines solchen Social Games unglaublich schnell und flächendeckend zu steigern. Ein Effekt, der bei klassischen Konsolenspielen so nicht besteht. Diese werden in der Regel beziehungsweise zumindest bisher meist alleine im heimischen Wohnzimmer genutzt – ohne dass Erfolgserlebnisse automatisch mit dem gesamten Freundeskreis geteilt werden.

---

5   http://www.socialbakers.com/facebook-apps-and-developers/
6   http://de.wikipedia.org/wiki/Wii

5.12 Fotos und Videos – Das Auge isst mit

Bilder sagen mehr als 1.000 Worte. Und Videos mehr als 1.000 Bilder. Kein Wunder also, dass sich diese beiden Inhaltsformen auf Facebook größter Beliebtheit erfreuen. Einerseits können die Nutzer Bilder und Videos direkt auf ihrem Profil veröffentlichen. Andererseits können sie aber auch einfach den Link eines YouTube-Videos oder Fotos auf einer Bilderplattform wie Flickr als Statusmeldung posten und mit ihrem Netzwerk teilen. Sprich: Nur ein gewisser Teil dieser Inhalte liegt wirklich auf dem Webserver von Facebook. Der Rest wird direkt von externen Plattformen eingebunden.

Am Rande erwähnt

Der Trend hin zu mehr visuellen Inhalten wird aktuell eindrucksvoll von der Plattform *www.pinterest.com* unterstrichen. Diese hat sich in den USA bereits in sehr kurzer Zeit zu einem der führenden Social Networks hinter Facebook, YouTube, Twitter & Co. entwickelt. Auch in Deutschland sorgt die Plattform in der Fachwelt bereits für Furore. Der Clou: Pinterest setzt ausschließlich auf visuelle Inhalte (Fotos und Videos), die entweder nur konsumiert oder auf dem eigenen Profil »gepinnt«, somit also hinzugefügt werden können. Klingt trivial, macht aber sehr viel Spaß.

5.13 Gruppen – Treffpunkt für Gleichgesinnte

Gruppen sind quasi das Urgestein der Treffpunkte in Social Networks. Hier können sich Nutzer mit gemeinsamen Interessen an einer zentralen Stelle treffen und austauschen. Die Mitgliedschaft einer Gruppe wird auch auf dem Profil eines Nutzers angezeigt. Damit wird sie zum Teil der virtuellen Identität. Deshalb treten Nutzer in der Regel nur solchen Gruppen bei, mit denen sie sich tatsächlich identifizieren können.

5.14 Facebook-Seiten – Für Unternehmen und Organisationen

Facebook-Seiten bieten Unternehmen, Organisationen oder Künstlern die Möglichkeit, eine Präsenz auf Facebook aufzubauen. Früher haben Nutzer einen Newsletter abonniert, um auf dem Laufenden zu bleiben. Heute klicken sie einen Button namens »Gefällt mir« und werden »Fan« der jeweiligen Facebook-Seite. Somit werden sie automatisch über aktuelle Neuigkeiten, Angebote, Sonderaktionen oder Ähnliches informiert. Der große Vorteil: Diese News landen anders als viele Newsletter nicht im SPAM-Ordner, sondern dort, wo die Facebook-Nutzer den Großteil ihrer Zeit verbringen – direkt im Newsfeed. Außerdem gilt für die Facebook-Seiten das Gleiche wie für die Mitgliedschaft in einer Gruppe. Es ist ein Statement, das auf dem eigenen Profil erscheint. Zusätzlich werden sämtliche Freunde automatisch informiert, sobald ein Nutzer den »Gefällt mir«-Button einer Facebook-Seite angeklickt hat. All dies sind entscheidende Unterschiede zum Abonnement eines Newsletters. Denn es kommen wohl nur wenige Nutzer auf den Gedanken, ihrem gesamten Netzwerk eine E-Mail zu senden, wenn sie sich für einen Newsletter registriert haben. Du ahnst es wahrscheinlich bereits: Auch hier lautet das Stichwort »passive Viralität«.

Hinweis

Lange Zeit haben Nutzer einen Button mit dem Titel »Ein Fan werden« angeklickt, um ihr Interesse an einer Seite zu bekunden und fortlaufende Nachrichten zu erhalten. Seit Mitte April 2010 heißt diese Funktion »Gefällt mir«. Einerseits hat dies den Vorteil, dass damit die Hemmschwelle seitens der Nutzer verringert wird, sich fest an eine Facebook-Seite zu binden. Andererseits kann dies zu einer leichten Verwirrung führen, weil die Funktion »Gefällt mir« auch an diversen anderen Stellen auftaucht, um beliebige Inhalte wie Videos, Bilder oder Links zu bewerten. Da sich bisher noch keine neue beziehungsweise vergleichbar griffige Formulierung etabliert hat, werden wir in diesem Buch an der einen oder anderen Stelle auch weiterhin schreiben, dass Nutzer »Fan« einer Seite werden, wenn sie besagte Funktion im Hinblick auf eine Facebook-Seite nutzen.

5.15 Veranstaltungen – Planen und organisieren

Jedes Profil beinhaltet auch einen Event-Kalender. Hier können Nutzer ihre Veranstaltungen organisieren. Der Besuch eines Konzerts, eine Party oder ein Ausflug in den Park ist hier innerhalb weniger Klicks eingetragen. Dabei haben die Nutzer zahlreiche Optionen. Sollen die Freunde »nur« darauf hingewiesen werden, das man ein bestimmtes Konzert besucht? Sollen bestimmte Freunde zu einer Party eingeladen werden (geschlossenes Event für einen bestimmten Teilnehmerkreis)? Oder sollen möglichst viele Leute in den Park kommen (offenes Event, an dem jedermann teilnehmen kann)? Je nach Einstellung können andere Nutzer eintragen, ob sie auf jeden Fall zu einem Event kommen, eventuell teilnehmen oder nicht dabei sind. Wobei Events nicht nur auf Nutzer beschränkt sind. Auch Unternehmen können Events auf ihrer Facebook-Seite anlegen und dort über verschiedene Kanäle promoten.

5.16 Facebook Mobile App – Immer up to date bleiben, überall, jederzeit

Immer mehr Nutzer verwenden Facebook auch mobil. Kein Wunder. Einerseits ist die Facebook-App inzwischen bereits auf zahlreichen Smartphones vorinstalliert. Andererseits trägt die mobile Nutzung dem Umstand Rechnung, dass die Nutzer jederzeit und überall up to date sein wollen und gleichzeitig ein sehr hohes Mitteilungsbedürfnis haben. Somit muss man nicht länger warten, bis man seinen Freunden etwas erzählt, ein Foto hochlädt oder dergleichen mehr. Dies erfolgt dank der Facebook-App innerhalb weniger Klicks direkt vom Mobiltelefon. Hier eine kurze Übersicht der wesentlichen Funktionen der Facebook-App:

- **Neuigkeiten:** Was gibt es Neues innerhalb des eigenen Netzwerks? Quasi der Newsfeed, nur auf dem Telefon. Außerdem hat man hier die Möglichkeit, eine eigene Status-meldung zu posten. Diese kann mit einem Foto oder Video untermalt werden, das sich bereits auf dem Telefon befindet oder direkt in der App aufgenommen wird, während man die Nachricht verfasst.
- **Profil:** Ansicht des persönlichen Profils. Auch hier hat man wiederum die Möglichkeit, eine Statusmeldung, inklusive Bild und Video zu veröffentlichen.
- **Freunde:** Liste sämtlicher Kontakte auf Facebook, inklusive Seiten, mit denen man vernetzt ist und aktuellen Freundesanfragen.
- **Nachrichten:** Zugriff auf die Inbox mit privaten Nachrichten.
- **Orte:** Möglichkeit anderen Nutzern mitzuteilen, wo man sich gerade befindet (siehe auch Kapitel 10 *Facebook Places und Facebook Deals*, inklusive diverser Screenshots der Facebook-App auf dem iPhone).
- **Gruppen:** Zugriff auf die Gruppen, in denen man Mitglied ist.
- **Veranstaltungen:** Welche Events und Geburtstage stehen bevor.
- **Fotos:** Zugriff auf die eigene Bildergalerie, inklusive der Möglichkeit neue Alben anzu-legen und weitere Fotos hochzuladen.
- **Chat:** Mobil mit Freunden chatten, die gerade ebenfalls online sind.
- **Notizen:** Möglichkeit, Notizen zu verfassen und auf dem eigenen Facebook-Profil zu veröffentlichen.
- **Benachrichtigungen:** Welche Nutzer haben Inhalte bewertet, kommentiert oder auf andere Weise mit mir interagiert.

Hinweis

Selbst ohne Smartphone oder entsprechende Applikation können Nutzer via Mobiltelefon auf Facebook zugreifen. Bei zahlreichen Mobilfunkprovidern sogar umsonst! Unter *0.facebook.com* stellt die Plattform eine entsprechend abgespeckte mobile Version zur Verfügung, welche Kunden von zum Beispiel E-Plus, Base oder Symio kostenlos nutzen können.

6. Newsfeed – Das Wohnzimmer im Social Network

Es gibt eine »Social-Media-Weisheit«, die wie folgt lautet: »Heutzutage suchen wir keine News mehr, sondern die News finden uns. Und ab morgen gilt das auch für Produkte.« Und genau dieser Prozess findet mithilfe des Newsfeed statt.

Zu dem Herzstück, eines jeden privaten Facebook-Accounts, gelangst du direkt nach dem Log-in auf Facebook. Hier bleibt man – mehr oder weniger auf einen Blick – ständig up to date darüber, was sich im eigenen Netzwerk tut.

- Was machen meine Freunde gerade?
- Welche Inhalte haben sie zuletzt auf Facebook hochgeladen?
- Gibt es eine Änderung im Beziehungsstatus – also eine neue Freundin mehr oder eine Alte weniger?
- An welchen Veranstaltungen nehmen meine Freunde teil?
- Hat jemand eine neue Applikation genutzt?
- Welche Bewertungen und Kommentare wurden zuletzt von meinen Freunden abgegeben?
- Wer hat neue interessante Inhalte auf Facebook eingebunden oder gefunden? Und welche?
- Gibt es neue interessante Videos?
- Wie war der gestrige Besuch im Restaurant XYZ?
- Meinungen zu politischen oder sonstigen tagesaktuellen Inhalten?
- Links zu interessanten externen Websites?
- Welche neuen Inhalte haben meine Freunde auf Plattformen wie Twitter, YouTube oder Flickr eingestellt, betrachtet, kommentiert oder bewertet?
- Was gibt es Neues bei meinen Lieblingsmarken, -unternehmen oder -künstlern, deren Facebook-Seite ich abonniert habe?
- ...

Und dies sind nur einige Beispiele für die Fülle an Informationen, die Nutzer minütlich in ihrem Newsfeed erwarten. Und umso mehr Freunde man hat sowie Facebook-Seiten und Gruppen man beigetreten ist, desto mehr Meldungen erhält man. Die Krux dabei: Oftmals handelt es sich nicht zwingend um wirklich wichtige News, sondern um mehr oder weniger nutzlose Inhalte. Die große Herausforderung besteht also darin, die Informationen entsprechend zu filtern. Ganz à la Aschenputtel: die Schlechten ins Kröpfchen, die Guten ... Direkt auf die Startseite in den Newsfeed.

Einen ersten Schritt in diese Richtung hat Facebook vor einiger Zeit unternommen. Früher wurden die Meldungen aus dem eigenen Netzwerk simpel in chronologischer Reihenfolge dargestellt. Inzwischen wird der Newsfeed in zwei Kategorien aufgeteilt: »Hauptmeldungen« (die Highlights aus dem eigenen Netzwerk) und »Neueste Meldungen/Liveticker« (sämtliche News aller Kontakte).

6.1 Hauptmeldungen – Up to date sein und bleiben

In der Standardansicht sieht der Nutzer zuerst die »Hauptmeldungen«. Hier versucht Facebook, die »wirklich relevanten« News herauszufiltern. Diese werden nach verschiedenen Kriterien bewertet, welche die »soziale Relevanz« von Nutzern, Seiten und Beiträgen abbilden:

- Wie oft interagiere ich selber mit einer Person oder Seite, zum Beispiel in Form eines Besuches, Klick auf den »Gefällt mir«-Button oder via Kommentar.
- Wie oft interagiert mein persönliches Netzwerk mit einer Person oder Seite.
- Welche Personen aus meinem Netzwerk sind das – jene, mit denen ich viel interagiere oder eher »entfernte Facebook-Freunde«.
- Wie viele gemeinsame Freunde hat man.
- Wie viele Interaktionen haben mit einer Botschaft stattgefunden.
- …

Wobei man hier nur mutmaßen kann. Denn das Unternehmen gibt nirgends bekannt, nach welchem Algorithmus die News genau sortiert werden. Dies ist quasi vergleichbar mit Google. So versucht das Unternehmen, Manipulationsversuchen vorzubeugen. Nichtsdestotrotz ist absehbar, dass bereits in naher Zukunft zahlreiche Unternehmen ähnliche Optimierungsstrategien verfolgen werden, wie sie das bereits heute machen, um ihre Positionen in den führenden Suchmaschinen zu verbessern. Denn nur wer es schafft, seine Botschaften im Social Web oder in diesem speziellen Fall im Facebook-Newsfeed sichtbar zu machen, zählt zu den mittel- und langfristigen Siegern in dieser neuen Marketingwelt.

Allerdings sind diese Optimierungsansätze auch nur bis zu einem gewissen Grad wirkungsvoll. Denn die letztendliche Hoheit, welche News ein Nutzer angezeigt bekommen möchte, obliegt ihm letztendlich selbst. Hierfür sind insbesondere zwei Mechanismen relevant:

1. Verbergen

Neben jedem Eintrag auf dem Newsfeed erscheint via Rollover ein Feld Namens »Verbergen«. Dies ermöglicht beispielsweise die Nachrichten einer bestimmten Page, eines bestimmten Nutzers oder zu einer bestimmten Applikation dauerhaft aus dem eigenen Newsfeed zu verbannen. Aus Marketingsicht ist dies fast die Höchststrafe, weil ab diesem Moment die fortlaufende Kommunikation mit den Nutzern abreißt (siehe Abbildung 8).

2. Newsfeed-Einstellungen

Diese Option ist aktuell »relativ gut versteckt«. Man findet sie, wenn man im Newsfeed ganz nach unten scrollt. Dort erscheint ein Link namens »Optionen bearbeiten«. Hier kann man den »sozialen Filter« von »Freunde und Seiten, mit denen du am häufigsten interagierst« auf »Alle deine Freunde und Seiten« umstellen. Außerdem findet man dort noch einmal eine Liste aller Nutzer, welche man via Klick auf den »Verbergen«-Button aus seinem Newsfeed verbannt hat.

Bisher stehen lediglich diese relativ simplen Möglichkeiten zur Verfügung, um den Newsfeed ein wenig aufzuräumen, interessante Inhalte und Nutzer bevorzugt zu behandeln oder weniger interessante und nervige auszublenden. Sprich: Das Ende der Fahnenstange ist hier sicher bei Weitem noch nicht erreicht. Daher gehen wir davon aus, dass Facebook hier auch in Zukunft massive Verbesserungen vornehmen und den Nutzern neue, noch bessere Möglichkeiten bieten wird, ihre Social-Media-Schaltzentrale optimal einzurichten und die Startseite diesbezüglich regelmäßig immer wieder kleine und auch größere Überarbeitungen erleben wird.

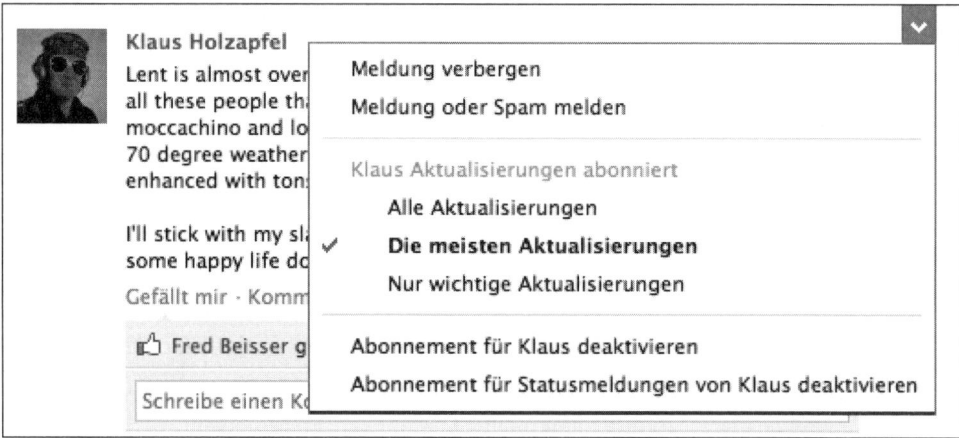

Abbildung 8: Mithilfe der Funktion »Verbergen« kann man ganz einfach Nutzer und Facebook-Seiten aus seinem Newsfeed entfernen, deren Neuigkeiten und Informationen man nicht länger erhalten möchte.

6.2 Zentrale Sammelstelle – Informationen aus dem eigenen Netzwerk

Die Social Plug-ins von Facebook tragen außerdem erheblich dazu bei, dass sich Facebook immer mehr als zentraler Dreh- und Angelpunkt vieler Nutzer für nahezu sämtliche Online-Aktivitäten etabliert. Denn mithilfe dieser Funktionen kann man sehr einfach Inhalte von Blogs, YouTube, Flicker oder Twitter mit dem eigenen Profil auf Facebook verknüpfen. In der Regel folgt man nicht all seinen Freunden auf sämtliche dieser Plattformen. Oder wenn doch, ist es zumindest relativ kompliziert, immer auf dem Laufenden zu bleiben, ob Freunde ein neues Video auf YouTube, ein neues Foto auf Flicker oder eine neue Kurznachricht auf Twitter verfasst haben. Dank Facebook erhält man all diese Informationen an einer zentralen Stelle. Nämlich im persönlichen Newsfeed. Dort kann man ganz einfach up to date darüber bleiben, was sich im eigenen Freundeskreis tut – egal auf welcher Plattform.

Felix Holzapfel: Mein persönlicher Mehrwert

Für mich ganz persönlich ist der Newsfeed das zentrale Element von Facebook. Hier bleibe ich ganz einfach up to date darüber, was es Neues in meinem Netzwerk gibt – egal, ob beruflich oder privat. Für mein engstes Umfeld brauche ich das weniger. Mit meinen besten Freuden tausche ich mich in der Regel über andere Kanäle aus. Hier stehen das persönliche Treffen, Telefonanrufe, SMS oder auch E-Mails im Vordergrund. Gleiches gilt auch für Kollegen und enge Geschäftspartner. Aber insbesondere bei Freunden, die ich leider nur selten sehen kann, weil zum Beispiel sie in einer anderen Stadt leben, oder auch bei Bekannten ist Facebook extrem praktisch.

Neuer Job? Neue/r Freund/in? Hochzeit, inklusive Bilder? Wie war der Urlaub? Wie geht es den Kindern und der Familie? Was macht man am Wochenende? Befindet man sich vielleicht gerade zufällig in der gleichen Stadt? Teilweise habe ich sogar schon via Facebook erfahren, dass man gleichzeitig in einer ähnlichen Region im Urlaub ist und sich dort treffen könnte.

All das und vieles mehr sieht man im Newsfeed auf einen Blick. Dabei kann man auch ganz einfach wieder einmal unverbindlich »Hallo« sagen, indem man eine Statusmeldung oder einen Inhalt kommentiert. Besonders Menschen, die jetzt nicht unbedingt über ein endloses Freizeit-Kontingent verfügen und privat nicht zu den Telefon-Junkies gehören, hilft Facebook enorm weiter, um ohne großen Aufwand auf dem Laufenden zu bleiben und das eigene Netzwerk zu pflegen.

Zusätzlich erhalte ich noch zahlreiche News aus für mich interessanten Quellen wie Blogs, Zeitschriften oder Ähnlichem. Denn viele dieser Anbieter betreiben eine eigene Facebook-Seite. So bleibe ich auch beruflich beziehungsweise fachlich ganz einfach auf dem Laufenden, ohne die einzelnen Websites ständig besuchen zu müssen. Facebook ersetzt für mich also durchaus immer stärker den RSS-Reader (dies ist ein spezielles Tool zur Verwaltung und Lektüre von RSS Feeds zum Beispiel von Blogs und hilft, viel Zeit zu sparen).

7. Profile – Das persönliche Schaufenster im Web 2.0

»Ich habe ein Profil, also bin ich«, so oder so ähnlich könnte der Grundsatz des Philosophen René Descartes auf Facebook-Nutzer übertragen werden. Denn ein Profil bildet die Grundlage, um sich überhaupt frei auf Facebook bewegen zu können. Für den gewöhnlichen Nutzer stellt das Profil allerdings viel mehr als die reine Eintrittskarte für Facebook dar. Im Web 1.0 wurden Profile in Foren oder ähnlichen Plattformen in der Regel nur sehr stiefmütterlich gepflegt. Im Social Web hingegen haben Profile meist eher den Charakter eines liebevoll gestalteten Schaufensters. Hier präsentieren sich die Nutzer, veröffentlichten Informationen zu ihrer Person, Interessen, Fotos und vieles mehr. Im Folgenden ein kurzer Überblick über die wesentlichen Inhalte und Funktionen eines Profils.

7.1 Für wen eignet sich ein Profil

Ein Profil ist ausschließlich für natürliche Personen gedacht und darf nur zu privaten Zwecken genutzt werden. Dabei müssen Nutzer ihren echten Namen angeben und dürfen keinerlei Pseudonyme verwenden. Sämtliche gewerbliche Nutzung muss auf eine Facebook-Seite verlagert werden. Bei einem Verstoß gegen diese Regeln behält sich Facebook vor, entsprechende Profile zu löschen.

Soweit zur Theorie. In der Praxis sieht das jedoch gelegentlich anders aus. Beispielsweise wird Jugendlichen in Deutschland von offiziellen Einrichtungen wie zum Beispiel Bildungsinitiativen dazu geraten, nicht mit ihrem echten Namen in Social Networks zu agieren, sondern stattdessen mit Pseudonymen zu arbeiten. Wollte Facebook dies unterbinden, müsste ein nicht unerheblicher Teil der deutschen Jugend aus Facebook ausgeschlossen werden. Da diese Zielgruppe jedoch äußerst interessant ist und nun einmal die Grundlage für den Erfolg von Facebook in der Zukunft bildet, hält sich das Unternehmen zumindest bisher mit der Sperrung entsprechender Accounts zurück.

Gleiches gilt für Personen oder Unternehmen, die Profile gewerblich nutzen. Wobei hier eine Facebook-Seite in der Tat im Regelfall die bessere Lösung darstellt und viele kommerziell genutzte Profile schlichtweg aus Unwissenheit eingerichtet wurden. Hier folgt das »böse Erwachen« in der Regel spätestens dann, wenn man den 5.000. Freund gewonnen hat. Denn dann ist Schluss. Mehr Freunde kann ein Nutzer auf Facebook nicht haben. Die Anzahl von Fans einer Page sind hingegen unbegrenzt. Ganz davon abgesehen, dass Facebook-Seiten weitreichendere Möglichkeiten zur Gestaltung bieten und allein dadurch schon wesentlich besser für professionelle Unternehmensauftritte geeignet sind. Aber dazu später mehr.

7.2 Spieglein, Spieglein an der Wand ... Wer hat das schönste Profilbild im Land?

Auf vielen Social Networks gibt es kaum eine Handlung, die vergleichbar viele Besuche auf das eigene Profil lockt, wie die Änderung des Profilbildes. Kein Wunder. Gibt das Profilbild der virtuellen Identität doch ihr Gesicht. Zusätzlich wird es in einer Miniaturvariante neben jeder eigenen Meldung, jedem Kommentar, jedem veröffentlichten Link, Foto, Video usw. im Newsfeed des persönlichen Netzwerks angezeigt. Außerdem gilt auch auf Facebook: Der erste Eindruck entscheidet. Und dieser erfolgt wie in der realen Welt auch hier oft über optische Faktoren. Daher ist es zwar nicht weiter verwunderlich, aber dennoch interessant, wie kreativ die Nutzer teilweise sind, um ein Profilbild hochzuladen, das irgendwie besonders ist, auffällt und in Erinnerung bleibt. Seien es Kinderbilder, Bilder an außergewöhnlichen Orten, Fotomontagen, Schockbilder, lustige Motive oder Ähnliches.

> **Hinweis**
>
> Die Umstellung der persönlichen Profile auf die Timeline-Ansicht hat eine erhebliche Änderung betreffend des Profilbildes mit sich gebracht. Denn neben dem Profilbild kann man nun auch noch ein sogenanntes Titelbild auf seinem Profil einfügen, das großflächig im oberen Bereich des Profils dargestellt wird.

7.3 Reiter 1: Chronik – dein ganzes Leben auf einen Blick/Klick

Kommen wir zur zweiten und zentralen Änderung bei der Umstellung auf die Timline-Ansicht (zu Deutsch »Chronik«). Bisher definierten sich Nutzer in sozialen Netzwerken über sämtliche Inhalte, die sie ab dem Eintritt des Netzwerkes über sich preisgaben. Der Blick dabei war stets auf das Jetzt und die Zukunft gerichtet. Warum eigentlich? Schließlich bildet doch auch die Vergangenheit einen wichtigen Teil unseres Lebens und hat uns zu dem gemacht, was wir heute sind. Daher bietet Facebook auf der Timeline nun auch die Möglichkeit, einen Blick zurückzuwerfen und das gesamte eigene Leben interaktiv erlebbar zu machen. Kinder- und Jugendbilder. Storys aus der Schule. Vom Sport. Das erste Konzert, das man besucht oder vielleicht sogar selber gegeben hat. Und andere wichtige Erlebnisse aus dem eigenen Leben können jetzt auch rückwirkend als Meilensteine auf der persönlichen Timeline hinterlegt werden. Sprich: Man kann bei jedem Inhalt, den man nun postet, auch einen Zeitstempel angeben und damit festlegen, wo der Content in der eigenen Historie einsortiert wird. Besonders wichtige Erlebnisse können noch einmal extra hervorgehoben werden. Damit werden sie in voller Breite besonders prominent auf der Timeline dargestellt. Dank einer Navigation im rechten Bereich eines jeden Profils können Besucher eines Profils nun anhand der Jahreszahlen eine Reise durch das Leben des jeweiligen Nutzers vollziehen. Wobei dies natürlich nur gilt, wenn der Nutzer diese Inhalte auch freiwillig eingestellt hat und seine Privatsphäre Einstellungen den Content für den anderen Nutzer sichtbar machen.

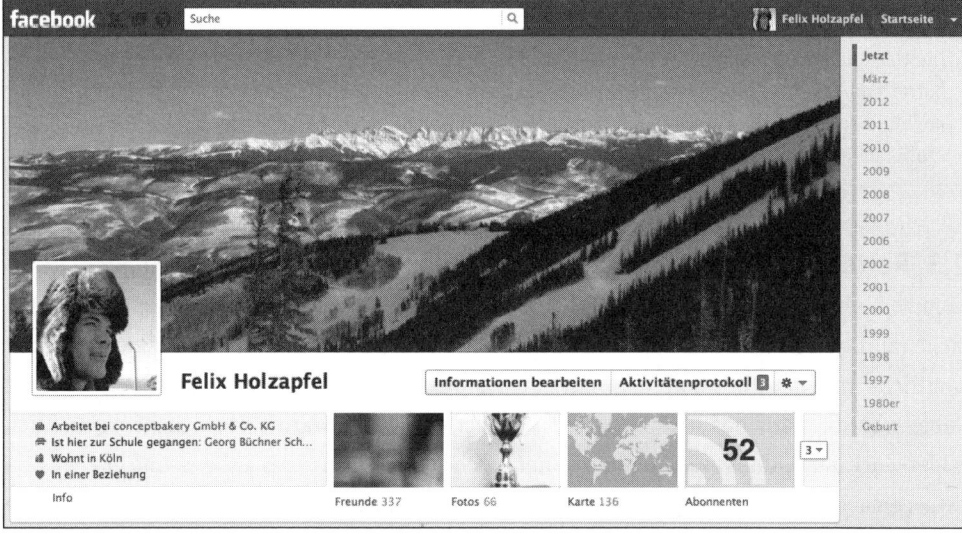

Abbildung 9: Das große Titelbild im oberen Bereich stellt eine der Haupt-Neuerungen bei der Umstellung der persönlichen Profile auf die Timeline-Ansicht dar. Darunter erscheint das nun immer quadratische persönliche Profilbild. Dies wird als Miniaturvariante zusätzlich neben jedem Posting und jeder Interaktion im Newsfeed der eigenen Freunde dargestellt. Außerdem neu: Die kurze Infobox mit ersten Eckdaten zu der Person, die Navigation in Form rechteckiger Grafiken (Freunde, Fotos, Karte, Abonnenten etc.) sowie die Zeitachse auf der rechten Seite mit den Jahreszahlen und Highlights – von der Geburt bis hin zum heutigen Tag. Mit dieser kann man ganz einfach das komplette Leben eines Nutzers durchstöbern. Natürlich vorausgesetzt, der Nutzer hat die entsprechenden Daten eingepflegt und via Privatsphäre-Einstellungen freigegeben.

7.4 Reiter 2: Info – Das Wesentliche auf einen Blick

Ein Facebook-Profil besteht aus verschiedenen »Reitern«, welche die Nutzer mit Inhalten füllen. Diese Reiter sind oben rechts unter dem Titelbild platziert. Dort fungieren sie als eine Art Navigation innerhalb eines Profils.

Die einzige Ausnahme bildet der Reiter »Info«. Die zentralen Inhalte aus diesem Bereich werden in Form einer kleinen Textbox direkt unterhalb des Profilbildes angezeigt. Über den Klick auf den Link »Info« gelangt man auf eine umfangreiche Übersicht der zentralen Inhalte eines Nutzers.

Bei Nutzern, mit denen man noch nicht befreundet ist, werden einige der Inhalte aus dem Bereich Info zusätzlich direkt auf der Timeline angezeigt, zum Beispiel Freunde, Interessen und einige Informationen über die Person.

Im Folgenden eine kurze Übersicht der Informationen, die Nutzer in ihre Profile einpflegen können:
- Ausbildung und Arbeit: Aktueller und bisherige Arbeitgeber, Hochschule und Schule.
- Über dich: Beliebige Infos zur eigenen Person in Textform oder inklusive Hyperlinks.
- Allgemeines: Wie der Name schon sagt, geben die Nutzer hier sämtliche allgemeinen Informationen zu ihrer Person ein. Geschlecht, Geburtstag, Wohnort, Beziehungsstatus, Sprachen, Religion, Politische Einstellung, Lieblingszitate.
- Familie: Verwandte, die ebenfalls auf Facebook aktiv sind.
- Kontakt: Hier können Nutzer festlegen, welche Kontaktmöglichkeiten sie bieten möchten. E-Mails, Instant Messaging, Telefon, postalische Anschrift und Website.

Wobei ein Großteil dieser Daten nicht nur zur Eigendarstellung genutzt wird. Der eine oder andere mag es bereits erahnen. Richtig. Viele diese Daten eignen sich auch hervorragend für ein ausgeklügeltes Targeting bei der Schaltung von Werbeanzeigen. Und genau dafür werden sie auch genutzt (siehe auch Kapitel 11 *Facebook-Werbeanzeigen – Targeting 2.0*).

Seit der Einführung des Open Graph-Konzepts kommt außerdem ein weiterer Faktor hinzu: Die Daten werden automatisch auf Basis der aktuellen Aktivitäten der Nutzer angepasst. Und das geschieht sowohl bei Interaktionen auf Facebook als auch auf Partner-Websites. Beispiel: Du hörst Musik im Web und klickst bei einem Lied den Social Plug-in Button »Gefällt mir«. Diese Information wird nun automatisch mit deinem Profil auf Facebook verknüpft. Somit musst du deine Daten nicht mehr selber aktualisieren, sondern sie bleiben auch ohne weiteres Zutun ständig up to date.

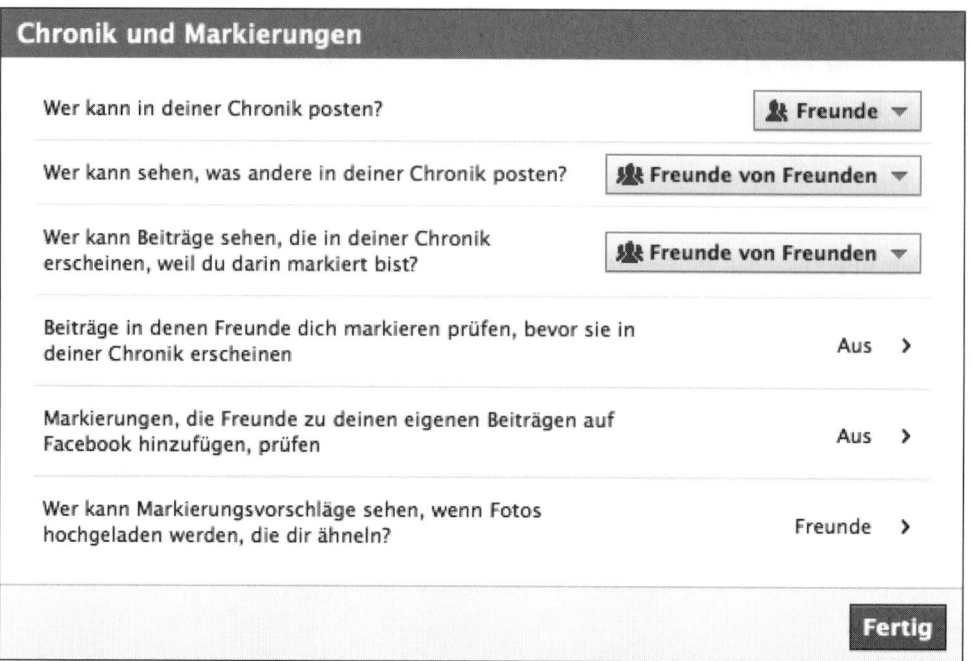

Selbstverständlich kannst du in den Einstellungen deiner Privatsphäre genau festlegen, welche Informationen auf diesem Weg in dein Profil einfließen sollen und welche nicht beziehungsweise welche Informationen welchen Nutzern angezeigt werden (siehe Abbildung 10).

Öffentlich, Freunde von Freunden, Nur Freunde oder Benutzerdefiniert. Letzteres bedeutet, dass der Nutzer die jeweiligen Inhalte nur für ausgewählte Freunde freigeben kann. Das kleine Schloss mit dem Dreieck, welches das Dropdown-Menü mit den Auswahlmöglichkeiten öffnet, findet sich übrigens an verschiedenen Stellen auf Facebook. Zum Beispiel auch bei der Veröffentlichung einer Statusmeldung oder sonstiger Inhalte auf dem eigenen Profil. Auch dabei können die Nutzer dann ganz genau festlegen, wer diese Inhalte einsehen darf und wer nicht.

7.5 Reiter 3: Freunde – Das A und O

Auch im Social Web stehen die Freunde eines Nutzers natürlich im Mittelpunkt des (digitalen) Lebens. Wenn man diesen Bereich anklickt, erhält man eine Übersicht sämtlicher Freunde eines anderen Nutzers. Im oberen Bereich befinden sich zuerst »Gemeinsame Freunde« – also jene Nutzer, mit denen man sowohl selber als auch der Nutzer befreundet ist, dessen Profil man gerade besucht. Darunter findet man dann eine Liste sämtlicher Freunde. Diese kann mithilfe einer Suchfunktion gezielt durchstöbert werden.

7.6 Reiter 4: Fotos – Das Auge isst mit

Hier werden sämtliche Bilder eines Nutzers angezeigt: Profilbilder, hochgeladene Bilder und Fotos, auf denen man verlinkt wurde. Die eigenen Bilder können in einzelnen Alben organisiert werden, zum Beispiel »Urlaub Mexiko«, »Hochzeit Sonja und Stefan«, »Partybilder« oder Ähnliches. Sowohl die Alben als auch die Bilder selbst können wiederum von sämtlichen Nutzern betrachtet, kommentiert und bewertet werden. Einzige Einschränkung: Auch bei der Veröffentlichung von Bildern kann der Nutzer in den Einstellungen zur Privatsphäre festlegen, wer die Bilder anschauen darf. Eine weitere interessante Funktion beim Upload von Bildern: Personen auf den Fotos können markiert werden. Dies hat verschiedene praktische Effekte.

- Nutzer werden darüber informiert, wenn sie auf einem Bild markiert werden. Somit erfahren sie von Bildern, die von anderen Nutzern hochgeladen wurden, und auf denen sie zu sehen sind.
- Man kann direkt erkennen, wer sich noch auf einem Foto befindet, und den Namen der entsprechenden Nutzer sehen, indem man einfach mit dem Mauszeiger über die entsprechende Person fährt.

Über den Button »Teilen« kann man Fotos anderer Nutzer ganz einfach auf seinem eigenen Profil veröffentlichen und auf diese Weise mit dem eigenen Freundeskreis teilen.

Ein Bild entspricht nicht den Regeln von Facebook, verstößt gegen geltendes Recht oder Ähnliches? Kein Problem! Über die Funktion »Dieses Foto melden« wird ein Hinweis an Facebook versendet, die das Foto gegebenenfalls entfernen und Konsequenzen gegenüber dem Nutzer ziehen, der das Bild veröffentlicht hat.

Abbildung 11: Darstellung von Fotos auf Facebook, inklusive Markierung des Nutzers auf dem Bild und Möglichkeiten zur Interaktion wie Kommentieren, Bewerten oder Teilen.

7.7 Reiter 5: Karte – Wo man schon so überall war

Im Bereich Karte findet man eine interaktive Übersicht, welche Orte ein Nutzer bereits besucht beziehungsweise mit seinem Facebook-Profil verknüpft hat. Bei jedem Inhalt, den ein Nutzer auf Facebook veröffentlicht, sei es eine Statusmeldung, ein Foto, ein Video oder Ähnliches kann man den Ort angeben, mit dem dieser Inhalt verknüpft ist. Darüber hinaus kann man via Facebook-Orte, zum Beispiel via Facebook-Applikation auf dem Mobiltelefon, jederzeit mitteilen, wo man sich gerade befindet. All diese Geo-Koordinaten werden im Bereich »Karte« gebündelt dargestellt.

7.8 Reiter 6: Abonnenten und Abonnements – Einfach zuhören

Der Begriff »Freunde« wird im Social Web an vielen Stellen überstrapaziert. Denn zahlreiche Kontakte fallen offline oftmals nicht einmal in die Kategorie »Bekannte«, werden aber im Social Web als »Freunde« im Profil aufgeführt. Diesem Problem möchte Facebook mit der neuen Funktion »Abonnenten« entgegenwirken. Dies ermöglicht sich mit Nutzern zu verbinden, die man interessant findet, zu denen man aber keinerlei persönlichen Kontakt hat. So erhält man Neuigkeiten dieser Person im persönlichen Newsfeed – ohne direkt miteinander befreundet zu sein. Deshalb ist hier auch keine Annahme einer »Freundschaftsanfrage« erforderlich, sondern das Abonnieren ist per simplen einseitigen Klick möglich. Natürlich vorausgesetzt der Nutzer hat sein Profil dafür freigegeben, dass es auch von anderen, unter Umständen wildfremden Nutzern, »abonniert« werden kann.

7.9 Reiter 7: »Gefällt mir«-Angaben – Das zentrale Sammelbecken

Hier findet man eine Übersicht, bei welchen Inhalten ein Nutzer »Gefällt mir« angeklickt hat. Welche Musik hört der Nutzer? Welche Bücher, Filme, TV-Sendungen, Spiele, Sportler oder Mannschaften mag er? Welche Aktivitäten und Interessen verfolgt eine Person? All diese Informationen werden hier gebündelt dargestellt.

8. Facebook-Seite –
Auftritt eines Unternehmens

Was für den Nutzer das Profil darstellt, ist für ein Unternehmen die Facebook-Seite. Die aktuellen Nutzungsbedingungen von Facebook lauten in diesem Punkt wie folgt: »Seiten sind spezielle Profile, die nur zur Werbung für Unternehmen oder andere kommerzielle, politische sowie wohltätige Organisationen oder Anstrengungen (einschließlich gemeinnütziger Organisationen, politischer Kampagnen, Bands und bekannter Persönlichkeiten) verwendet werden dürfen.«

Wobei sich Facebook-Seiten in ihrer Funktionalität in einigen Punkten grundlegend von Profilen unterscheiden. Dies beginnt damit, dass Facebook-Seiten keine »Freunde« haben, sondern »Personen, denen die Seite gefällt«. Kurz gesagt ist eine Facebook-Seite eine Art »Unternehmensauftritt« oder »Webauftritt« innerhalb der Umgebung von Facebook. Wobei es diverse Möglichkeiten gibt, eine Facebook-Seite zu gestalten oder auch zu bewerben, die es bei Profilen nicht gibt. Und vieles mehr. Einige der wesentlichen Unterschiede und Möglichkeiten stellen wir auf den nächsten Seiten vor.

Warum sollte ein Unternehmen eine Facebook-Seite einrichten? Welche Vorteile hat es dadurch? Simpel gesagt: Einen Auftritt in dem Umfeld, in dem zahlreiche Internetnutzer heutzutage den Großteil ihrer »Online-Tageszeit« verbringen. Hier können sie gezielt angesprochen und aktiv in das Marketing eines Unternehmens eingebunden werden. Dabei können diverse Brücken zu anderen Inhalten eines Unternehmens hergestellt werden. Durch die geschickte Stimulierung entsprechender Interaktionen kann in diesem Umfeld die »passive Viralität« sehr gute Dienste leisten. Es lassen sich virale Effekte erzielen, bei denen nicht nur einzelne Nutzer, sondern gesamte Freundesnetzwerke angesprochen werden.

Tipp

Verschiedene Inhalte einer Facebook-Seite sind selbst für Nutzer sichtbar, die nicht auf Facebook registriert oder eingeloggt sind. Solche Inhalte werden auch von externen Suchmaschinen wie Google oder Yahoo indexiert und tauchen somit in deren Ergebnisseiten auf.

8.1 Anlegen einer Seite

Für das Anlegen einer Seite musst du kein Raketenforscher sein. Es sind nicht einmal Programmierkenntnisse erforderlich. Sprich: Eine Facebook-Seite kann innerhalb weniger Klicks und in der Regel äußerst unkompliziert eingerichtet werden. Dennoch gibt es natürlich einige Dinge, die man beachten und gut planen sollte – denn teilweise können Eingaben nachträglich nicht mehr geändert werden. Hier ein Screenshot der entsprechenden Seite, deren wesentliche Funktionen wir im Folgenden kurz erklären.

8.2 Kategorie – Was bist du?

Der erste Schritt besteht darin, festzulegen, welcher »Kategorie« die Facebook-Seite angehört. Diese Kategorien sind wiederum in sechs Bereiche aufgeteilt:

- Lokales Unternehmen oder Ort
- Unternehmen, Organisation oder Institution
- Marke oder Produkt
- Künstler, Band oder öffentliche Person
- Unterhaltung
- Cause oder Community

Jeder dieser Bereiche beinhaltet zahlreiche Unterkategorien.

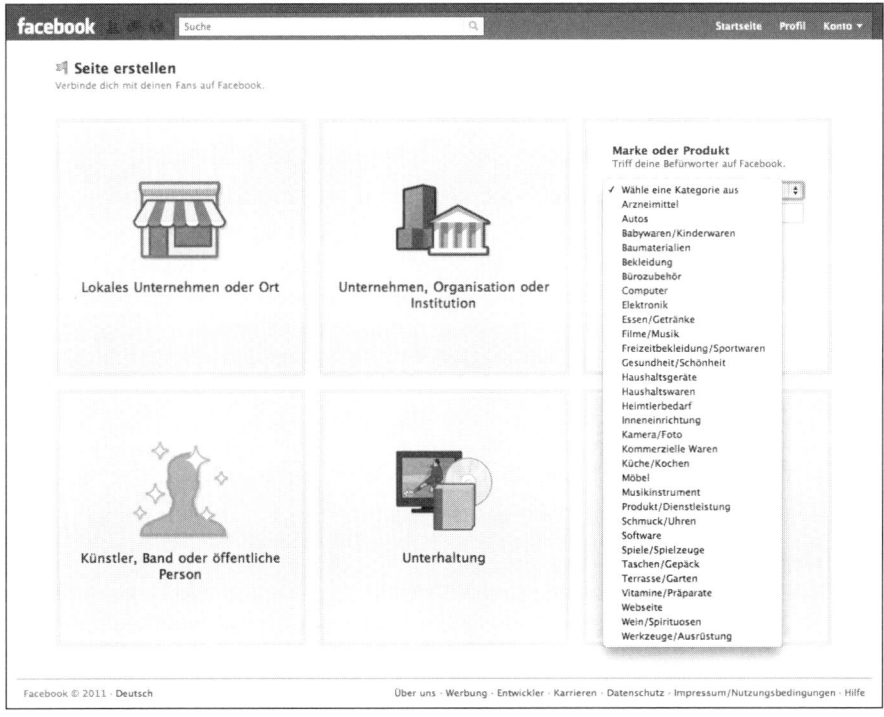

Abbildung 12: Screenshot Anlegen einer Seite Schritt Nr. 1: Auswahl der Kategorie.

Ein von dir geplantes Projekt passt in keine dieser Kategorien, entspricht aber dem Grundgedanken von Facebook-Seiten? Dann setz dich am besten direkt mit Facebook in Verbindung und frage dort nach.

Wobei man generell sagen muss, dass Facebook – zumindest bisher – nicht allzu scharf gegen Facebook-Seiten vorgeht, die in einer Kategorie angemeldet sind, in die sie eigentlich nicht passen. Ausgenommen davon sind natürlich erhebliche Verstöße. Und es ist nicht ausgeschlossen, dass sich sowohl die Kategorien als auch die Nutzungsbedingungen oder das Vorgehen von Facebook bei vergleichbaren Verstößen künftig ändert.

Tipp

Du planst eine Facebook-Seite, die thematisch in keine der Kategorien passt? Unter Umständen legst du einfach eine entsprechende Website an und erstellst dann eine Facebook-Seite, welche du in der Kategorie »Webseiten« einordnest. Durch diese »Hintertür« lassen sich zahlreiche Themen quasi »um die Ecke« für eine Facebook-Seite nutzen. Ansonsten, wie gesagt, einfach den direkten Kontakt zu Facebook suchen und fragen, ob es eine Möglichkeit gibt, die Seite anzulegen. Natürlich vorausgesetzt die geplante Seite entspricht dem Grundgedanken von Facebook-Seiten.

8.3 Name der Seite – Bis dass der Tod uns scheidet ...

Im nächsten Schritt muss der Name der Seite festgelegt werden. Und diesen sollte man sich vorab sehr gut überlegen. Denn sobald eine Seite über mehr als hundert Fans verfügt, kann dieser Name nie wieder geändert werden! Unter *www.facebook.com/page_guidelines. php* findest du die entsprechenden Richtlinien von Facebook. Hier eine kurze Übersicht der wesentlichen Punkte:

- Grammatikalisch richtige Schreibweise (zum Beispiel keine überflüssigen Großbuchstaben).
- Schlichter Text (zum Beispiel keine Sonderzeichen wie »!«, »®« oder »TM«).
- Präzise Namen (keine Slogans oder überflüssige Beschreibungen).
- Kampagnennamen oder demografische Zusätze sind erlaubt (zum Beispiel »Royal Caribbean International (Deutsch)«).
- Seitennamen dürfen nicht die allgemeine Bezeichnung oder Produktkategorie haben (zum Beispiel Bier oder Pizza).

Wir hatten schon Fälle, bei denen das System von Facebook Namen einer Seite abgelehnt hat, obwohl unser Kunde über die entsprechenden Markenrechte in einer speziellen Schreibweise verfügt
hat. Auch in diesem Fall einfach eine kurze Mail an Facebook senden. In der Regel findet man
dann gemeinsam eine Lösung, die für beide Seiten tragbar ist.

8.4 Anlegen der Basic Information und Einstellungen

Nach dem Klick auf den Button »Los geht's« wird deine Seite erstellt. Anschließend landest
du auf einer Ansicht, welche das Anlegen deiner Seite Schritt für Schritt aufzeigt.

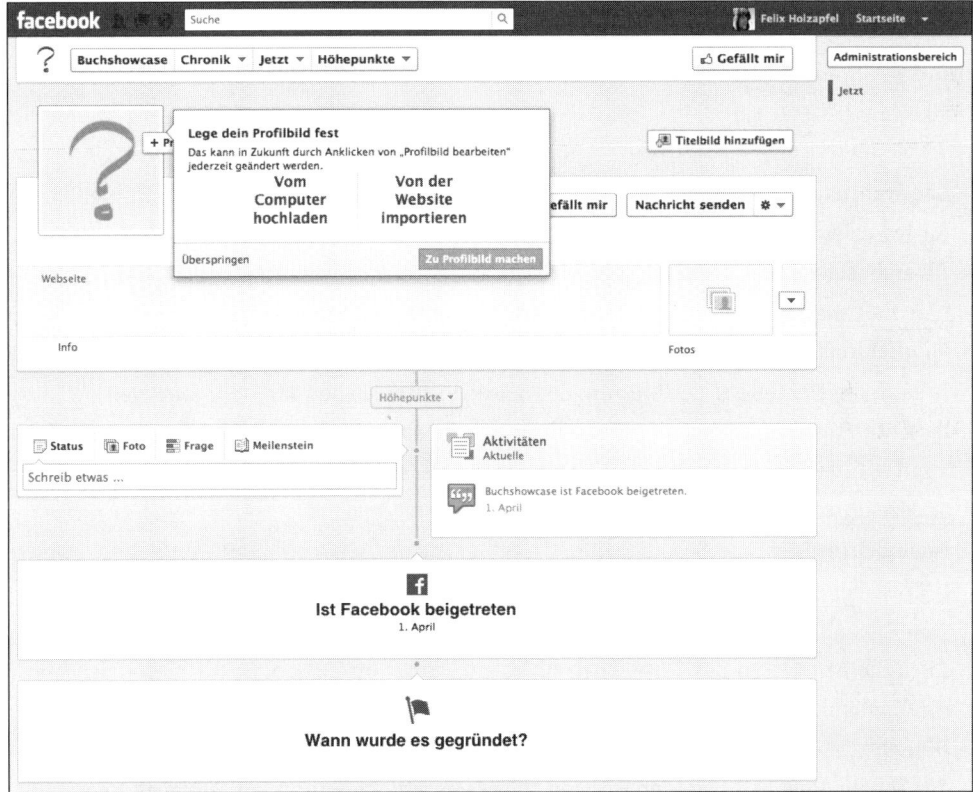

Abbildung 13: Screenshot: erste Schritte beim Anlegen einer Seite. Dabei leitet dich Facebook Schritt für Schritt
durch den gesamten Prozess, um die wesentlichen Informationen einzupflegen.

Bevor du jedoch mit dem Anlegen deiner Facebook-Seite fortfährst, empfehlen wir dir zuerst einmal die Einstellung der Seite so umzustellen, dass diese nur für Administratoren sichtbar ist. Schließlich sollen erst einmal keine fremden Nutzer auf die Seite gelangen, solange du diese noch bearbeitest.

Hierzu musst du wie folgt vorgehen:
- Klicke oben auf den Button »Verwalten« und dort auf den Unterpunkt »Seite bearbeiten«.
- Du landest auf dem Reiter »Genehmigungen verwalten«.
- Der oberste Punkte dort lautet »Sichtbarkeit der Seite«.
- Hier einfach das Häkchen bei »Nur Administratoren können diese Seite sehen« setzen.
- Nachdem die Seite fertig eingerichtet ist, brauchst du diesen Haken nur zu entfernen und die Seite ist wieder für jedermann zugänglich.

An dieser Stelle findest du auch noch verschiedene andere interessante Einstellungsmöglichkeiten:

- **Ländereinschränkungen:** Soll die Seite nur für Nutzer aus einem oder mehreren von dir festgelegten Ländern sichtbar sein.
- **Altersbeschränkungen:** Soll die Seite für alle Altersgruppen zugänglich sein oder enthält sie Inhalte, die nicht für Kinder und Jugendliche geeignet sind.
- **Möglichkeit zum Posten:** Via Checkbox kann man festlegen, ob und wenn ja, welche Inhalte die Nutzer auf der Chronik der Seite veröffentlichen können. Eine weitere interessante Einstellung: Seit der Umstellung der Facebook-Seiten auf die Timeline-Ansicht kann man festlegen, ob das Feld »Aktuelle Beiträge anderer Nutzer« auf der Chronik angezeigt werden soll oder nicht.
- **Nachrichten:** Soll die Schaltfläche »Nachrichten« angezeigt werden. Auch diese Funktion ist bei der Umstellung auf die Timeline-Ansicht neu hinzugekommen. Die Funktion ermöglicht Nutzern, dem Betreiber einer Seite private Nachrichten zu schicken. Auch die Antworten des Seiten-Betreibers sind nicht öffentlich. Somit bietet sich hier die Möglichkeit zur Eins-zu-eins-Kommunikation.
- **Blockierliste für Moderatoren:** Hier kann man Begriffe hinterlegen, welche nicht auf der Timeline gepostet werden können sollen. Zusätzlich kann man festlegen, wie stark diese Blockierliste angewendet werden soll.
- **Seite löschen:** Zu guter Letzt findet sich auf dieser Seite auch die Möglichkeit, eine einmal erstellte Facebook-Seite wieder zu löschen.

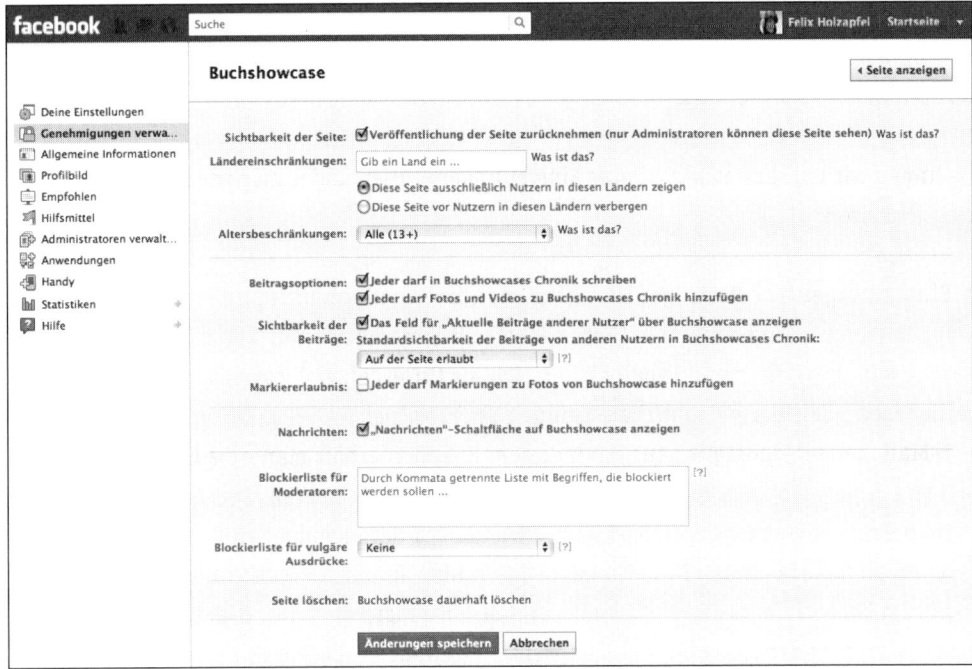

Abbildung 14: Einstellungen einer Facebook-Seite im Bereich »Genehmigungen verwalten«.

Absolutes No-Go

Keine Beiträge von Fans auf der Chronik zulassen. Obwohl es diese Einstellung tatsächlich gibt, stellt sie in unseren Augen in der Regel ein absolutes No-Go dar. Unternehmen, die sich für diese Einstellung entscheiden, sollten besser keine Facebook-Seite betreiben. Denn sie haben das Prinzip von Facebook nicht verstanden. Hier geht es nicht um eine kontrollierte »Einweg-Kommunikation« von Unternehmen in Richtung Kunden, sondern um einen Dialog. Angst vor den Aussagen und Kommentaren der Nutzer ist hier fehl am Platz. Hier ein O-Ton von Klaus Holzapfel zu diesem Thema, den er während der Korrekturphase des Buches an dieser Stelle eingefügt hatte. Wir fanden ihn irgendwie so lustig, dass wir ihn einfach nicht gelöscht haben: »Das Ganze widerspricht dem Grundgedanken des Social Webs und nur Hosenscheißer lassen keine Kommentare von ihren Fans zu.« Ganz so drastisch würden wir es eventuell nicht formulieren, aber im Endeffekt läuft unsere Meinung (und die vieler anderer Experten) zu diesem Thema auf das gleiche hinaus. Lediglich in echten Ausnahmesituationen mag es in ausgewählten Einzelfällen einmal Sinn machen, die Kommunikation der Nutzer auf der Chronik einzuschränken. Sei es über die Einschränkung der Beitragsoptionen oder das Ausblenden der Box »Aktuelle Beiträge anderer Nutzer«, sodass diese nicht mehr auf der Chronik angezeigt wird.

Anschließend empfehlen wir, sich einfach einmal durch sämtliche Einstellungsmöglichkeiten in der linken Spalte durchzuklicken, die entsprechenden Inhalte einzupflegen und Einstellungen vorzunehmen.

Beginnen wir mit dem Punkt »Deine Einstellungen«. Hier findet man die beiden folgenden Möglichkeiten:

- **Einstellungen für Beiträge:** Hier kann man festlegen, ob man als Seite oder als privater Nutzer auf Kommentare auf einer Facebook-Seite antwortet. Sprich: Hier kann man wechseln und bestimmte Inhalte öffentlich als Unternehmen kommentieren, andere hingegen mit einer persönlichen Meinung als Privatperson.
- **E-Mail-Benachrichtigungen:** Dank diesem Häkchen erhält man eine E-Mail, sobald Nutzer Inhalte oder Kommentare auf der Facebook-Seite posten. Dies kann sehr praktisch sein, weil es einem erspart immer wieder auf der eigenen Seite nachzuschauen, ob etwas Neues von den Nutzern gepostet wurde. Wenn man jedoch über eine größere Anzahl Fans verfügt, die fleißig mit der Seite interagieren, kann dies natürlich auch schnell zur Verstopfung der eigenen Mailbox führen. In diesem Fall sollte man das Häkchen dann einfach entfernen.

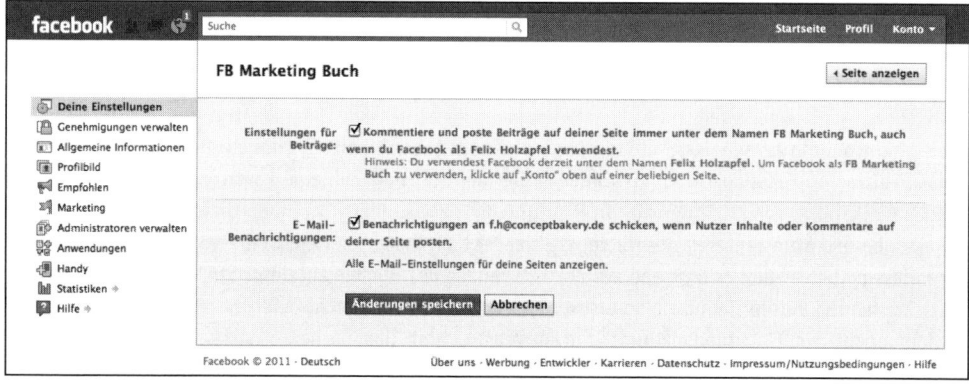

Abbildung 15: Einstellungen einer Facebook-Seite im Bereich »Deine Einstellungen«.

Als Nächstes widmen wir uns nun dem Punkt »Allgemeine Informationen«. Diese erscheinen im Reiter »Info« der Facebook-Seite. Ein Großteil der Informationen, welche hier hinterlegt werden, sind von der Kategorie abhängig, welche man für seine Seite ausgewählt hat. Denn bei einem Buch müssen beispielsweise natürlich andere »Basis Informationen« hinterlegt werden (Erscheinungsdatum, Genre, ISBN, Herausgeber etc.) als zum Beispiel bei einem lokalen Geschäft (Adresse, Öffnungszeiten, Parkplätze etc.). Nur die folgenden drei ersten Punkte sind bei jeder Seite gleich:

- **Kategorie:** Hier kann man noch einmal festlegen, in welche Kategorie eine Seite eingeordnet werden soll beziehungsweise die Einordnung nachträglich ändern.
- **Nutzername:** Im Falle einer Seite wird dieser auch als Kurz-URL oder Vanity-URL bezeichnet. Hier kann man eine URL à la *facebook.com/IhrSeitenNamen* anlegen. Somit müssen Nutzer nicht mehr eine lange alphanumerische URL eingeben, sondern können eine Facebook-Seite komfortabel direkt ansteuern. Diese Kurz-URL kann man alternativ auch unter folgender Adresse anlegen: *www.facebook.com/username/*. Egal wo, ist auch bei dem Anlegen dieser Adresse höchste Vorsicht geboten. Denn einmal angelegt kann auch die Kurz-URL nachträglich nicht mehr geändert werden.
- **Name:** Solange man über weniger als hundert Fans verfügt, lässt sich der Name einer Seite noch verändern. Anschließend ist dies nicht mehr möglich.

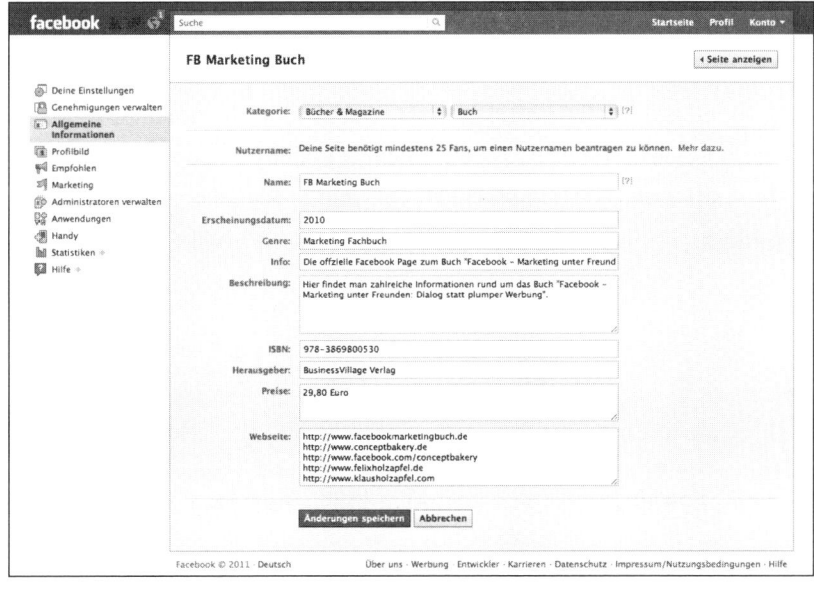

Abbildung 16: Einstellungen einer Facebook-Seite im Bereich »Allgemeine Informationen«.

8.5 Titel- und Profilbild einer Facebook-Seite

Hierbei handelt es sich aus mehrerlei Hinsicht um wichtige Elemente einer Facebook-Seite. Daher widmen wir diesem Bereich auch ein extra Unterkapitel.

Zuerst einmal dient das Profilbild als zentrales Erkennungsmerkmal einer Seite. Schließlich ist es ständig auf der Facebook-Seite präsent. Das Profilbild hat ein Format von 160 mal 160 Pixel. Dieser Platz sollte vollständig und bestmöglich genutzt werden, um Appetit auf mehr zu wecken.

Selbstverständlich bietet es sich an, das eigene Logo, den Unternehmensnamen oder sonstige zentrale Erkennungsmerkmale in das Profilbild zu integrieren.

Ein Profilbild erfüllt generell zweierlei Funktionen hat. Einerseits wird es auf der Facebook-Seite angezeigt, andererseits wird ein kleines Quadrat als Miniaturbild erzeugt, welches neben jedem Posting erscheint, das im Namen einer Seite veröffentlicht wird. Sprich: Bei der Gestaltung sollte man beachten, dass auch das automatisch erzeugte Miniaturbild gut lesbar beziehungsweise erkennbar ist. Dieses muss übrigens nicht zwingend den Unternehmensnamen enthalten. Denn in der Regel ist dieser identisch mit dem Namen der Seite. Und dieser wird per se neben jedem Posting in Textform eingeblendet.

Neben dem Profilbild enthalten nun auch Facebook-Seiten ein Titelbild, das großformatig über der Chronik angezeigt wird. Hier landen die Nutzer bei dem ersten Besuch einer Seite. Zumindest wenn sie die Adresse selber eingeben oder nach dem Unternehmen auf Facebook suchen. Somit ist das Titelbild oftmals ein zentrales Element für den ersten Eindruck. Natürlich liegt es nahe, an dieser Stelle auf aktuelle Angebote und Sonderaktionen hinzuweisen. Aufgrund der Facebook-Richtlinien ist dies jedoch nur unter der Einhaltung diverser Regeln zulässig. Dabei dürfen Titelbilder keine der folgenden Angaben beinhalten:

- Preis- oder Kaufinformationen wie beispielsweise »40 Prozent Rabatt« oder »Herunterzuladen auf *www.xyz.de*«;
- Kontaktinformationen wie eine Webseiten-, E-Mail- oder Mailing-Adresse beziehungsweise Informationen, die in den »Über mich«-Abschnitt deiner Seite gehören;
- Verweise auf Facebook-Funktionen oder -Handlungen, wie zum Beispiel »Gefällt mir« oder »Teilen« oder ein Pfeil, der vom Titelbild auf irgendeine dieser Funktionen weist; oder
- Handlungsaufrufe wie zum Beispiel »Jetzt verwenden« oder »Deinen Freunden mitteilen«.

8.6 Timeline, zu Deutsch »Chronik«

Auch hier bietet Facebook Unternehmen nun, analog zu Nutzerprofilen, die Möglichkeit, die eigene Unternehmenshistorie interaktiv darzustellen. Im Rahmen einer Statusmeldung kann ein Meilenstein des eigenen Unternehmens eingetragen werden. Sei es ein Umzug, besonders wichtige Projekte und Kunden, der Gewinn von Preisen und Auszeichnungen, der erste eigene Messestand, die Einführung eines neuen Produktes, die Eröffnung einer neuen Filiale oder Niederlassung und dergleichen Höhepunkte mehr. Jeder Meilenstein kann mit einem Ort und Datum verknüpft werden. In einem Textfeld kann man zusätzlich eine kurze Beschreibung des Meilensteins einfügen. Zu guter Letzt kann der Meilenstein natürlich auch mit einem Bild versehen werden.

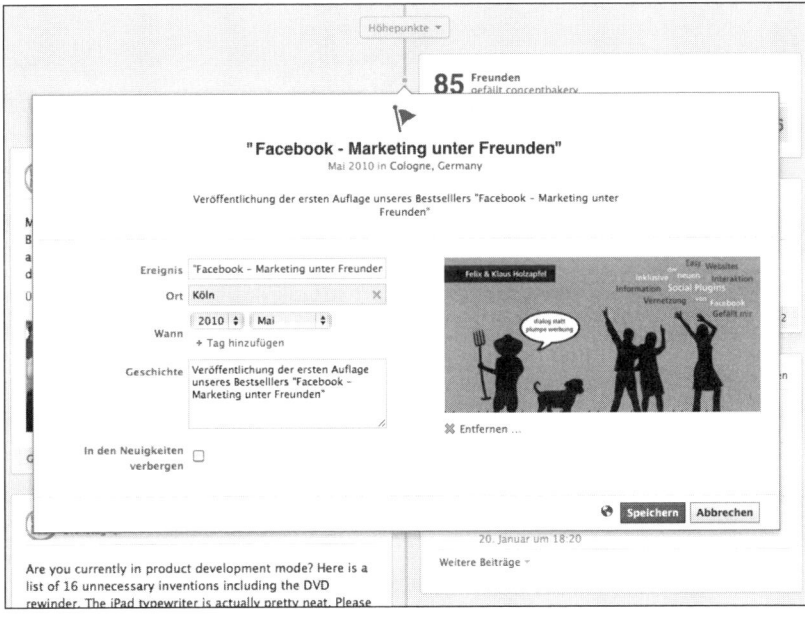

Abbildung 17: Anlegen eines Meilensteins auf der Timeline einer Facebook-Seite.

Neben den Meilensteinen können auch sämtliche anderen Statusmeldungen eines Unternehmens prominent auf der Timeline einer Facebook-Seite dargestellt werden. Neben jeder Meldung, die man auf einer Seite verfasst, erscheint rechts oben ein kleiner Stern. Klickt man diesen an, wird die entsprechende Meldung nicht nur in einer Spalte, sondern über die gesamte Breite der Timeline dargestellt. Dies ermöglicht beispielsweise mehrere Bilder in Form eines Fotoalbums, zu einem Höhepunkt des Unternehmens, in Form eines Fotoalbums zu veröffentlichen und gut sichtbar darzustellen. Somit dient diese Funktion quasi als eine Art Zusatz zu den Meilensteinen, bei denen nur ein einziges Bild veröffentlicht werden kann. Außerdem besteht so die Möglichkeit, auch sämtliche andere Inhalte, die via Statusmeldung veröffentlicht werden können, zu einem gut sichtbaren Höhepunkt des Unternehmens zu machen, zum Beispiel Videos, Beiträge auf externen Seiten usw.

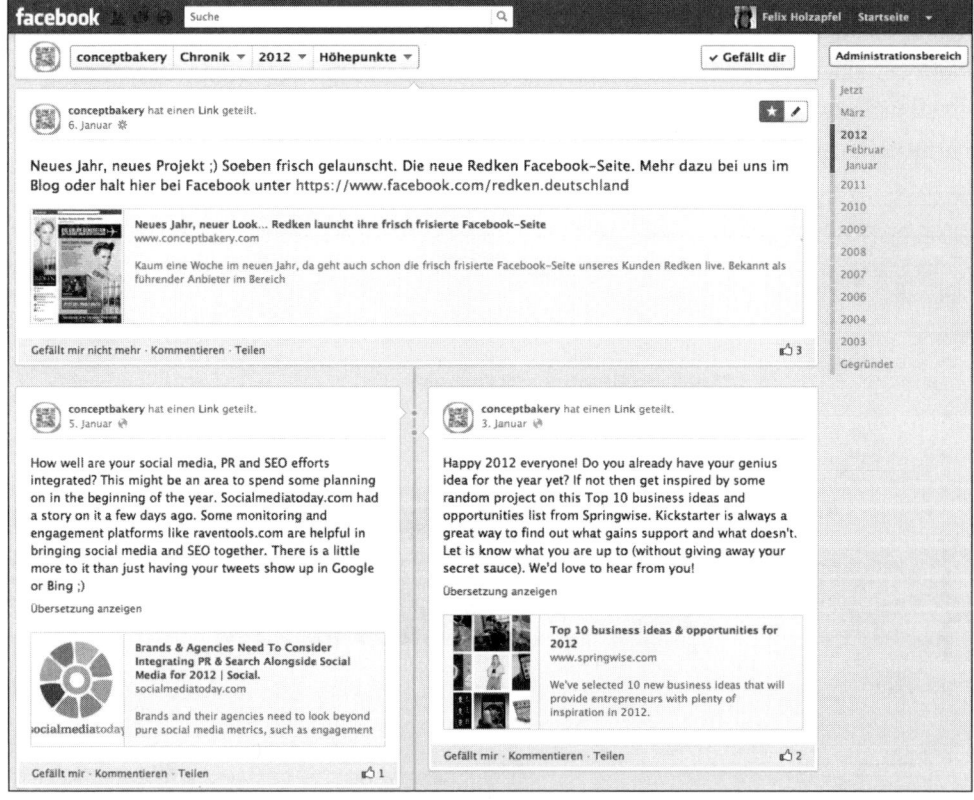

Abbildung 18: Beispiel eines Beitrages, der mit der Funktion »Hervorheben« gekennzeichnet wurde. Dieser wird nun prominent über beide Spalten der Timeline verteilt angezeigt.

8.7 Weitere Standardreiter

Neben den Basis-Informationen gibt es noch einige weitere Reiter, die standardmäßig auf einer Facebook-Seite enthalten sind oder einfach mit einem simplen Klick hinzugefügt werden können. Diese findet man im Bereich »Seite bearbeiten« in der linken Navigation unter dem Punkt »Anwendungen«. Hier eine Übersicht der zentralen Funktionen:

Fotos (Standardreiter, kann nicht von der Seite entfernt werden und steht stets an erster Stelle in der Unternavigation einer Facebook-Seite): Der Reiter »Fotos« ist identisch mit den Funktionen eines Profils. Hier werden die Profilbilder hinterlegt und es besteht die Möglichkeit, Fotoalben zu erstellen, in welche man weitere Bilder, zum Beispiel von Events, einen Rundgang durch das Unternehmen, Bilder von Produkten oder Ähnliches hinterlegen kann.

»Gefällt mir«-Angaben (Standardreiter, kann nicht von der Seite entfernt werden): Hier findet man eine kurze Übersicht zentraler Statistiken einer Facebook-Seite (Fans insgesamt, Personen, die darüber sprechen, beliebteste Woche, beliebteste Stadt, beliebteste Altersgruppe). Seit der Umstellung auf das Timeline-Format gibt es hier eine wichtige Neuerung. Diese Daten sind nun für jedermann frei zugänglich – auch ohne, dass man Administrator der entsprechenden Seite ist. Du kannst also einfach mal einige Wettbewerber deines Unternehmens besuchen und dort sehen, wie aktiv die Nutzer derzeit auf dieser Seite sind.

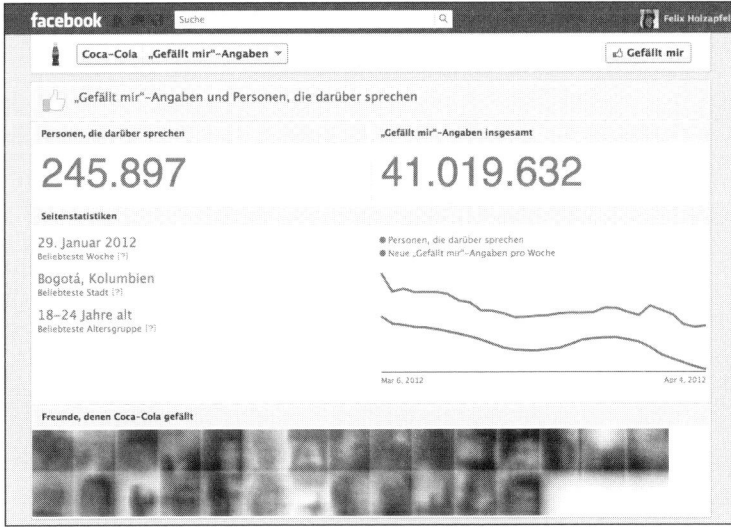

Abbildung 19: Einige zentrale Statistiken einer Facebook-Seite sind nun für jedermann frei zugänglich. Hier das Beispiel der »Gefällt mir«-Angaben von Coca Cola.

Diskussionsforen (hinzufügen per Click): Dieser Reiter bietet eine Art Forum, auf dem ein Dialog mit den Nutzern auf einer Facebook-Seite angestoßen werden kann oder über das die Nutzer selbstständig untereinander diskutieren. In der Praxis ist dieser Reiter nach unserer Erfahrung allerdings oftmals überflüssig und wird in vielen Projekten gar aus der Navigation entfernt. Denn ein Großteil der Diskussion findet für gewöhnlich direkt auf der Timeline statt.

Veranstaltungen (hinzufügen per Click): An dieser Stelle kann man »Veranstaltungen« anlegen und organisieren. Der große Vorteil bei der Organisation von Events auf Facebook gegenüber einer Lösung mit beispielsweise einer Event-Datenbank auf der eigenen Website besteht auch hier in der »passiven Viralität«. Nutzer können ganz einfach per Klick festlegen, ob sie an dem Event interessiert sind beziehungsweise daran teilnehmen oder nicht. Diese Interaktion löst wiederum eine Meldung auf dem eigenen Profil und im Newsfeed sämtlicher Freunde aus, sodass die Teilnahme an einem Event nicht länger nur eine Sache zwischen dem Veranstalter und dem Teilnehmer ist, sondern dem Veranstalter, dem Teilnehmer UND dessen kompletten Freundeskreis auf Facebook.

Notizen (hinzufügen per Click): Notizen bieten die Möglichkeit, einen kurzen Text zu verfassen und diesen auf der Facebook-Seite zu veröffentlichen. Zusätzlich können Bilder hochgeladen und Nutzer in einer Notiz markiert werden. Auch diese Funktion spielt in der Praxis oftmals eine eher untergeordnete Rolle. Denn die meisten Inhalte werden via Statusmeldung direkt auf der Timeline veröffentlicht. Wobei gerade das Markieren von Nutzern in einer Notiz eine bisher selten genutzte Funktion ist, die noch einiges Potenzial für ungewöhnliche Aktionen in sich birgt.

Videos (hinzufügen per Click): Auf Facebook besteht nicht nur die Möglichkeit, Videos von externen Plattformen wie zum Beispiel YouTube einzubinden. Natürlich kann man auch direkt auf Facebook Videos hochladen und auf der Facebook-Seite veröffentlichen. Der Vorteil dabei: Wenn ein Nutzer, der noch nicht den »Gefällt mir«-Button einer Seite angeklickt und somit fest mit ihr verbunden ist, eines der Videos sieht – zum Beispiel im Newsfeed eines Freundes, welcher das Video bewertet oder kommentiert hat –, enthält das Video beim Abspielen oben links einen kleinen Icon. Mithilfe dessen können Nutzer direkt dort sagen: »Seite XYZ – Gefällt mir«, und sind somit fest mit der Seite verbunden, auf der das Video veröffentlicht wurde, ohne diese besuchen zu müssen.

Abbildung 20: Darstellung eines Videos, das direkt auf einer Facebook-Seite veröffentlicht wurde und oben links einen »Gefällt mir«-Button integriert hat.

8.8 Anlegen und Bearbeiten eigener Reiter

Soweit zu den Standards. Kommen wir nun zum wirklich spannenden Teil bei der Einrichtung von Facebook-Seiten. Denn neben den Basis-Informationen und -Reitern bieten sich hier äußerst attraktive Möglichkeiten. Beginnen wir mit dem Anlegen und Bearbeiten eigener Reiter. Dies ermöglicht eigene Inhalte, optisch ansprechend und frei gestalt- und programmierbar in den eigenen Facebook-Auftritt zu integrieren. Hier einige Beispiele von solchen extra Reitern, die man auf zahlreichen Seiten findet:

* **Willkommen:** Kurze Übersicht sämtlicher Inhalte und Highlights, die eine Facebook-Seite bietet. Außerdem besteht an dieser Stelle auch noch einmal eine gute Möglichkeit, Nutzern zu sagen, warum sie Fan ausgerechnet dieser Seite werden sollten.
* **Gewinnspiel:** Auf diesem Reiter befinden sich Gewinnspiele, die den Nutzungsrichtlinien von Facebook entsprechen (siehe auch *8.13 Gewinnung von Fans – Aufbau einer loyalen Gefolgschaft*).
* **Sonderaktionen:** Begleitung von Kampagnen und Sonderaktionen eines Unternehmens.
* **Produkte/Dienstleistungen:** Eine kurze Angebots-Übersicht eines Unternehmens. Soweit vorhanden, wird hier oftmals auf den Online-Shop verlinkt oder dies gar komplett in Facebook integriert.

- **Netiquette:** Liste mit zentralen Verhaltensregeln auf einer Facebook-Seite, quasi eine Art Hausordnung (beim Thema bleiben, respektvoll miteinander umgehen, keine Werbung auf der Timeline verlinken etc.).
- **Kontaktformular:** Auch wenn Facebook inzwischen eine Funktion anbietet, mit der Nutzer dem Betreiber einer Facebook-Seite private Nachrichten schicken können, bieten viele Unternehmen noch einmal ein extra Kontaktformular. Dies ermöglicht zum Beispiel eine bessere Archivierung, die Kategorisierung von Anfragen, automatische Weiterleitung an die entsprechende Stelle im Unternehmen und vieles mehr.
- **Impressum:** Laut aktueller Rechtssprechung sind Facebook-Seiten in Deutschland dazu verpflichtet, zentrale Informationen in einem Impressum aufzuführen. Hier gelten die Pflichtangaben analog zur klassischen Website. Man kann diese im Bereich Info hinterlegen oder noch besser kurz einen extra Reiter dafür erstellen.

Tipp

Bei der Erstellung von eigenen Reitern hat sich eine Funktion als besonders beliebt erwiesen, die No-Fan-Ansicht oder auch Fan-Gate genannt. Dabei muss sich ein Nutzer erst einmal via Klick auf den »Gefällt mir«-Button mit einer Seite vernetzen, bevor er Zugriff auf sämtliche Inhalte und Funktionen erhält. So kann er zum Beispiel die Beschreibung eines Gewinnspiels inklusive Preise betrachten. Mitmachen hingegen kann er erst, wenn sich mit der Seite vernetzt hat. Dieses Vorgehen hat sich als probates Mittel etabliert, um das Wachstum der Fanzahl zu beschleunigen.

8.9 Bearbeiten und Aktualisieren – Content-Management-System für eine Facebook-Seite

Dank der Möglichkeit, sämtliche Inhalte von einem eigenen Webserver via iFrame auf die Facebook-Seite einzubinden, lässt sich auch die Bearbeitung und Aktualisierung von Inhalten entscheidend vereinfachen. Wie das? Indem man die Inhalte, welche in Facebook eingebunden werden, mithilfe eines Content-Management-Systems erstellt (CMS). Somit ist man nicht länger für jede Änderung auf einen Techniker oder eine Agentur angewiesen. Die Bearbeitung von Texten, Bildern & Co. kann problemlos von einem Mitarbeiter ohne Programmierkenntnisse vorgenommen werden. Die Oberfläche solcher Systeme ist nahezu identisch mit gewöhnlichen Textverarbeitungsprogrammen.

Dieses Vorgehen bietet aber auch noch zwei weitere bedeutende Vorteile:
- **Internationalisierung:** Bei Bedarf erleichtert ein entsprechendes System das Anlegen einer internationalen Seite. Das Vorgehen gleicht hier dem bei einer internationalen Website. Das System fragt die Herkunft des Nutzers ab (zum Beispiel via der persön-

lichen Spracheinstellung bei Facebook) und spielt automatisch die entsprechende Länderversion aus.

- **Integration neuer Funktionen:** Für ein solches CMS können weitere Module erstellt werden, zum Beispiel für die Einrichtung eines Gewinnspiels auf Facebook, Votings, Umfragen etc. Somit müssen Sonderaktionen nicht mehr jedes Mal aufwendig programmiert, sondern können relativ einfach zusammengeklickt werden.

Hinweis

Unter *www.pagesonfire.de bieten* wir zwei verschiedene Content-Management-Systeme an, die wir speziell für Facebook-Seiten entwickelt haben. Eine Basisversion für kleine und mittlere Unternehmen: Damit können diese ohne Programmier-Kenntnisse in einer einfachen Oberfläche eigene Reiter erstellen und dabei auf zahlreiche vorgefertigte Anwendungen zurückgreifen. Darüber hinaus gibt es noch ein umfangreicheres System, das sich insbesondere an die Betreiber von großen und internationalen Facebook-Seiten richtet.

8.10 Optimierung der Navigation

Rechts unterhalb des Titelbilds einer Facebook-Seite befindet sich die Navigation. Sämtliche neu angelegte Reiter können direkt in der Hauptnavigation der Facebook-Seite eingebunden werden. Hierzu drei Tipps:

- Die Namen der Reiter sollten möglichst kurz gefasst und aussagekräftig sein.
- Nur der Reiter »Fotos« ist fest installiert und kann nicht verschoben werden. Alle anderen Reiter können ganz einfach in der Reihenfolge verändert werden.
- Jeder selbst erstellte Reiter kann mit einem kleinen Bild versehen werden. Dies wird in den Einstellungen der entsprechenden Navigation hinterlegt. Dieses Bild wird in der Navigation angezeigt. Es ist wohl unnötig zu erwähnen, dass dieser Grafik eine besondere Bedeutung zukommt.

8.11 Platzierung von besonders wichtigen Inhalten im direkten Sicht-feld der Nutzer

Seit der Umstellung auf die Timeline-Ansicht bieten sich vier zentrale Möglichkeiten, um Nutzer direkt beim Besuch einer Facebook-Seite innerhalb der Timeline auf besonders wichtige Inhalte hinzuweisen.

- **Titelbild:** Wie bereits beschrieben, unterliegt das Titelbild laut den Nutzungsricht-linien von Facebook verschiedenen Einschränkungen. Nichtsdestotrotz kann man hier natürlich auf wichtige Inhalte wie zum Beispiel auf ein aktuelles Special auf der Seite hinweisen. Allerdings ist hier leider keine direkte Verlinkung möglich.
- **Info-Box:** Diese wird direkt gut sichtbar unter dem Profilbild angezeigt. Hier kann man nicht nur Text, sondern auch Hyperlinks einfügen – auch zu aktuellen Sonderaktionen, Gewinnspielen, Angeboten usw.
- **Navigation:** Mithilfe aussagekräftiger Grafiken und gut gewählter Namen für die einzelnen Applikationen beziehungsweise Reiter kann man Nutzer hier gezielt zu den gewünschten Inhalten führen. Einzelne Navigations-Icons können auch aus dem Titelbild angeteasert werden. Denn laut Nutzungsrichtlinien heißt es, dass man dort keine Facebook-Funktionen, wie den »Gefällt mir«-Button promoten darf. Von eigenen Anwendungen ist hingegen nicht die Rede. Zur Sicherheit sollte man »Handlungsaufru-fe« wie »Jetzt mitmachen« vermeiden, da die Nutzungsrichtlinien hier nicht eindeutig formuliert sind.
- **Statusmeldung »oben fixieren«:** Bisher sind selbst wichtige Meldungen auf der Time-line bereits nach kurzer Zeit einfach aus dem Sichtfeld der Nutzer verschwunden. Seit der Umstellung auf die Timeline-Ansicht kann eine Statusmeldung nun wahlweise bis zu sieben Tage »fixiert« werden. Das bedeutet, dass dieses Posting mit einem oran-genen Lesezeichen markiert und stets als oberster Beitrag auf der Timeline angezeigt wird. Auf diese Weise kann man einen schönen Hinweis auf die aktuellen Sonderaktio-nen im direkten Sichtfeld der Nutzer positionieren (inklusive Text, Foto, Video und vor allem einem Link, der den Nutzer direkt zur Sonderaktion leitet).

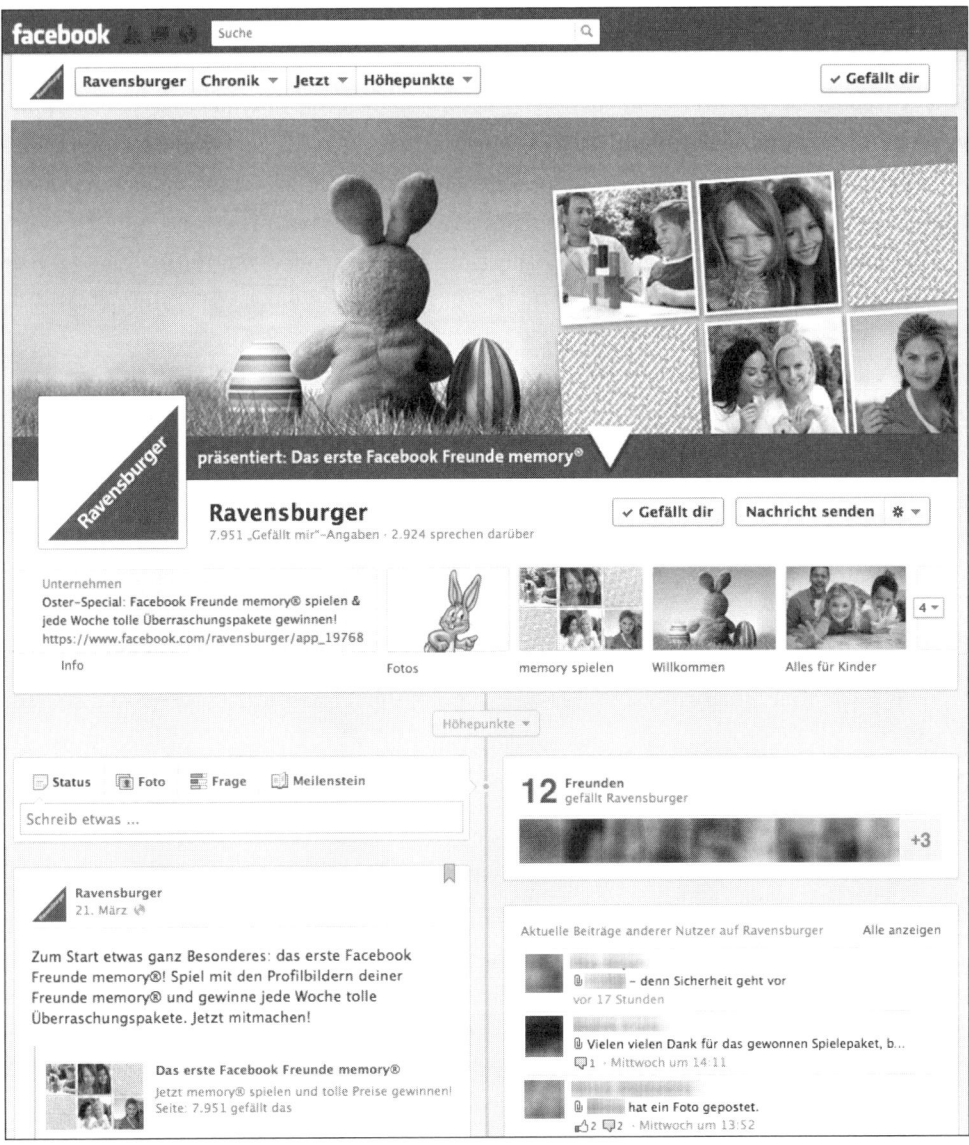

Abbildung 21: Sämtliche Möglichkeiten zur Platzierung von wichtigen Hinweisen zu Sonderaktionen auf der Timeline auf einen Blick. Hinweis auf das erste Facebook Freunde Memory im Titelbild, inklusive Hinweis mit einem Pfeil auf den entsprechenden Unterpunkt in der Navigation (jedoch ohne Handlungsaufruf), Text plus Link in der Info-Box, Icon in der Navigation, fixierter Beitrag bei den Statusmeldungen.

8.12 Applikationen – Spaß und Mehrwerte

Neben der Einbindung von Inhalten gibt es noch eine zweite Form von Applikationen auf einer Facebook-Seite. Diese ermöglicht es, Nutzern ein soziales Erlebnis und diverse Mehrwerte zu bieten, zum Beispiel indem persönliche Daten eines Nutzers abgefragt und in die Applikation eingebunden werden. Dies erfolgt unter anderem bei vielen Spielen auf Facebook. Hier eine kleine Übersicht einiger Nutzerdaten, die man für eigene Applikationen nutzen kann. Wobei man auf diese erst zugreifen kann, nachdem ein Nutzer dies explizit erlaubt hat.

- Name des Nutzers
- Namen von Freunden
- Profilbild
- Fotos
- Statusmeldungen
- Interessen und Likes

- Status Updates
- Videos
- Seiten
- Gruppen
- Check-ins
- ...

Dies bietet recht vielfältige Einsatzmöglichkeiten und kann richtig eingesetzt erhebliche virale Effekte stimulieren. Dazu später mehr im Kapitel 17 *Showcases – Beispiele aus der Praxis*.

Abbildung 22: Abfrage der Erlaubnis, ob eine Applikation auf meine persönlichen Daten zugreifen darf oder nicht. Dabei kann man sehen, auf welche Daten eine Applikation zugreifen darf. Gleichzeitig kann man festlegen, wer die Meldungen auf meiner Timeline sehen kann, die aus der Anwendung heraus erzeugt werden.

Datenabfrage

Die Abfrage persönlicher Daten wirkt stets abschreckend auf die Nutzer. Daher sollte der Umfang der abgefragten Daten auf ein Minimum reduziert werden. Gleiches gilt für zusätzliche Funktionen, wie »Applikation darf in meinem Namen auf der Chronik posten« und ähnliche Funktionen. Einerseits können diese Funktionen natürlich die Viralität einer Anwendung steigern. Andererseits können sie jedoch auch Nutzer abschrecken, eine Anwendung überhaupt erst zu nutzen. Insofern ist hier großes Fingerspitzengefühl gefragt.

Testing bei Applikationen

Ein Tipp aus der Praxis: Man sollte immer ausreichend Zeit zum Testen einer selbst erstellten Applikation einkalkulieren. Denn auf den letzten Metern schlummern hier oftmals noch Überraschungen. In der Test-Umgebung hat eine Applikation reibungslos funktioniert. Aber macht sie das auch in der Live-Umgebung? Gab es eventuell kürzlich ein Update seitens Facebook, welches einzelne Funktionen der Applikation beeinträchtigt? Und so weiter. Selbst wenn der Launch reibungslos verläuft, sollte man die große Werbewelle nicht direkt lostreten, sondern bestenfalls einige Stunden warten, bis die Anwendung von den ersten externen Fans getestet wurde. Denn es gibt einfach zu viele Kombinationen unterschiedlicher Betriebssysteme, Browser & Co., die im Zusammenspiel mit der sich ständig wandelnden Infrastruktur von Facebook Probleme hervorrufen können. Und selbst nach dem besten Testen sollte man sich darauf einstellen, dass es bei einzelnen Nutzern zu Fehlern kommt, die dann auch öffentlich auf der Timeline angesprochen werden. Sei es, weil eine Facebook-Funktion gerade mal nicht funktioniert, die Applikation einen Fehler hat, der bisher noch nicht entdeckt wurde, oder schlichtweg der Nutzer etwas nicht richtig versteht.

8.13 Gewinnung von Fans – Aufbau einer loyalen Gefolgschaft

Bei einer Facebook-Seite gilt die gleiche Regel wie bei jeder anderen Website auch: Die schönste Seite nutzt nichts, wenn sie niemand kennt! Hier eine kurze Übersicht der wirkungsvollsten Möglichkeiten zur Bekanntmachung der eigenen Facebook-Seite und Gewinnung von Nutzern, die den »Gefällt mir«-Button anklicken und sich somit von einmaligen Besuchern in langfristige Interessenten verwandeln, die fortlaufend über Updates der Facebook-Seite informiert werden. Die wesentlichen Bausteine werden wir in den folgenden Kapiteln aber auch noch einmal genauer vorstellen:

Gewinnspiele: Eines der wohl klassischsten Marketinginstrumente. Dies erfreut sich auch auf Facebook großer Beliebtheit. Hierbei gilt es allerdings, einiges zu beachten. Denn ansonsten ist ein Verstoß gegen die Nutzungsrichtlinien von Facebook programmiert. Dies schafft nicht nur unnötiges Konfliktpotenzial mit Facebook, sondern vor allem auch in puncto Konkurrenten (von Abmahnungen aufgrund unlauteren Wettbewerb bis hin zu

Schadensersatzforderungen). Unter folgender URL findest du die aktuellen Richtlinien von Facebook für Gewinnspiele: *www.facebook.com/promotions_guidelines.php*

Hier eine kurze Übersicht der wesentlichen Punkte, die in der Praxis von vielen Unternehmen immer noch falsch gemacht werden:

- Ein Gewinnspiel darf niemals auf der Timeline oder sonstigen Standard-Reitern von Facebook stattfinden. Es muss stets auf einem extra Reiter durchgeführt werden, den man selber angelegt hat.
- Die Teilnahmebedingungen müssen bestimmte Hinweise beinhalten, zum Beispiel, dass die Aktion in keinerlei Zusammenhang mit Facebook steht etc.
- Man darf ein Gewinnspiel nicht an die Veröffentlichung von Inhalten auf Facebook knüpfen wie den Upload eines Bildes oder Verfassen eines Kommentares. Außer, die Inhalte werden unabhängig von den Facebook-Funktionen in einem selber programmierten Upload-Mechanismus hochgeladen.
- Die Benachrichtigung der Gewinner darf nicht über das Messaging-System von Facebook erfolgen, sondern nur via E-Mail, postalisch oder auf sonstigem Weg außerhalb von Facebook.

Tipp

Viele Unternehmen verstoßen gegen diese Richtlinien. Unter Umständen auch direkte Konkurrenten. Dies sollte jedoch nicht als Rechtfertigung genutzt werden selber ebenfalls gegen die Richtlinien zu verstoßen. Denn die rechtlichen Folgen können durchaus schmerzhaft sein. Und dabei ist das vollkommen unnötig. Denn es gibt verschiedene Möglichkeiten, wie man ein Gewinnspiel regelkonform durchführen kann und trotzdem die gewünschte virale Verbreitung erzielt. Sei es, indem man das Gewinnspiel so programmiert, dass es nur für Fans einer Seite zugänglich ist, was ohne all zu großen Aufwand möglich und vor allem mit den Richtlinien von Facebook konform ist. Sprich: Ein Nutzer muss erst den »Gefällt mir«-Button anklicken und löst damit eine Meldung an sein persönliches Netzwerk aus. Oder indem man Nutzer nach der Teilnahme dazu stimuliert Inhalte mit ihrem Netzwerk zu teilen und damit unter Umständen ihre Gewinnchance zu steigern. Und dies sind nur einige Möglichkeiten. Mit ein wenig Kreativität tun sich hier zahlreiche weitere Ansätze auf.

Targeting 2.0 – Facebook Pay-Per-Click-Anzeigen: Ähnlich wie Google AdWords bietet auch Facebook die Möglichkeit, Nutzer gezielt mit Werbeanzeigen zu gewinnen, die an verschiedenen Stellen auf Facebook eingeblendet werden. Hierbei ist ein sehr gutes Targeting möglich. Es sollen nur Frauen im Alter von 25 bis 30 Jahren mit Hochschulabschluss angesprochen werden, die sich für Mode interessieren? Kein Problem.

Einbindung in die eigene Website: Es gibt verschiedene Möglichkeiten, eine Facebook-Seite in die eigene Website zu integrieren. So können einmalige Besucher der Website in langfristige »Fans« eines Unternehmens verwandelt werden.

Eigene Applikationen: Diese bieten den Nutzern Spaß, Unterhaltung oder einen sonstigen Mehrwert. Solche Inhalte werden oftmals mit dem eigenen Netzwerk geteilt und helfen die Anzahl der Fans einer Facebook-Seite zu steigern.

Word-Of-Mouth-Specials: Hierbei handelt es sich um außergewöhnliche Maßnahmen, welche für Gesprächsstoff sorgen, den Bekanntheitsgrad erhöhen und die Anzahl der Fans steigern.

Crossmedia – Zusammenspiel mit anderen Marketingmaßnahmen: Eine Facebook-Seite kann hervorragend in andere Marketingmaßnahmen eingebunden werden. Teilweise gehen Unternehmen inzwischen sogar so weit, nicht mehr die eigene URL, sondern die Facebook Vanity URL à la *www.facebook.com/unternehmensname* in ihre Kommunikation einzubinden. Im Gegenzug bietet die Facebook-Seite natürlich auch zahlreiche Möglichkeiten, Fans auf Marketingaktionen des Unternehmens hinzuweisen oder gar aktiv in diese einzubinden.

Sonstige Mehrwerte: Natürlich gibt es zahlreiche weitere – oft sogar relativ simple – Möglichkeiten, die Anzahl der Fans auszubauen. Beispiel gefällig? Wie wäre es mit exklusiven Inhalten, die Nutzer nur betrachten können, nachdem sie den »Gefällt mir«-Button einer Facebook-Seite angeklickt haben? Exklusive Angebote oder Rabatte, die nur für Fans der Facebook-Seite zugänglich sind? Oder, oder, oder?

8.14 Statusmeldungen – Fortlaufende Kommunikation

Nutzer gewinnen ist das eine. Nutzer langfristig binden und in das eigene Marketing einbinden das andere. Genau hierin besteht eine der großen Herausforderungen für einen erfolgreichen Auftritt auf Facebook!

Das wohl beste Tool zur fortlaufenden Kommunikation mit den »Fans« einer Facebook-Seite besteht in der Verwendung von Statusmeldungen. Diese kann man direkt auf der Timeline einer Facebook-Seite in das entsprechende Feld eingeben. Nach der Veröffentlichung erscheint die Statusmeldung sowohl auf der Timeline als auch im Newsfeed der Fans – sprich auf deren Startseite, sobald sie sich bei Facebook einloggen.

Hier einige Beispiele möglicher Statusmeldungen:

- Hinweis auf eine aktuelle Sonderaktion – sei es vom eigenen Unternehmen oder anderen Anbietern, die etwa eine komplementäre Leistung anbieten, welche für die Fans der eigenen Facebook-Seite interessant sein könnte.
- Vorstellung neuer Produkte, die man selber produziert hat oder die von anderen komplementären Anbietern stammen.
- Veröffentlichung eines lustigen Videos, das man auf YouTube gefunden hat.
- Posting der Fotos von einem Event – egal, ob man sie selber aufgenommen hat oder ob man den Link zu der Bildergalerie einer anderen Website oder eines anderen Nutzers einbindet.
- Inhalte externer Websites oder Blogs, die für die eigenen Fans interessant sein könnten.
- Aktuelle News rund um das Thema der Facebook-Seite.
- Ankündigung einer Veranstaltung – auch hier wieder unabhängig davon, ob man diese selber veranstaltet, besucht oder lediglich auf Events hinweist, auf denen man zwar selber nicht vertreten ist, die aber dennoch für die eigenen Fans interessant sein könnten.
- ...

Prinzipiell kann man nahezu sämtliche Inhalte als Statusmeldung posten, sofern sie online verfügbar sind. Egal, ob diese von der eigenen Website stammen oder von externen Anbietern. Aber klaut man damit nicht Inhalte und verärgert jene Nutzer, welche die Inhalte ursprünglich erstellt haben? Ganz im Gegenteil! In der Regel freuen sich die Nutzer, wenn ihre Inhalte an anderen Stellen veröffentlicht und kommentiert werden.

Hier eine kurze Anleitung zur Veröffentlichung einer Statusmeldung anhand eines Beispiels. Unsere Facebook-Seite richtet sich an Nutzer, welche sich für Social Media interessieren. Wir haben einen Blogpost zum Thema »An welchem Tag teilen die Nutzer die meisten Inhalte auf Facebook« gefunden, den wir gerne mit unseren Fans teilen möchten. Dafür gehen wir ganz einfach wie folgt vor:

Step 1: Kopieren des Hyperlinks aus dem Adressfeld des Browsers.

Abbildung 23: Adresszeile Browser.

Step 2: Einfügen des Hyperlinks in das Statusmeldung-Fenster auf unserer Facebook-Seite. In diesem Moment passiert Folgendes: Facebook zieht automatisch diverse Inhalte von der verlinkten Website. Diese umfassen Titel, Inhalt und jegliche Bilder, die auf der Seite eingebunden sind. Titel und Inhalt können bei Bedarf manuell editiert werden. Zusätzlich kann man auswählen, welches der Bilder neben der Statusmeldung angezeigt werden soll oder ob man keinerlei Miniaturbild wünscht (von dieser Option raten wir in der Regel jedoch ab, da Statusmeldungen mit einem Bild einfach besser aussehen, stärker ins Auge springen und somit in der Regel mehr Nutzer erreichen).

Abbildung 24: Veröffentlichung einer Statusmeldung auf der Timeline einer Facebook-Seite.

Step 3: Eigener Kommentar zu den Inhalten. Der Hyperlink in dem Eingabefenster kann in der Regel gelöscht werden, um eine Dopplung zu vermeiden, da er bereits weiter unten angezeigt wird. An dessen Stelle kann ein eigener Kommentar eingegeben werden, mit dem man zusätzlichen Appetit bei den Fans weckt, damit sie den Inhalt betrachten und bestenfalls auch bewerten oder kommentieren. Auch hier lautet das Stichwort wieder: »passive Viralität«.

Step 4: Veröffentlichung der Statusmeldung. Hierbei kann man festlegen, ob die Status- meldung bei sämtlichen Fans im Newsfeed angezeigt werden soll oder ob man die Auswahl eingrenzen möchte. Hierfür stehen die beiden Targeting-Möglichkeiten »Ort« und »Spra- che« zur Auswahl, das heißt hier kann man zum Beispiel Fans einer international Brand Page in ihrer eigenen Landessprache ansprechen. Die Inhalte werden dann nur bei jenen Nutzer angezeigt, welche diese Sprache in ihrem Profil hinterlegt haben. Für alle anderen ist diese Meldung nicht sichtbar.

Step 5: Die Statusmeldung erscheint sowohl auf der Timeline der Fanpage als auch im Newsfeed der Fans. Dort können Nutzer die Meldung nun bewerten, kommentieren oder mit ihren Freunden teilen.

Beobachtung

Eine Sache finden wir immer wieder interessant. Wenn wir Beiträge aus externen Blogs auf unse- rer Facebook-Seite verlinken, passiert oftmals Folgendes: Nutzer besuchen den Blogbeitrag, lesen ihn und kommen dann zurück zu unserer Facebook-Seite, um die Inhalte dort zu kommentieren, anstatt dies direkt in dem Blog zu machen, welcher die Inhalte ursprünglich veröffentlich hat.

Nach unserer Erfahrung beruht das Geheimnis einer erfolgreichen fortlaufenden Kommuni- kation im Wesentlichen auf folgenden Faktoren:
- Nicht nur über sich selbst sprechen, sondern über das Thema der Facebook-Seite an sich (Stichwort: »Marketing-Lovestory«).
- Nicht nur selbst erstellte Inhalte veröffentlichen, sondern auch Content externer Quel- len nutzen.
- Inhalte veröffentlichen, die zum Mitmachen in Form von Bewertungen und Kommenta- ren einladen, zum Beispiel indem man die Nutzer aktiv nach ihrer Meinung fragt.
- Abhängig von der Zielgruppe gibt es bestimmte Tageszeiten oder Wochentage, an denen besonders viele Nutzer auf Statusmeldungen reagieren. Dies sollte analysiert und ent- sprechend berücksichtigt werden.

- Nicht zu viele, aber auch nicht zu wenige Statusmeldungen veröffentlichen. Es gibt Studien, die behaupten, dass eine bestimmte Anzahl an Postings der ideale Wert pro Tag oder Woche ist. Nach unserer Einschätzung kann man dies leider nicht verallgemeinern. Denn die richtige Frequenz ist einfach von vielen Faktoren abhängig, die bei jedem Unternehmen verschieden sind. Wobei man sagen kann, dass zu viele Statusmeldungen wesentlich schädlicher sind als zu wenige. Mehr als zwei bis drei Statusmeldungen pro Tag werden schnell als SPAM empfunden. Hier gilt also die Faustformel: Qualität schlägt Quantität. Lieber kein Posting, als eines, das keine Relevanz besitzt.
- Daraus folgt: Statusmeldungen, die man nur veröffentlicht, um überhaupt mal wieder etwas mitzuteilen, sollten vermieden werden.
- Wie bei vielen anderen Gelegenheiten sollten Themen rund um Politik und Religion ausgespart werden, da diese schnell polarisieren, heftige Reaktionen hervorrufen und einzelne Nutzer unnötig verletzen können.

Tipp

Die Verwendung externer Inhalte für eigene Statusmeldungen hat zahlreiche Vorteile. Einerseits gibt es viele tolle Inhalte anderer Nutzer. Man muss also nicht alles selber produzieren. Andererseits baut man mit dieser »indirekten Ansprache« ein Netzwerk mit anderen Nutzern auf. Denn diese freuen sich in der Regel, dass ihre Inhalte an anderer Stelle veröffentlicht werden. Oft kommt es einer Art Ritterschlag gleich, wenn eine bekannte Marke die Inhalte eines »ganz gewöhnlichen« Nutzers veröffentlicht. Ein weiterer Vorteil besteht darin, dass diese Nutzer in der Regel relativ aktiv sind und eben auch eigene Inhalte produzieren. Bei zahlreichen Projekten haben wir so schon starke Kooperationspartner gewonnen, die wir gar nicht selber aktiv ansprechen mussten, sondern die uns aus reiner Sympathie unterstützt haben. Getreu dem Motto »eine Hand wäscht die andere«. Und dieser Effekt ist sogar bereits bei Kunden von uns aufgetreten, deren Marke sich vorher bei bestimmten Nutzern nicht unbedingt allzu großer Beliebtheit erfreut hat. Durch diese »indirekte Ansprache« und die damit einhergehende Wertschätzung der Nutzer können sehr interessante Effekte erzielt und beispielsweise ein ursprünglich negatives Image zum Positiven gewandelt werden.

8.15 Redaktionsplan – Bessere Struktur und Erfolgskontrolle

Natürlich leben Facebook-Seiten oftmals von spontanen Aktionen, tagesaktuellen News und Beiträgen usw. Nichtsdestotrotz hat sich die Erstellung eines Redaktionsplans als hilfreiches Werkzeug bei der professionellen Betreuung einer Facebook-Seite bewährt. Auf diese Weise ist sichergestellt, dass regelmäßig Beiträge verfasst werden und zu welchen Themen Dopplungen vermieden werden und die Zusammenarbeit insbesondere bei größeren Teams und Unternehmen auch mit Blick auf die redaktionelle Pflege einer Facebook-Seite reibungsloser abläuft.

Im ersten Schritt hat es sich als hilfreich erwiesen, sogenannte »Themenkörbe« zu definieren. Über was möchte man auf der eigenen Facebook-Seite eigentlich genau berichten? Außerdem ermöglicht diese Strukturierung, dass man auf der Facebook-Seite ausgeglichen über verschiedene Themen berichtet – ohne dabei den Überblick zu verlieren. Hier eine Liste mit ersten möglichen Themenkörben:

- Über das eigene Unternehmen allgemein
- Über die eigenen Produkte/Dienstleistungen
- Über die Produkte/Dienstleistungen allgemein (ohne direkten Bezug zum eigenen Unternehmen)
- Tagesaktuelle Themen (sportliche Großereignisse & Co.)
- Sonstige Themen

Im nächsten Schritt sollten diese Themenkörbe mit konkreten Inhalten versehen werden. Diese können dann in einem Redaktionsplan eingepflegt werden, zum Beispiel in Form einer Excel-Tabelle. Dabei haben sich folgende Spalten als hilfreich erwiesen:

- **Veröffentlichung:** An welchem Tab und zu welcher Uhrzeit soll der Beitrag erscheinen. Eine Aufteilung nach Kalenderwochen erleichtert hier die Verteilung der Beiträge auf die unterschiedlichen Wochen und stellt sicher, dass pro Woche nicht zu viel, aber auch nicht zu wenig Beiträge veröffentlicht wurden.
- **Autor und Freigabe:** Diese Spalten eignen sich besonders zur Arbeit im Team. Wer hat den Beitrag erstellt. Und wer hat ihn ggf. freigegeben.
- **Beitrag und Link:** Text und Link zu dem Beitrag.
- **Themenkorb:** Zu welcher Kategorie gehört der Beitrag.
- **Status:** Wurde der Beitrag veröffentlicht.

Zu guter Letzt versehen wir Redaktionspläne in der Praxis oft auch noch mit einigen Spalten, die anzeigen, wie gut ein Beitrag bei den Nutzern angekommen ist. Dabei fügen wir unter anderem folgende Werte ein, die man größtenteils im Facebook eigenen Statistik-Tool findet (siehe auch Kapitel 16 *Controlling – Vertrauen ist gut, Interaktionen sind besser*):

- Wie viele Nutzer haben den »Gefällt mir«-Button zu dem Beitrag angeklickt.
- Wie viele Nutzer haben einen Beitrag geteilt.
- Wie viele Nutzer haben einen Beitrag kommentiert.
- Reichweite des Beitrags.
- Viralität des Beitrags.

Anfangs wird eine Facebook-Seite oft von vielen Stellen im Unternehmen kritisch beäugt oder gar belächelt. Sobald sich jedoch erste Erfolge einstellen, kommen in der Regel immer mehr Kollegen aus verschiedenen Teilen des Unternehmens, die immer mehr wichtige Dinge haben, welche unbedingt auf der Facebook-Seite veröffentlicht werden sollen. Hinweise zu neuen Produkten, Berichten in der Presse, Veranstaltungen usw. Dabei ist schnell das Fingerspitzengefühl des Administrators beziehungsweise Social-Media-Managers gefragt, der die Seite betreut. Ein Redaktionsplan ist nicht in Stein gemeißelt und muss entsprechende Flexibilität bieten. Dennoch sollte man natürlich auch nicht unzählige Inhalte komplett unstrukturiert veröffentlichen. Hier muss man Kollegen auch einmal auf »später« vertrösten oder bestimmte Themen durchaus auch ablehnen. Denn es ist schließlich niemanden damit gedient, wenn die eigenen Fans mit zu vielen News überschüttet werden. Ganz davon abgesehen, dass die wirklich wichtigen Dinge dabei dann schnell untergehen.

8.16 Administrationsbereich – Alle Interaktionen auf einen Blick

Neuerdings bietet Facebook den Betreibern einer Facebook-Seite einen »Administrationsbereich«. Dieser wird automatisch im oberen Bereich einer Facebook-Seite eingeblendet. Der Bereich liefert eine Übersicht wichtiger Interaktionen und Funktionen auf einen Blick. Somit erleichtert er die Betreuung einer Seite, Beantwortung von Kommentaren und Fragen der Nutzer und so weiter:

• Benachrichtigungen: Welche Interaktionen haben Nutzer auf der Seite durchgeführt (Klick auf den »Gefällt mir«-Button neben Inhalten, die auf der Timeline veröffentlicht wurden, wie oft und von wem wurden Inhalte kommentiert, wer hat eigene Inhalte auf der Timeline veröffentlicht usw.).
• Nachrichten: Anfragen seitens der Nutzer, die über die Schaltfläche »Nachricht senden« an den Betreiber einer Seite geschickt wurden.
• Neue »Gefällt mir«-Angaben«: Welche Nutzer sind kürzlich Fans der Seite geworden.
• Statistiken: Kurze Übersicht über zentrale Werte zur Reichweite der Seite.

Jeder dieser Bereiche beinhaltet einen Link Namens »Alle anzeigen«. Dort findet man die Details zu dem jeweiligen Bereich.

Unter »Verwalten« gibt es einen Unterpunkt namens »Aktivitätenprotokoll verwenden«. Dort findet man auch noch einmal eine gute Übersicht über diverse Interaktionen auf der Seite.

Abbildung 25: Administrationsbereich. Hier findet man eine Übersicht der wichtigsten Interaktionen seitens der Nutzer auf einer Facebook-Seite. Dies erleichtert die Betreuung einer Seite und liefert wertvolle Daten auf einen Blick.

8.17 Administratoren – Die neuen Möglichkeiten der Rechtevergabe

Eine Facebook-Seite verfügt über mindestens einen Administrator – den Nutzer, der die Seite angelegt hat. Wobei beliebig viele neue Administratoren hinzugefügt werden können. Dies erfolgt unter »Verwalten«, »Seite bearbeiten«, »Administratoren verwalten«. Das Hinzufügen eines neuen Administrators erfolgt entweder über die Eingabe des Namens oder der E-Mail-Adresse. Zweitens ist es hilfreich, wenn man mit dem Nutzer nicht befreundet ist, der als Administrator hinzugefügt werden soll.

Administratoren können nicht nur Statusmeldungen im Namen der Facebook-Seite veröffentlichen oder kommentieren, sondern auch Statistiken einsehen, Inhalte bearbeiten, hinzufügen und entfernen oder gar die gesamte Seite löschen. Dies war lange Zeit insofern etwas problematisch, da sämtliche Administratoren über sämtliche Rechte verfügten. Hier brauchte also bloß einmal jemand den falschen Button anzuklicken, um erheblichen Schaden anzurichten.

Dies hat sich mit der Umstellung auf die Timeline-Ansicht geändert. Nun besteht die Möglichkeit, einzelne Administratoren einer Facebook-Seite mit verschiedenen Rechten zu versehen. So kann ein Administrator zum Beispiel sämtliche Rechte haben (Full-Access), nur Beiträge verfassen (Publishing-Only Access) oder nur auf die Statistiken zugreifen (Insights-Access). Insbesondere bei größeren Seiten und Teams sind dies erste Schritte, die das tägliche Community Management erheblich vereinfachen.

Wobei für die Zukunft auch noch weitere Funktionen wünschenswert wären. Sei es, um nachzuvollziehen, welcher Administrator welchen Beitrag verfasst oder kommentiert hat. Bei Publishing-Only Nutzern eine Einstellung vornehmen zu können, damit sämtliche ihrer Beiträge nur für eine bestimmte Sprache oder Region sichtbar sind (denn bei internationalen Seiten passiert es leider immer wieder einmal, dass ein Community-Manager vergisst, die erforderliche Einstellung bei der Statusmeldung vorzunehmen, um diese regional einzugrenzen). Oder eine Funktion, mit der man genau festlegen kann, wann welcher Administrator über welche Handlung auf einer Seite aktiv per Push-Nachricht informiert wird. Und dies sind nur einige erste Ideen zum Ausbau der Administratoren-Rechte. Wobei davon auszugehen ist, dass Facebook auch diesen Bereich kontinuierlich weiter ausbauen und optimieren wird, sodass vielleicht ähnliche Funktionen sogar schon verfügbar sind, wenn du dieses Buch in den Händen hältst.

8.18 Gretchenfrage – Eine oder mehrere Facebook-Seiten

Insbesondere bei größeren Unternehmen oder Anbietern mit einem relativ breiten Produktspektrum taucht regelmäßig die gleiche Frage auf. »Sollen wir eine zentrale Facebook-Seite für sämtliche Unternehmensbereiche einrichten? Oder besser mehrere Auftritte betreiben und eine spitzere Ansprache wählen?«

Wie so oft gibt es auch bei dieser Frage kein Patentrezept. Hier jedoch einige Gedanken, welche die Entscheidung erleichtern sollen.

Sobald eine Facebook-Seite ein zu breites Themenspektrum abdeckt, erhöht sich natürlich die Gefahr, dass sich das Verhältnis der Besucher und jener, die tatsächlich den »Gefällt mir«-Button der Facebook-Seite anklicken und sich damit fest an die Seite binden, verschlechtert. Denn die einzelnen Nutzer finden sich unter Umständen nicht mehr ausreichend auf der Seite wieder.

Gleichzeitig erhöht sich die Gefahr, dass Nutzer, die bereits Fan sind, sich von zu vielen Nachrichten in ihrem Newsfeed »belästigt« fühlen könnten, die sie schlichtweg nicht interessieren. In diesem Fall liegt es nahe, den »Verbergen«-Button anzuklicken, sodass keine weiteren Meldungen dieser Seite angezeigt werden. Damit sind die Nutzer für den Betreiber der Facebook-Seite weitestgehend verloren.

Die ideale Lösung sind daher Facebook-Seiten, die thematisch relativ spitz aufgestellt sind und eine eindeutige Zielgruppe ansprechen. Bei Unternehmen, die ein breites Themenspektrum abdecken, kann es sich also durchaus anbieten, mehrere Facebook-Seiten zu betreiben. Die beste Lösung besteht hier meist darin, eine zentrale Facebook-Seite für das eigentliche Unternehmen anzulegen. Zusätzlich werden einzelne Facebook-Seiten für die unterschiedlichen Themenbereiche und Zielgruppen erstellt. Sämtliche Seiten werden dann untereinander vernetzt, sodass Nutzer, die sich für mehrere Bereiche interessieren, diese problemlos finden.

Außerdem kann es auch sinnvoll sein, gewisse Themenseiten anzulegen. Sei es zur Begleitung einer aktuellen Kampagne, die man losgelöst von der eigenen Marken-Präsenz betreiben möchte. Oder weil man Service-Anfragen seiner Kunden nicht auf der Hauptseite, sondern einer speziellen Service-Seite bearbeiten möchte. Für beide genannte Zwecke ist die Telekom ein recht gutes Beispiel. Die Kampagne »Million Voices«, bei der Nutzer ein Lied von Thomas D mitsingen konnten, wurde zum Beispiel auf der extra Kampagnen-Seite *www.facebook.com/erlebenwasverbindet* begleitet. Dort herrschte ein durchweg positives Klima, da viele Nutzer von der Kampagne begeistert waren. Wenn man »Telekom« als Suchbegriff auf Facebook eingab, konnte man die Seite überhaupt nicht finden. Hier gelangte man auf die eigentliche Markenseite der Telekom auf Facebook. Und dort sind die Leute nicht immer nur begeistert, sondern es kommen natürlich auch einmal kritische Kommentare auf. Wobei die Telekom auch dies recht elegant meistert. Denn viele dieser negativen Kommentare fallen in den Bereich Kundendienst. Daher hat das Unternehmen unter *www.facebook.com/telekomhilft* wiederum eine extra Facebook-Seite angelegt, welche sich um das Thema Support kümmert.

Wobei man auch sagen muss: Das Leben ist kein Wunschkonzert. Das gilt selbst bei Facebook. Denn letztendlich ist der Betrieb mehrerer Facebook-Seiten natürlich auch mit zusätzlichem Aufwand verbunden und eine Frage der vorhandenen Ressourcen.

Insbesondere bei Unternehmen, die international tätig sind, stellte sich oft die Frage: Lieber eine zentrale Seite mit vielen Fans aufbauen, welche dann aber nur bedingt regional angesprochen werden können? Oder lieber einzelne Länderseiten, die lokal ausgerichtet sind, aber jeweils nicht über eine größere Zahl an Fans verfügen? Dank der technischen Möglichkeiten, welche Facebook inzwischen bietet, wird es immer einfacher, eine zentrale Seite für sämtliche Länder einzurichten. Denn der Großteil der Inhalte kann inzwischen regionalisiert werden. Dies beginnt bei selbst erstellten Reitern und endet bei der fortlaufenden Kommunikation. Mithilfe einer automatischen Ländererkennung, welche in die Seite integriert wird, die via iFrame in Facebook eingebunden wird, erhält der Nutzer sowohl auf der Willkommensseite als auch sämtlichen weiteren selbst angelegten Reitern, automatisch landesspezifischen Content in seiner Sprache. Dieser kann relativ einfach in einem zentralen Content-Management-System hinterlegt werden, welches eine länderübergreifende Zusammenarbeit unterschiedlicher Teams erleichtert. Stammt ein Nutzer aus einem Land, für das keine eigene Länderversion besteht, kann er auch auf die internationale Seite geleitet werden. Die fortlaufenden Kommunikation kann, wie bereits beschrieben, bei der Veröffentlichung der Statusmeldungen auf der Timeline erfolgen.

8.19 Top Facebook-Seiten – Who's hot and who's not

Hier eine kurze Übersicht der Top 10-Facebook-Seiten im Hinblick auf die Anzahl der Fans sowie einer Auswahl der bestplatzierten Facebook-Marken-Seiten (Stand: März 2011). Eine aktuelle Übersicht findest du unter *www.socialbakers.com/facebook-pages/* oder *www.face-meter.de* (hier übrigens auch inklusive interessanter Statistiken für die Bereiche Politik, Medien und Freizeit).

Titel Top 10 der Facebook-Seiten	Anzahl Fans (in Millionen)
Facebook	64,7
Texas HoldEm Poker	59,6
YouTube	55,9
Eminem	55,3
Rihanna	54,1
Lady Gaga	49,7
Shakira	48,5
The Simpsons	47,4
Michael Jackson	47,1
Harry Potter	43,7

Titel ausgewählter Facebook-Marken-Seiten	Anzahl Fans (in Millionen)
Coca-Cola	41
Disney	34,8
Starbucks	29,5
Red Bull	27,7
Oreo	25,6
Converse	24
Converse All Star	23,3
Playstation	22,2
Skittles	21,5
iTunes	21,2

9. Facebook-Gruppen –
   Treffpunkt für Gleichgesinnte

Gruppen sind eine Art Urgestein in Social Networks. Sie dienen als zentraler Treffpunkt für Gleichgesinnte. Diese können sich in einer Gruppe zusammenschließen, dort Inhalte teilen, untereinander diskutieren und vieles mehr. Durch die Einführung von Facebook-Seiten haben Gruppen für lange Zeit an Bedeutung verloren. Denn seither betreiben Unternehmen nur in den seltensten Fällen eine Gruppe, da die Facebook-Seiten aus Marketingsicht oftmals die besseren Möglichkeiten bieten.

Im Oktober 2010 hat Facebook im Bereich Gruppen ein relativ umfangreiches Update durchgeführt. Damit wurde diese Funktion wieder klarer von Facebook-Seiten abgegrenzt und mithilfe neuer Funktionen neues Leben eingehaucht. Hier eine kurze Übersicht der wesentlichen Features:

- **Anlegen einer Gruppe:** Dies ist sehr einfach und innerhalb weniger Klicks erledigt. Dabei kann man auch festlegen, wer welche Inhalte der Gruppe einsehen kann, was öffentlich zugänglich ist und was eben nicht beziehungsweise nur für Mitglieder der Gruppe.
- **Mit Gruppe chatten:** Dieser ermöglicht den Mitgliedern einer Gruppe, gemeinsam zu chatten. Diese Funktion ist allerdings nur bis 250 Mitglieder verfügbar.
- **Pinnwand:** Hier laufen alle Aktivitäten der Gruppe zusammen und werden zentral in Form der gewohnten Pinnwand dargestellt.
- **Dokumente:** Hier kann man Dokumente anlegen, welche die Gruppenmitglieder dann weiter bearbeiten können.
- **Gruppen-Seitenleiste:** Hier findet man wichtige Informationen zu der Gruppe wie Mitglieder, Chat, Einladungen, Events, Docs etc.
- **Gruppen Benachrichtigungen:** Hier kann man einstellen, ob und wenn ja, in welchen Fällen man bei neuen Beiträgen oder Kommentaren via Mail benachrichtigt werden möchte.

Ein interessantes Phänomen bei Gruppen: Hier finden sich oftmals innerhalb kürzester Zeit relativ viele Nutzer zu spontanen Interessengemeinschaften zusammen. Bestes Beispiel: Nahezu jedes Mal, wenn Facebook seine Nutzungsbedingungen anpasst oder die Startseite überarbeitet, entstehen diverse Gruppen, in denen sich in einem rasanten Tempo unzählige Gegner formieren und eine entsprechende Protestbewegung starten. Gleiches gilt für politische Themen.

Aus dem Leben

In der Praxis werden Gruppen oftmals genutzt, um Dinge innerhalb eines überschaubaren Kreises zu diskutieren oder zu organisieren. Beispiel aus der Praxis gefällig? Ein paar Freunde, mit denen ich mehr oder weniger regelmäßig Doppelkopf spiele, haben eine Gruppe eingerichtet. Dort organisieren wir nun unter anderem unsere nächsten Treffen. Das geht dort wesentlich einfacher als via E-Mail, da die Kommunikation an einem zentralen Punkt stattfindet. Außerdem interessiert das eben nur einen bestimmten Personenkreis. Daher wäre es unnötig, das in einem öffentlich zugänglichen Raum zu machen, wie zum Beispiel einer Timeline auf einem Nutzerprofil. So sind nur genau die Leute eingebunden, die das Thema betrifft. Dabei gehen die Meldungen innerhalb der Gruppe nicht im Newsfeed verloren, da man zusätzlich per Mail benachrichtigt wird (vorausgesetzt man hat das entsprechend eingestellt, was in dem Fall aber zumindest für mich definitiv Sinn macht).

10. Facebook Places

Bereits 2009 starteten Unternehmen wie foursquare oder Gowalla sogenannte Location-Based-Social-Networking-Seiten. Klingt kompliziert? Ist aber eigentlich ganz einfach. Nutzer mit einem Smartphone können sich eine entsprechende Applikation installieren. Anhand der GPS-Koordinate erkennt das System den aktuellen Aufenthaltsort und zeigt Plätze in der unmittelbaren Umgebung an. Man wählt den Ort aus, wo man sich gerade befindet und »checked dort ein«. Somit können Freunde und Bekannte sehen, wo man sich aktuell aufhält. Vielleicht sind sie sogar gerade in der Nähe. Auch das zeigt die Applikation an. Oder ob Freunde aus dem eigenen Netzwerk ebenfalls schon mal in der Location waren. Immer mehr werden die Ortsinformationen mit Kommentaren und Fotos versehen, da das reine »einchecken« dem Nutzer zu wenig Mehrwert bietet.

Knackpunkt dieser Applikationen: Beispielsweise foursquare kann zwar ein signifikantes Wachstum verzeichnen, liegt aber mit aktuell weltweit über circa 15 Millionen Nutzern[7], deutlich hinter Facebook. Die Wahrscheinlichkeit, dass meine Freunde diesen Service ebenfalls nutzen, ist also vergleichsweise gering. Dies kann man ein wenig entschärfen, indem man seinen foursquare-Account mit seinem persönlichen Facebook-Profil verknüpft. Somit erscheint die Meldung automatisch auch im Newsfeed meiner Freunde. Nichtsdestotrotz handelt es sich hierbei um einen Service, der eher bei »Nerds« und »digital Natives« Anwendung findet und weniger in der breiten Masse.

10.1 Launch von Facebook Places – Location-Based Social Networking wird massentauglich

Dies hat sich im August 2010 geändert. Denn zu diesem Zeitpunkt hat Facebook eine vergleichbare Applikation gelaunched. Der Name: Facebook Places. Dadurch war Location-Based Social Networking also kein Nischenthema mehr, sondern über Nacht hatten mehr als 838[8] Millionen Menschen Zugriff auf einen solchen Service – nämlich sämtliche Nutzer auf Facebook. Wobei sich die aktive Nutzung natürlich eher auf die circa 425 Millionen Nutzer beschränkt, die Facebook mobil nutzen.

Wie genau funktioniert dieser Service. Im Folgenden eine kurze Anleitung, inklusive entsprechender Screenshots.

---

7   https://de.foursquare.com/about/
8   http://www.insidefacebook.com/2012/02/01/facebook-claims-845m-users-425m-on-mobile/

- **Schritt 1:** Ein Nutzer wählt in der Facebook-Applikation den Menüpunkt »Orte« aus.
- **Schritt 2:** Man sieht, welche Freunde sich kürzlich an welchen Orten eingeloggt haben. Man klickt auf »Wo bist du«.
- **Schritt 3:** Via GPS-Ortung ermittelt das System die Orte in meiner Nähe. Aus der Liste kann ich einfach den entsprechenden Ort auswählen, zum Beispiel conceptbakery, Restaurant XYZ, Rhein-Energiestadion oder Ähnliches. Wenn der Ort, an dem ich mich gerade befinde, noch nicht hinterlegt ist, kann ich diesen selber anlegen.
- **Schritt 4:** Ich gebe ein, was ich gerade mache (dies erscheint als Statusmeldung auf meinem Profil), wähle Freunde aus, die sich mit mir an der Location befinden (um Missbrauch zu vermeiden müssen diese erst zustimmen, dass sie sich ebenfalls dort befinden, erst dann werden sie auch angezeigt) und klicken den Button »Ich bin hier«.
- **Schritt 5:** Ich lande auf einer Seite, auf der ich weitere Freunde markieren und Fotos hinzufügen kann. Außerdem sehe ich, wer gerade noch hier ist und welche neuen Aktivitäten es an dem Platz gibt.

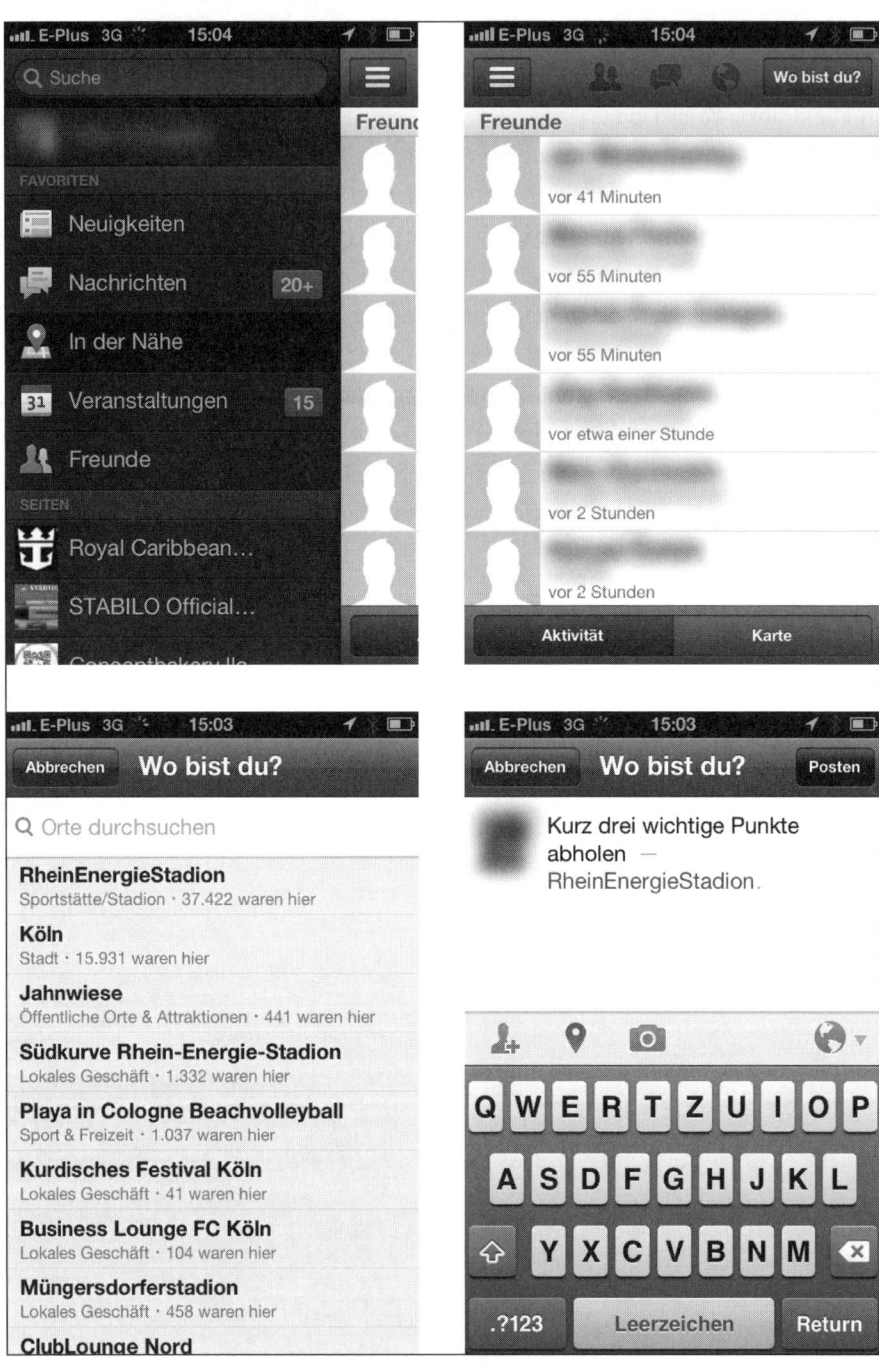

Abbildung 26: Oben links Startansicht der Facebook Mobile App. Oben rechts Aktivitäten von Freunden. Unten Link Auswahl eines Ortes. Unten rechts Anlegen einer Status-Meldung Checkin bei dem entsprechendem Ort.

Zeitgleich erscheint auf der eigenen persönlichen Timeline ein Hinweis, dass man sich gerade an dem entsprechenden Ort befindet und gegebenenfalls mit wem. Diese Meldung ist nun für sämtliche Facebook-Freunde sichtbar – egal, ob sie Facebook mobil oder an einem PC benutzen.

Abbildung 27: Meldung von Facebook Places auf der persönlichen Timeline. Hier kann der Besuch von anderen Nutzern bewertet und kommentiert werden – egal, ob mobil oder stationär.

10.2 Facebook Coupons – Mobile Mehrwerte

Zeitgleich zu Facebook Places wurde ein Dienst Namens Facebook Deals gelauncht. Dieser Service bot Unternehmen die Möglichkeit Mobile-Couponing-Aktionen mit mobilen Interaktionen der Nutzer zu verknüpfen. Beispiel: Checke in unserem Café ein und erhalte ein Getränk umsonst.

Dieser Dienst ist jedoch nie über das Stadium einer Testphase hinausgekommen und wurde von Facebook abgeschaltet. Das neue Zauberwort lautet hier nun Coupon. Gerüchten in den einschlägigen Newskanäle zufolge, wird Facebook es Administratoren erlauben, einen Coupon anzubieten. Das Angebot erscheint dann im Newsfeed der Fans. Im Gegensatz zu den abgeschalteten Deals, sollen die Coupons ortsunabhängig fungieren und können mit Facebook-Ads beworben werden. Wobei es zum Zeitpunkt der Erstellung dieses Buches jedoch noch keine gesicherten Informationen gibt und auch Facebook sich noch nicht offiziell zu dem Thema äußern will.

Individuelle Angebote wie zum Beispiel: 15 Prozent Rabatt im Store oder ein Gratis Softdrink werden auch in Zukunft ihr Publikum finden. Clevere Unternehmen könnten das Einlösen der Coupons in einer Datenbank speichern und wiederkehrende Besucher so belohnen.

Letztendlich geht die massiv steigende Zugriffzahl über mobile Endgeräte natürlich auch an Facebook nicht spurlos vorbei. Daher ist davon auszugehen, dass die mobile App früher oder später Funktionen erhalten wird, die online, mobil und stationär mittels wie auch immer gearteten Couponing enger miteinander verbinden.

11. Facebook-Werbeanzeigen – Targeting 2.0

Facebook-Werbeanzeigen ermöglichen die gezielte Ansprache von Nutzern auf Facebook. Sie werden auf verschiedenen Seiten innerhalb von Facebook in der rechten Spalte eingeblendet. Sei es auf der Startseite mit dem Newsfeed, dem eigenen Profil, dem Profil anderer User oder Firmenseiten und Gruppen. Durch ihre Omnipräsenz eignen sie sich hervorragend, um die Anzahl der Fans einer Facebook-Seite zu steigern, auf eine Sonderaktion hinzuweisen oder Ähnliches.

Der große Vorteil: Sie ermöglichen ein sehr gutes Targeting. Denn anders als zum Beispiel bei Google AdWords schießt man nicht mit der »Schrotflinte« auf sämtliche Nutzer, sondern kann sehr genau eingrenzen, wen man ansprechen möchte. Sei es mithilfe einer Filterung nach Alter, Geschlecht, Wohnort, Interessen oder Ähnlichem.

Generell gibt es zwei Arten von Facebook-Anzeigen. Einerseits sogenannte Premium Produkte. Diese werden prominent eingeblendet und bieten die Möglichkeit, zusätzliche Interaktionen anzuregen. Hier eine Übersicht der Formate:

- Premium ads and sponsored stories from Pages posts
- Premium sponsored stories (voice of friend)
- Premium ads

Darüber hinaus gibt es die sogenannten Marketplace Produkte mit folgenden Formaten:

- Marketplace ads and sponsored stories from Page posts
- Marketplace sponsored stories (voice of friend)
- Marketplace ads

Innerhalb beider Produktpaletten gibt es verschiedene Kategorien, die man anlegen kann (insgesamt 38 Stück). Wir zählen hier nur die einzelnen Bereiche auf und gehen nicht im Detail auf die Kategorien ein. Details zu allen Formaten findest du online bei Facebook im Werbeanzeigenmanager. Die übergeordneten Kategorien sind:

- Text (unter der Anzeige wird ein prominenter »Gefällt mir«-Button eingebunden)
- Foto (die Anzeige beinhaltet ein Bild, unter dem sich direkt ein »Gefällt mir«-Button befindet)
- Video (die Anzeige beinhaltet kein Bild, sondern ein Video, unter welchem sich ein »Gefällt mir«-Button befindet, → sobald der Nutzer auf das Video klickt, wird dies in einem extra Layer großformatig abgespielt → am Ende hat der Nutzer die Möglichkeit,

direkt Fan der Facebook-Seite des Werbetreibenden zu werden und/oder das Video mit seinem Netzwerk zu teilen)

- Umfrage (die Anzeige beinhaltet eine Umfrage, bei der die Nutzer zwischen verschiedenen Auswahlmöglichkeiten wählen können → anschließend sieht er direkt das aktuelle Ergebnis → dabei kann er auch sehen, wie seine Freunde abgestimmt haben)
- Link (die Anzeige enthält einen verweisenden Link)
- Event (dabei kann der Nutzer direkt angeben, ob er teilnimmt, vielleicht teilnimmt oder nicht teilnimmt)
- App (die Anzeige enthält verschiedene Verweise zu Spielen oder Apps)
- Check-in (die Anzeige zeigt an, wenn sich ein Fan an einem bestimmten Ort eingecheckt hat)

Der Zusatz »Premium« gilt nicht nur für die Funktionen, sondern auch für den Preis. Das Mindestbuchungsvolumen beträgt aktuell 15.000 Euro pro Monat. Als Abrechnungsmodell steht hierbei ausschließlich der Tausender-Kontaktpreis zur Verfügung. Auf den Grundpreis kommen Zuschläge für Targeting-Möglichkeiten wie Geschlecht, Alter, Stadt oder Interessen. Und diese Anzeigenformate können nicht online, sondern nur direkt beim Facebook Sales Team gebucht werden.

Die Marketplace Produkte dahingegen sind wesentlich erschwinglicher und auch schon für den kleinen Geldbeutel attraktiv. Diese Anzeigen können direkt online gebucht werden. Daher werden wir uns in diesem Kapitel auf dieses Werbeformat konzentrieren.

Die Einrichtung einer Marketplace-Werbeanzeige erfordert keinerlei besondere Kenntnisse und erfolgt innerhalb weniger Klicks. Im Folgenden zeigen wir kurz, wie das funktioniert. Zum Abschluss gibt es dann noch einige Tipps zur Gestaltung von Anzeigen und Optimierung der Performance.

11.1 Auftakt – Getting started

Bereits auf der Startseite – direkt nach dem Log-in – befindet sich direkt neben einer gesponsorten Anzeige auf der rechten Seite eine Verlinkung zu »Werbeanzeige erstellen«. Über diese gelangst du auf eine Seite, auf der sich »Kampagnen« und »Seiten« erstellen und managen lassen. Alternativ befindet sich auch im Administrationsbereich einer Facebook-Seite unter dem Punkt »Publikum erweitern« die Option »Werbeanzeige erstellen«.

Du betreust mehrere Seiten, zum Beispiel als Agentur? In dem Fall solltest du dich direkt mit Facebook in Verbindung setzen und für jedes Projekt einen eigenen Account anlegen lassen. Somit wird die Schaltung der Anzeigen wesentlich übersichtlicher. Außerdem kannst du beispielsweise dem Kunden auch Zugriff auf den Account mit seinen Anzeigen gewähren. Sobald man mehrere Kunden innerhalb von einem Account betreibt, ist dies natürlich so nicht mehr möglich, da er dann auch Zugriff auf Daten anderer Unternehmen hat.

11.2 Step 1 – Gestalte deine Werbeanzeige

Zuerst einmal wird festgelegt, was überhaupt beworben werden soll:

- **Externe URL:** Prinzipiell ist es möglich, eine externe URL zu bewerben. Davon ist in der Regel jedoch eher abzuraten. Die Nutzer befinden sich auf Facebook und dort wollen sie in der Regel auch bleiben. Daher ist die Conversion Rate auf externen Seiten an dieser Stelle gewöhnlich sehr gering. Nutzer sollten zuerst einmal auf eine Landingpage innerhalb von Facebook gelenkt werden. Von dort kann man sie dann immer noch auf externe Angebote lenken.
- **Facebook-Seiten:** Hier stehen die oben aufgeführten Möglichkeiten zur Verfügung. Die beliebtesten Optionen sind: Eine Anzeige schalten oder eine der letzten Meldungen auf der Pinnwand bewerben. Im ersten Fall bei der Anzeige kann man zusätzlich festlegen, auf welchen Reiter der Nutzer per Klick auf die Anzeige gelangen soll. Auch im zweiten Fall gibt es eine Auswahl. Und zwar zwischen einer »Gefällt mir«-Meldung (hierbei sehen die Nutzer, wem aus ihrem Netzwerk die Seite noch gefällt und können direkt Fan werden) oder »Meldung über Seitenbeiträge« (hier wird das ein wählbares Posting promotet und Nutzerkönnen dies direkt in der Anzeige kommentieren, liken oder teilen).

Im nächsten Schritt wird der Titel verfasst. Bei Facebook-Inhalten besteht der Titel aus dem Titel des Facebook-Inhalts. Unsere Facebook-Seite heißt beispielsweise *FacebookMarketingBuch.de – Marketing unter Freunden*, sodass der Titel einer Anzeige auch so lautet. Wenn man eine Anzeige für eine externe Website erstellt, kann der Titel frei gewählt werden (maximal 25 Zeichen).

Anschließend kann ein Text mit maximal 90 Zeichen eingegeben werden. Der Text sollte auf den Punkt formuliert sein und dem Nutzer klar den Mehrwert schildern, warum er die Anzeige anklicken sollte und was ihn dahinter erwartet.

Zu guter Letzt kann die Standard-Anzeige mit einem Bild in dem Format 110 mal 80 Pixel versehen werden. Per Standard-Einstellung übernimmt Facebook hierbei die Grafik des zu bewerbenden Inhalts, zum Beispiel das Logo der Facebook-Seite. Dieses kann jedoch gegen eine beliebige Grafik ausgetauscht werden.

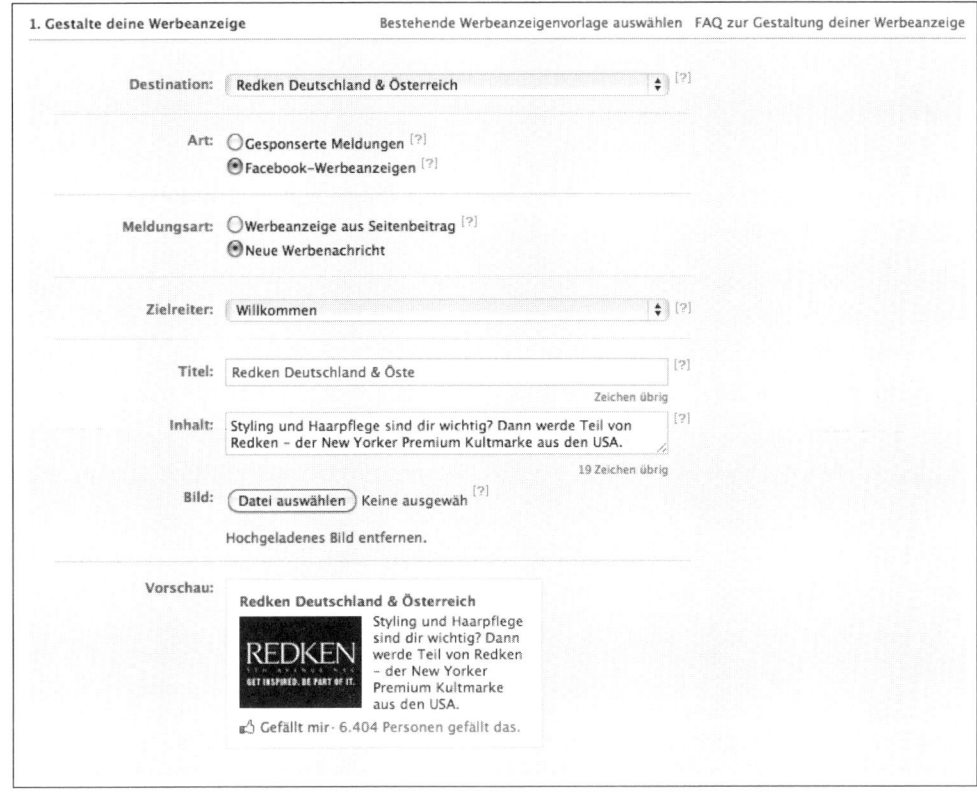

Abbildung 28: Einrichtung einer Marketplace-Werbeanzeige Schritt 1: Gestalte deine Werbeanzeige.

11.3 Step 2 – Zielgruppe

Im nächsten Schritt wird die Zielgruppe festgelegt. Der große Vorteil: Es stehen jede Menge Daten über die Nutzer zur Verfügung. Diese helfen die Zielgruppe besser einzugrenzen. Wobei die Angaben nicht heimlich erfasst, sondern vollkommen freiwillig von den Nutzern bei der Einrichtung und Pflege ihres Profils eingegeben werden. Durch die Einführung des Open Graph-Konzepts werden diese Daten im Verlauf der Zeit zum Teil automatisch durch Aktionen der Nutzer auf Facebook und externen Websites aktualisiert, die Social Plug-ins von Facebook nutzen. Hier eine Übersicht der aktuell verfügbaren Parameter:

Ort: Sollen nur Nutzer in Deutschland angesprochen werden? Oder auch in Österreich und der Schweiz? Oder soll keine nationale, sondern eine regionale Ansprache, um einen oder mehrere Ballungsräume erfolgen? Hierfür können beliebig viele Länder oder Städte ausgewählt werden. Der maximale Radius rund um einen Ballungsraum beträgt 50 Kilometer.

Alter: Sollen sämtliche Nutzer, Nutzer ab oder bis zu einem bestimmten Alter oder nur Nutzer innerhalb einer bestimmten Altersgruppe angesprochen werden?

Geschlecht: männlich, weiblich oder beides?

Gefällt mir und Interessen: Bei der Einrichtung und Pflege hinterlegen Nutzer zahlreiche Informationen. Zum Beispiel Aktivitäten, Bücher, Filme, Hobbys etc. Gleiches gilt für Interaktionen auf Facebook oder externen Websites via »Gefällt mir«-Button. Anhand dieser Daten kann man eine Anzeige auf jene Nutzer abzielen, die bestimmte Interessen in ihrem Profil eingetragen haben. Zusätzlich werden automatisch Begriffe angezeigt, welche mit dem eingegebenen Begriff verwandt sind. Allerdings gilt hierbei, dass insofern eine Ungenauigkeit besteht, als nicht sämtliche Nutzer diese Daten hinterlegen, das heißt, wenn jemand zwar an einem bestimmten Thema interessiert ist, dies aber in seinem Profil nicht extra angegeben hat, wird er nicht erreicht. Die Auswahl der Interessen kann entweder via vorgefertigter Kategorien seitens Facebook erfolgen (erweiterte Kategorieauswahl) oder mithilfe einer genauen Verschlagwortung, bei der man eigene Begriffe hinterlegt (exakte Interessenauswahl).

Tipp

Einige unserer Kunden schalten Anzeigen, um gezielt Fans zu gewinnen, die mit der Facebook-Seite eines Wettbewerbers vernetzt sind. Simples fiktives Beispiel: Jaguar schaltet eine Anzeige und zielt dabei auf Benutzer, die als Interesse »Porsche« auf ihrem Profil hinterlegt haben, da sie auf der Facebook-Seite von Porsche den »Gefällt mir«-Button angeklickt haben. Aus der Erfahrung können wir sagen: Dieses Vorgehen funktioniert oft erstaunlich gut ;)

Verbindungen: Hier kann das Targeting anhand sogenannter Verbindungen erfolgen. Beispiel: Ein und dasselbe Unternehmen betreut mehrere Facebook-Seiten zu unterschiedlichen Produkten. Nun weiß das Unternehmen, dass Kunden, welche das Produkt A benutzen, oftmals auch an dem Produkt B interessiert sind. Mithilfe dieser »Verbindung« können solche Nutzer gezielt angesprochen werden, die bereits Fan der Page von Produkt A sind, um diese auch als Fans beziehungsweise Kunden für das Produkt B zu gewinnen. Dieser Mechanismus funktioniert auch andersherum, und zwar nach dem Ausschluss-Prinzip. Hier kann man festlegen, dass Nutzer, die mit einer bestimmten Seite verbunden sind, nicht angesprochen werden sollen. Beispiel: Es wird eine Sonderaktion zur Gewinnung neuer Fans einer Page durchgeführt. Bereits bestehende Fans sollen daher nicht angesprochen werden. In diesem Fall kann eine Auswahl getroffen werden, um nur Nutzer anzusprechen, die noch nicht Fan der Page sind. Eines ist jedoch nicht möglich: Man kann mit dieser Targeting-Funktion keine Fans von Seiten ansprechen, von denen man nicht selber Administrator ist.

Freunde von Verbindungen: Gleich und Gleich gesellt sich gern. Daher ist es möglich zu sagen, dass man nur Nutzer ansprechen möchte, von denen bereits mindestens ein Freund mit einer Facebook-Seite verbunden ist, die man selber betreut.

Tipp

Klingt eigentlich trivial. Aber die Praxis hat gezeigt, dass Anzeigen, die auf Freunde bestehender Fans ausgerichtet sind, oft sehr gute Ergebnisse erzielen.

Interessiert an: Männern oder Frauen?

Beziehungsstatus: Hier stehen folgende Auswahlmöglichkeiten zur Verfügung (Mehrfach-auswahl möglich): Single, In einer Beziehung, Verlobt, Verheiratet.

Sprachen: Soll der Nutzer eine bestimmte Sprache sprechen? Es wäre also beispielsweise möglich, Engländer, Griechen, Türken oder Menschen unterschiedlicher Herkunft, die in Deutschland leben, auf Facebook in ihrer Muttersprache anzusprechen.

Ausbildung: Soll die Zielgruppe über eine bestimmte Ausbildung verfügen? Wenn ja, über welche? Wobei es hierbei lediglich vier Auswahlmöglichkeiten gibt, von denen jeweils nur eine ausgewählt werden kann: Alle, Hochschulabsolvent/in, Student/in oder Schüler/in.

Arbeitsplätze: Sollen nur Mitarbeiter eines bestimmten Unternehmens mit der Anzeige angesprochen werden? Hierbei gilt allerdings das gleiche wie bei den Schlüsselwörtern. Wenn die Nutzer ihren Arbeitgeber nicht in die Profilinformationen eingepflegt haben, können sie über diese Funktion auch nicht erreicht werden.

Schätzung: Neben dem Fenster mit dieser Auswahl erzeugt Facebook eine Schätzung, wie viele Nutzer unter Berücksichtigung der eingepflegten Parameter angesprochen werden können. Sobald man einen der Parameter verändert, wird die Schätzung umgehend an-gepasst.

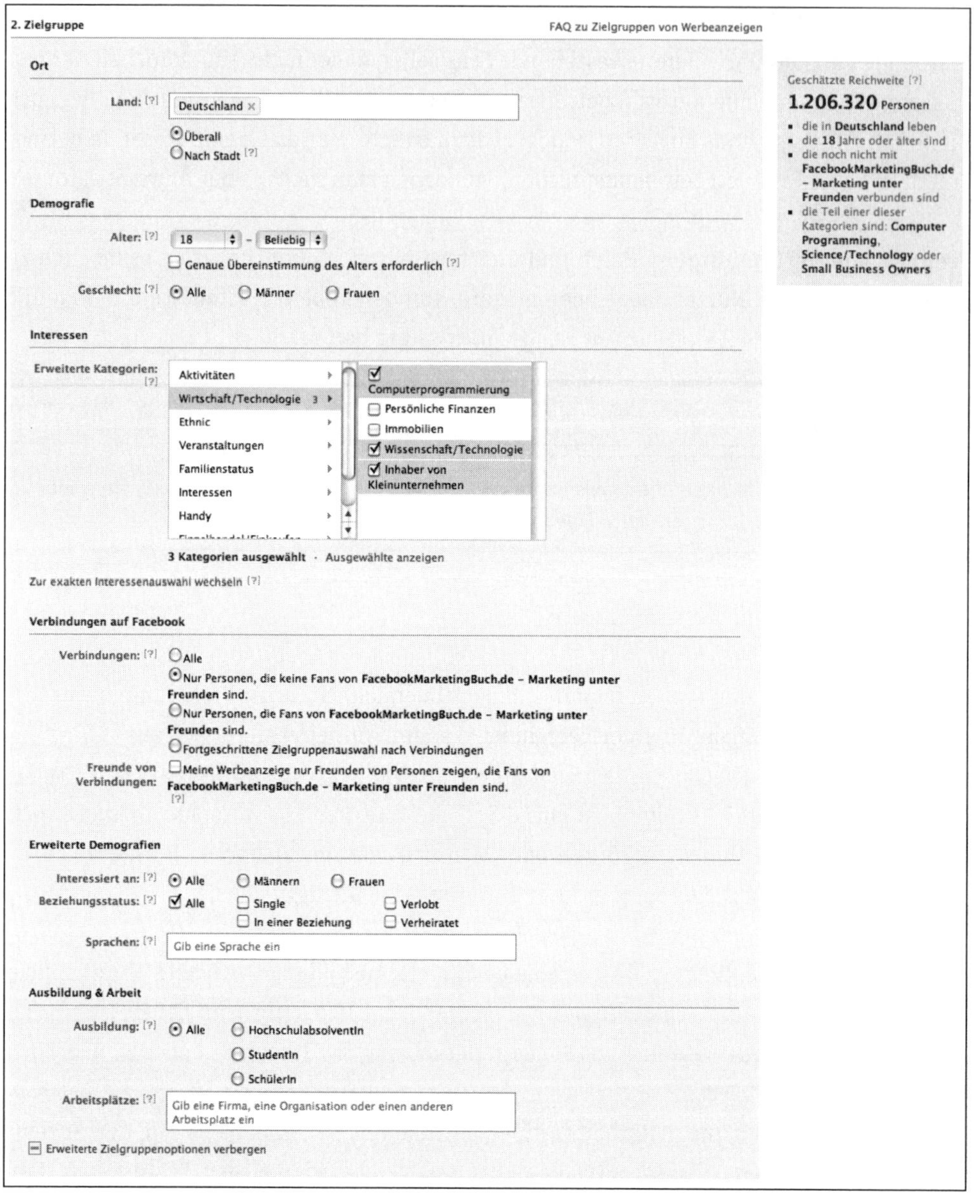

FAQ zu Zielgruppen von Werbeanzeigen

Ort

Land: [?]   Deutschland ×

⦿ Überall
◯ Nach Stadt [?]

Geschätzte Reichweite [?]

1.206.320 Personen

- die in **Deutschland** leben
- die **18** Jahre oder älter sind
- die noch nicht mit **FacebookMarketingBuch.de – Marketing unter Freunden** verbunden sind
- die Teil einer dieser Kategorien sind: **Computer Programming, Science/Technology** oder **Small Business Owners**

Demografie

Alter: [?]   18 ⏵ – Beliebig ⏵

☐ Genaue Übereinstimmung des Alters erforderlich [?]

Geschlecht: [?]   ⦿ Alle   ◯ Männer   ◯ Frauen

Interessen

Erweiterte Kategorien: [?]

Aktivitäten	▸
Wirtschaft/Technologie 3	▸
Ethnic	▸
Veranstaltungen	▸
Familienstatus	▸
Interessen	▸
Handy	▸

☑ Computerprogrammierung
☐ Persönliche Finanzen
☐ Immobilien
☑ Wissenschaft/Technologie
☑ Inhaber von Kleinunternehmen

3 Kategorien ausgewählt · Ausgewählte anzeigen

Zur exakten Interessenauswahl wechseln [?]

Verbindungen auf Facebook

Verbindungen: [?]   ◯ Alle
⦿ Nur Personen, die keine Fans von **FacebookMarketingBuch.de – Marketing unter Freunden** sind.
◯ Nur Personen, die Fans von **FacebookMarketingBuch.de – Marketing unter Freunden** sind.
◯ Fortgeschrittene Zielgruppenauswahl nach Verbindungen

Freunde von Verbindungen: ☐ Meine Werbeanzeige nur Freunden von Personen zeigen, die Fans von **FacebookMarketingBuch.de – Marketing unter Freunden** sind. [?]

Erweiterte Demografien

Interessiert an: [?]   ⦿ Alle   ◯ Männern   ◯ Frauen

Beziehungsstatus: [?]   ☑ Alle   ☐ Single   ☐ Verlobt
                         ☐ In einer Beziehung   ☐ Verheiratet

Sprachen: [?]   Gib eine Sprache ein

Ausbildung & Arbeit

Ausbildung: [?]   ⦿ Alle   ◯ HochschulabsolventIn
                          ◯ StudentIn
                          ◯ SchülerIn

Arbeitsplätze: [?]   Gib eine Firma, eine Organisation oder einen anderen Arbeitsplatz ein

⊟ Erweiterte Zielgruppenoptionen verbergen

Abbildung 29: Einrichtung einer Marketplace-Werbeanzeige Schritt 2 – Festlegung der Zielgruppe.

11.4 Step 3 – Kampagnen, Preise und Planung

In diesem Bereich wird zunächst der Name der Kampagne festgelegt.

Anschließend folgt die Eingabe des Tagesbudgets, welches einem die erforderliche Kosten-kontrolle ermöglicht. Sobald das Budget verbraucht ist, wird die Anzeige ausgeblendet und erst am Folgetag wieder eingeblendet. So werden unliebsame Überraschungen am Ende des Abrechnungszeitraumes vermieden.

Der Zeitplan legt fest, ob die Anzeige dauerhaft geschaltet werden soll oder nur in einem bestimmten Zeitfenster.

Abschließend legt man das Bezahlmodell fest. Hierbei stehen »Tausender-Kontakt-Preis (Cost per mille/CPM)« und »Cost Per Click (CPC)« zur Verfügung. Welche der beiden Varian-ten die bessere ist? Das hängt letztendlich von der Klickrate ab.

Simples Beispiel:
Der Cost Per Click beträgt 0,50 Dollar.
Der CPM hingegen 0,25 Euro.
Wenn also bei 2.000 Einblendungen mehr als ein Nutzer die Anzeige anklickt, empfiehlt sich das CPM-Modell. Ansonsten fährt man besser mit Cost Per Click. Hier ist also ein kontinuier-liches Controlling der Kampagne und gegebenenfalls eine Anpassung des Bezahlmodells hilf-reich, um das bestmögliche aus dem vorhandenen Budget herauszuholen.

Tipp

Auch bei dem CPC-Modell stellt die Klickrate einen wesentlichen Erfolgsfaktor dar. Denn Facebook geht es verständlicherweise darum, mit den eingeblendeten Anzeigen möglichst viel Werbeein-nahmen zu erzielen. Wenn eine Anzeige im CPC-Modell kaum angeklickt wird, erzielt Facebook weniger Einnahmen. In diesem Fall gehen die Kosten pro Klick im Preis nach oben, um den Um-satzausfall zu kompensieren. Mit der Zeit verschwindet die Anzeige ganz. Wobei es ein vollkom-men natürlicher Prozess ist, dass Anzeigen oftmals eine Entwicklung durchlaufen, bei der sie zu Beginn eine hohe Klickrate haben und diese mit der Zeit abnimmt. Interessierte Nutzer haben die Anzeige schließlich bereits gesehen und bestenfalls angeklickt. Was man in diesem Fall machen kann? Entweder man löscht die Anzeige und legt sie einfach noch einmal neu an. Oder noch besser. Man löscht die Anzeige und legt eine neue andere Anzeige an.

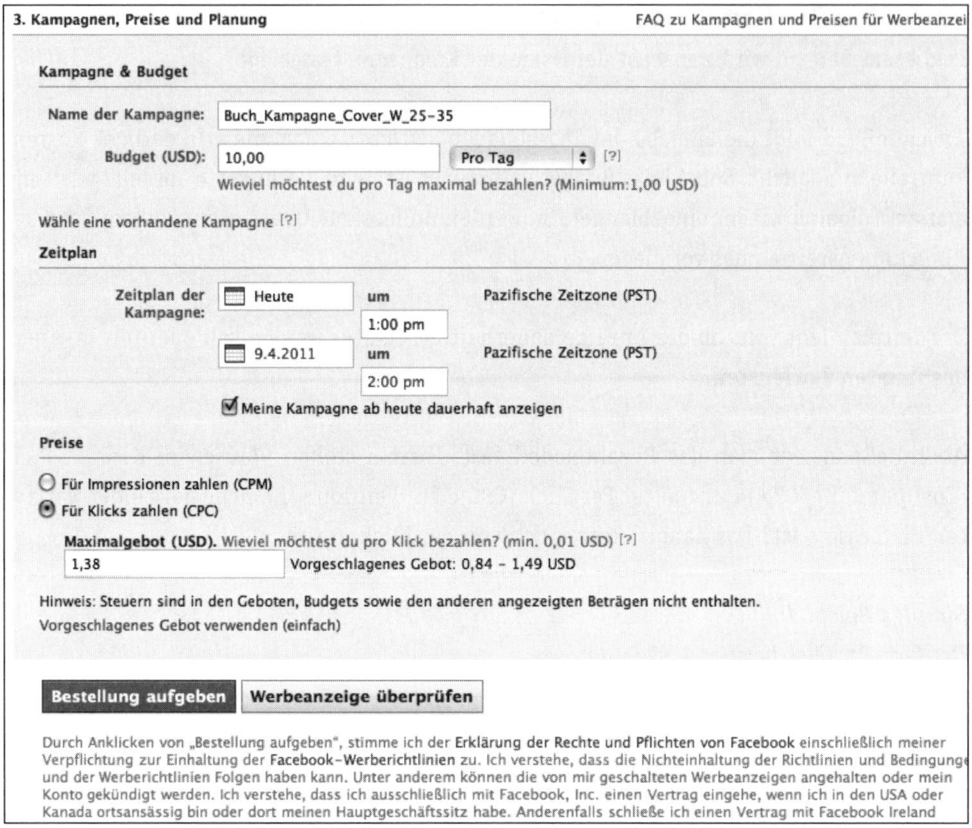

3. Kampagnen, Preise und Planung   FAQ zu Kampagnen und Preisen für Werbeanzei

Kampagne & Budget

Name der Kampagne: Buch_Kampagne_Cover_W_25-35

Budget (USD):   10,00   Pro Tag   [?]
Wieviel möchtest du pro Tag maximal bezahlen? (Minimum:1,00 USD)

Wähle eine vorhandene Kampagne [?]

Zeitplan

Zeitplan der   Heute   um   Pazifische Zeitzone (PST)
Kampagne:
1:00 pm

9.4.2011   um   Pazifische Zeitzone (PST)
2:00 pm

☑ Meine Kampagne ab heute dauerhaft anzeigen

Preise

○ Für Impressionen zahlen (CPM)
◉ Für Klicks zahlen (CPC)

Maximalgebot (USD). Wieviel möchtest du pro Klick bezahlen? (min. 0,01 USD) [?]

1,38   Vorgeschlagenes Gebot: 0,84 – 1,49 USD

Hinweis: Steuern sind in den Geboten, Budgets sowie den anderen angezeigten Beträgen nicht enthalten.
Vorgeschlagenes Gebot verwenden (einfach)

Bestellung aufgeben   **Werbeanzeige überprüfen**

Durch Anklicken von „Bestellung aufgeben", stimme ich der Erklärung der Rechte und Pflichten von Facebook einschließlich meiner
Verpflichtung zur Einhaltung der Facebook-Werberichtlinien zu. Ich verstehe, dass die Nichteinhaltung der Richtlinien und Bedingunge
und der Werberichtlinien Folgen haben kann. Unter anderem können die von mir geschalteten Werbeanzeigen angehalten oder mein
Konto gekündigt werden. Ich verstehe, dass ich ausschließlich mit Facebook, Inc. einen Vertrag eingehe, wenn ich in den USA oder
Kanada ortsansässig bin oder dort meinen Hauptgeschäftssitz habe. Anderenfalls schließe ich einen Vertrag mit Facebook Ireland

Abbildung 30: Einrichtung einer Marketplace-Werbeanzeige Schritt 3 – Kampagnen, Preise und Planung.

11.5 Step 4 – Festlegen der Zahlungsart

Als Zahlungsart stehen Kreditkarte oder PayPal zur Verfügung. Ab einem monatlichen Bu-
chungsvolumen von 10.000 Euro kann auch eine Bezahlung via Rechnung erfolgen. Diese
muss man direkt beim Facebook Sales Team beantragen.

11.6 Step 5 – Prüfung und Freischaltung der Anzeige

Sobald die Anzeige fertig eingerichtet ist, wird sie vom Facebook-Werbeteam überprüft.
Die Freischaltung der Anzeige erfolgt für gewöhnlich innerhalb kurzer Zeit.

11.7 Step 6 – Monitoring und Optimierung der Kampagne

Wie bei sämtlichen anderen Maßnahmen empfiehlt es sich auch bei Facebook-Werbeanzeigen, ein entsprechendes Monitoring zu betreiben. Stimmt das Verhältnis von Impressionen zu Klicks? Wird eine Anzeige noch eingeblendet oder wurde sie in der Zwischenzeit von anderen Anbietern überboten? Muss die Anzeige in puncto Bild oder Text optimiert werden, um die Klickrate zu verbessern? Facebook bietet ein entsprechendes Monitoring-Tool, das einen Überblick über die wesentlichen Kriterien bietet.

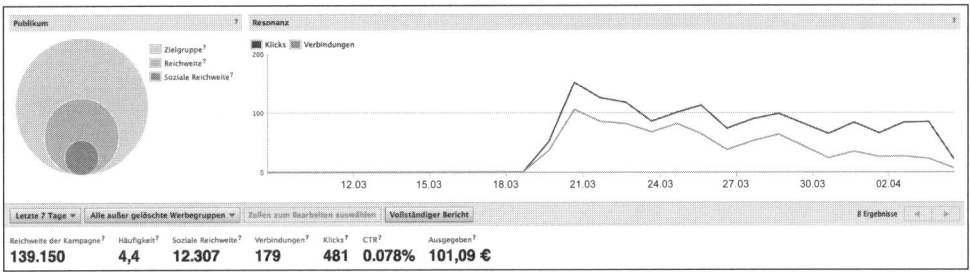

Abbildung 31: Monitoring Tool von Facebook zur Kontrolle und Optimierung einer Werbeanzeige.

11.8 Sonstige Tipps für eine optimale Gestaltung der Anzeigen

Hier ein paar Tipps aus der Praxis zur Optimierung einer Facebook-Anzeige:

- Das Bild einer Anzeige ist oftmals wichtiger als der Text.
- Vermeide den Einsatz von Logos (außer du bist Apple, Coca Cola oder Nike ;)
- Nutze stattdessen lieber Produktbilder oder freche, lustige, einfach auffällige Motive. Das Bild sollte optisch scharf dargestellt werden und den gesamten verfügbaren Platz ausnutzen.
- Tausche die Anzeigenbilder in regelmäßigen Abständen aus. Selbst kleine Änderungen können hier bereits zu einer Verbesserung der CTR führen, sobald sich die Nutzer an einem Motiv sattgesehen hat.
- Verwende unterschiedliche Motive für unterschiedliche Zielgruppen.
- Stelle eine Frage innerhalb der Überschrift und/oder des Anzeigentextes (durchschnittliche Verbesserung der CTR um circa 24 Prozent).
- Beschränkung eines Angebots innerhalb des Anzeigentextes, zum Beispiel »nur solange der Vorrat reicht« oder »nur heute gültig« (durchschnittliche Verbesserung der CTR um circa 23 Prozent).
- Verwendung von Begriffen wie »umsonst«, »Rabatt« oder »Sonderaktion« (durchschnittliche Verbesserung der CTR um circa 8 Prozent).

- Fasse den Anzeigentext so kurz wie möglich (zu lange Texte verschlechtern die CTR durchschnittlich um bis 7 Prozent).
- Vermeide den Einsatz von zu vielen GROSSBUCHSTABEN (dies verschlechtert die CTR durchschnittlich um bis zu 17 Prozent).

Neben der optischen und inhaltlichen Gestaltung entscheidet vor allem der Preis pro Klick (CPC) über den Erfolg einer Kampagne. Denn umso niedriger dieser Preis ist, desto mehr Reichweite erhält man. Zentraler Faktor hierbei ist die Click-Through-Rate (CTR). Sprich wie viele Nutzer klicken tatsächlich auf die Anzeige. Je höher dieser Wert ist, desto günstiger werden die Anzeigen. Besonders wichtig ist hierbei die Performance einer Anzeige innerhalb der ersten 24 bis 48 Stunden. Diese bilden die Grundlage für die Anzeigenhistorie.

Berichtart	Zusammenfassen nach	Zeitübersicht	Filter	Datumsbereich			
Demografie der Antwortenden	Kampagne	Monatlich		1.1.2012 – 29.2.2012			

Datum ?	Kampagne ?	Demografie	Segment 1	Segment 2	% der Impressionen	% der Klickenden	CTR
Januar 2012		country	Uk		100,000%	100,000%	0,02%
Januar 2012		gender_age	F	18–24	44,490%	45,063%	0,027%
Januar 2012		gender_age	F	25–34	7,317%	13,074%	0,047%
Januar 2012		gender_age	F	35–44	1,762%	7,232%	0,108%
Januar 2012		gender_age	F	45–54	0,796%	2,503%	0,083%
Januar 2012		gender_age	F	55–64	0,198%	0,000%	0,000%
Januar 2012		gender_age	F	65–100	0,112%	0,000%	0,000%
Januar 2012		gender_age	F	Unknown	0,130%	0,000%	0,000%
Januar 2012		gender_age	M	18–24	32,168%	23,505%	0,019%
Januar 2012		gender_age	M	25–34	7,786%	6,259%	0,021%
Januar 2012		gender_age	M	35–44	2,298%	2,364%	0,027%
Januar 2012		gender_age	M	45–54	0,939%	0,000%	0,000%
Januar 2012		gender_age	M	55–64	0,196%	0,000%	0,000%
Januar 2012		gender_age	M	65–100	0,159%	0,000%	0,000%
Januar 2012		gender_age	M	Unknown	0,303%	0,000%	0,000%
Januar 2012		gender_age	Unknown	18–24	0,545%	0,000%	0,000%
Januar 2012		gender_age	Unknown	25–34	0,566%	0,000%	0,000%
Januar 2012		gender_age	Unknown	35–44	0,135%	0,000%	0,000%
Januar 2012		region	de	Baden-Württemberg	17,876%	16,134%	0,024%
Januar 2012		region	de	Bayern	17,445%	16,134%	0,024%
Januar 2012		region	de	Berlin	3,918%	4,868%	0,033%
Januar 2012		region	de	Brandenburg	0,871%	0,000%	0,000%
Januar 2012		region	de	Bremen	2,158%	1,252%	0,015%
Januar 2012		region	de	Hamburg	1,960%	2,225%	0,030%
Januar 2012		region	de	Hessen	8,639%	9,318%	0,028%
Januar 2012		region	de	Mecklenburg-Vorpommern	0,752%	0,695%	0,024%
Januar 2012		region	de	Niedersachsen	6,466%	8,484%	0,035%
Januar 2012		region	de	Nordrhein-Westfalen	24,239%	23,227%	0,025%
Januar 2012		region	de	Rheinland-Pfalz	7,183%	9,179%	0,034%
Januar 2012		region	de	Saarland	1,244%	1,113%	0,024%
Januar 2012		region	de	Sachsen	3,025%	2,503%	0,022%
Januar 2012		region	de	Sachsen-Anhalt	0,911%	0,834%	0,024%
Januar 2012		region	de	Schleswig-Holstein	2,545%	3,338%	0,035%
Januar 2012		region	de	Thüringen	0,710%	0,695%	0,028%

Abbildung 32: Screenshot eines demografischen Berichts innerhalb des Facebook-Monitoring Tools.

Für die optionale Nutzung des vorhandenen Budgets empfiehlt sich folgendes Vorgehen:
- **Schritt 1:** Schaltung einiger Anzeigen auf eine breit ausgerichtete Zielgruppe mit einem überschaubaren Budget. Fortgeschrittene User sollten direkt die Zielgruppen innerhalb einer Kampagne aufbrechen und die gleiche Anzeige für die verschiedenen Altersgruppen anlegen.

- **Schritt 2:** Auswertung der Anzeigenergebnisse mithilfe der »Berichte« (welche Nutzer klicken am meisten auf welche Anzeige, männlich, weiblich, Alter, Interessen etc.). Die Möglichkeit zur Erstellung von »Berichten« ist nach unserer Erfahrung vielen Nutzern überhaupt nicht bekannt. Dabei ermöglichen diese überhaupt erst eine fundierte Auswertung der Performance einer Anzeige. Wenn man im ersten Schritt seine Anzeigen direkt nach Altersgruppen aufgesplittet hat, sieht man nun innerhalb von kürzester Zeit, welche Anzeige in welcher Zielgruppe am besten läuft. So sind die Daten direkt verfügbar und man braucht nicht erst in den Bericht zu schauen.
- **Schritt 3:** Anlegen neuer Anzeigen auf Basis der erfolgreichsten Anzeigen und Eingrenzung auf jene Zielgruppen, welche die höchsten Klickraten haben.
- **Schritt 4:** Aufbau einer verbesserten Kampagnenhistorie, welche dank der guten CTR zur Senkung der Kosten pro Klick führt.
- **Schritt 5:** Sobald der CPC gesunken ist, kann die Anzeige auf eine breitere Zielgruppe ausgeweitet werden.
- **Schritt 6:** Kontinuierliches Monitoring. Sollte sich der CPC verschlechtern, führt man wieder Schritt 2, 3 beziehungsweise 4 durch.

	Name	Status ?	Reichweite ?	Häufigkeit ?	Soziale Reichweite ?	Verbindungen ?	Klicks ?	CTR ?	Gebot ?	Preis ?
☐	18–25 M Österreich	▯▯ ▾	0	0,0	0	0	0	0.000%	1,00 € CPC	0,00 € CPC
☐	26 – 35 M Österreich	▯▯ ▾	0	0,0	0	0	0	0.000%	1,00 € CPC	0,00 € CPC
☐	26–35 M	▯▯ ▾	0	0,0	0	0	0	0.000%	1,00 € CPC	0,00 € CPC
☐	36–45 F	▯▯ ▾	0	0,0	0	0	0	0.000%	1,00 € CPC	0,00 € CPC
☐	36–45 F Österreich	▯▯ ▾	0	0,0	0	0	0	0.000%	1,00 € CPC	0,00 € CPC
☐	36–45 M Österreich	▯▯ ▾	0	0,0	0	0	0	0.000%	1,00 € CPC	0,00 € CPC
☐	18–25 F	▯▯ ▾	0	0,0	0	0	0	0.000%	1,00 € CPC	0,00 € CPC
☐	18–25 F Österreich	▯▯ ▾	0	0,0	0	0	0	0.000%	1,00 € CPC	0,00 € CPC
☐	18–25 M	▯▯ ▾	0	0,0	0	0	0	0.000%	1,00 € CPC	0,00 € CPC
☐	26–35 F	▯▯ ▾	0	0,0	0	0	0	0.000%	1,00 € CPC	0,00 € CPC
☐	26–35 F Österreich	▯▯ ▾	0	0,0	0	0	0	0.000%	1,00 € CPC	0,00 € CPC
☐	36–45 M	▯▯ ▾	0	0,0	0	0	0	0.000%	1,00 € CPC	0,00 € CPC

Abbildung 33: Screenshot einer Kampagne bei der die einzelnen Anzeigen direkt auf unterschiedliche Zielgruppen ausgerichtet wurden. Dieses Vorgehen wird von Facebook empfohlen und bietet eine bessere Übersichtlichkeit.

12. Integration – Facebook auf einer externen Website

Dieses Kapitel zeigt unterschiedliche Möglichkeiten, wie du Facebook in die eigene Website integrieren kannst. Warum man das machen sollte? Hier das Beispiel einer Diskussion, die nach unserer Erfahrung wohl bei zahlreichen Social-Media-Agenturen regelmäßig mit den Kunden geführt wird:

Agentur: *Neben dem Aufbau der Facebook-Seite empfehlen wir Ihnen auch, einige Facebook-Funktionen auf ihrer Website einzubinden.*

Kunde: *Nein, das brauchen wir nicht. Wir möchten neue Zielgruppen auf Facebook ansprechen und diese dazu bewegen, unsere Website zu besuchen. Nutzer, die bereits auf unserer Website sind, brauchen wir ja nicht mehr gewinnen. Außerdem werden sie dadurch nur unnötig verwirrt und im schlimmsten Fall sogar dazu animiert unsere Website zu verlassen, indem sie auf einen Facebook-Button klicken.*

Agentur: *Einerseits ist das durchaus richtig. Andererseits verschenken Sie auf diese Weise ein unglaubliches Potenzial. Gleich und Gleich gesellt sich gern. Die Wahrscheinlichkeit, dass Nutzer, die sich bereits auf Ihrer Website befinden, Freunde haben, für die Ihr Angebot ebenfalls interessant sein könnte, ist relativ hoch. Wäre es nicht toll, wenn die Besucher Ihrer Website ihre Freunde aktiv auf das Angebot hinweisen? Sie haben außerdem einen Newsletter? Wäre es nicht ebenfalls wünschenswert, dass Nutzer diesen nicht mehr im stillen Kämmerlein abonnieren, sondern deren Freunde ebenfalls etwas davon mitbekommen? Sie haben einen Online-Shop? Würde es nicht Sinn machen, den Nutzern via Facebook zusätzliche Interaktionsmöglichkeiten zu bieten? Diese könnten sie sowohl im Presales-, Sales- und Aftersales-Prozess unterstützen, Kaufentscheidungen erleichtern und forcieren. Außerdem sorgen wir damit dafür, dass die Freunde der Kunden mitbekommen, dass sie etwas online eingekauft haben. Natürlich vorausgesetzt der Nutzer möchte diese Informationen mit seinen Freuden teilen.*

Kunde: *So haben wir das noch gar nicht gesehen. Das klingt natürlich interessant. Ist das denn alles möglich? Wenn ja, wie? Und vor allem, was kostet das?*

Agentur: *Bei Interesse können wir gerne ein entsprechendes Konzept erarbeiten, bei dem wir Ihre Website analysieren und potenzielle Interaktionsmöglichkeiten aufzeigen. Und keine Sorge. Das ist in der Regel mit weit weniger Aufwand verbunden, als es auf den ersten Blick klingt. Denn viele dieser Möglichkeiten müssen nicht gesondert programmiert werden. Es gibt entsprechende fertige Module, die wir lediglich an Ihre Anforderungen anpassen und in Ihren Internetauftritt integrieren.*

Facebook ist keine Einbahnstraße. Richtig attraktiv wird Facebook sogar erst, wenn man den eigenen Internetauftritt und die Maßnahmen auf Facebook aufeinander abstimmt und miteinander kombiniert. Außerdem bietet es sich an dieser Stelle an, einen Kommentar zu zitieren, den ein Kunde letztens geäußert hat, als wir uns über dessen Social-Media-Strategie unterhalten haben. Sinngemäß sagte er ungefähr Folgendes: »Mir ist es doch egal, ob die Nutzer auf unserer Unternehmenswebsite sind oder auf Facebook. Hauptsache sie beschäftigen sich mit unseren Marken und Inhalten. In welchem Umfeld sie das machen, ist für uns letztendlich unerheblich, solange wir die gewünschten Effekte erzielen.« Und genau das trifft den Nagel auf den Kopf!

12.1 Facebook Like Box – Einfach Flagge zeigen

Die Facebook Like Box bietet die Möglichkeit, die eigene Facebook-Seite in eine beliebige Website zu integrieren. Dieses Social Plug-in hat im Wesentlichen folgende Funktionen:

- Besucher einer Website sehen auf den ersten Blick, dass der Betreiber auch auf Facebook aktiv ist.
- Nutzer finden in diesem Widget einen Button namens »Gefällt mir«. Dieser ermöglicht mit einem einzigen Klick Fan der Facebook-Seite zu werden, ohne diese zu besuchen.
- Eine Übersicht der letzten Inhalte, die auf der Facebook-Seite veröffentlicht wurden.
- Das Widget zeigt, wie vielen Personen die Facebook-Seite bereits »gefällt«, und blendet eine Auswahl entsprechender Nutzer ein. Wenn bereits Freunde aus meinem persönlichen Netzwerk mit dieser Seite verbunden sind, werden diese bevorzugt angezeigt. So etwas kann sehr gut als vertrauensbildende Maßnahme genutzt werden. Denn auf einer eigentlich »fremden Website« wird man von anderen Facebook-Nutzern oder bestenfalls sogar direkt von den eigenen Freunden begrüßt.
- Die Übersicht der letzten Inhalte und Einblendung der Fans sind optionale Inhalte, die wahlweise ein- oder ausgeblendet werden können.

Die Einrichtung eines Facebook-Fan-Box-Widgets erfolgt mit wenigen Klicks. Unter folgender Adresse findet man eine Übersicht sämtlicher Social Plug-ins: *http://developers. facebook.com/docs/plugins/*

Dort wählt man dann einfach das Objekt der Begierde aus – in diesem Fall also die Like Box. Anschließend gelangt man auf eine Seite, auf der man ohne Programmierkenntnisse, ganz einfach die erforderlichen Einstellungen vornehmen und das Social Plug-in entsprechend der eigenen Vorstellungen anpassen kann.

Step 1: Welche Facebook-Seite soll beworben werden?

Step 2: Welches Format soll die Box haben (Breite/Höhe)?

Step 3: Welches Farbschema soll die Box haben (hell oder dunkel)?

Step 4: Sollen Gesichter der Fans eingeblendet werden?

Step 5: Sollen die Meldungen auf der Timeline in der Box angezeigt werden?

Step 6: Welche Farbe (Hexadezimal) soll der Rahmen des Widgets haben?

Step 7: Soll der Header »Finde uns auf Facebook« eingeblendet werden?

Step 8: Per Klick auf die Schaltfläche »Get Code« erhält man einen Code, den man anschließend nur noch per Copy-and-paste auf der eigenen Facebook-Seite einbauen muss.

Abbildung 34: Einrichtung des Facebook Like Box Widget.

Innerhalb des automatisch generierten Codes von Facebook können mithilfe diverser Attribute manuell die bereits eingerichteten Parameter angepasst, als auch verschiedene zusätzliche Formatierungen vorgenommen werden:

- data-href – Unter welcher URL befindet sich die Facebook-Seite
- data-width – Breite der Like Box
- data-height – Höhe der Like Box
- data-colorscheme – Farbschema der Like Box (»light« oder »dark«)
- data-show-faces – Sollen Gesichter der Fans eingeblendet werden (»true« oder »false«)
- data-stream – Sollen die Beiträge auf der Timeline angezeigt werden (»true« oder »false«)
- data-header – Soll der Header »Find us on Facebook« oberhalb der Box angezeigt werden (»true« oder »false«)
- data-border-color – Farbe des Rahmens der Like Box

Tipp

Trotz zahlreicher Optionen stößt die Anpassung der Facebook Like Box auf diese herkömmliche Weise doch schnell an ihre Grenzen. Sei es, dass das Facebook-Blau nicht zu dem Rest einer Website passt, ansonsten alle Inhalte mit abgerundeten Ecken dargestellt werden und nur das Facebook-Widget eckig ist oder dergleichen. Für diesen Fall ist es notwendig, sich eine eigene Like Box zu programmieren. Dafür sind jedoch erweiterte Kenntnisse notwendig.

12.2 »Gefällt mir« – Nur ein Klick entfernt

Innerhalb von Facebook zählt »Gefällt mir« zu den beliebtesten und meistgenutzten Funktionen. Diese Funktion kann per Social Plug-in in jede Webseite eingebaut und verwendet werden. Somit ist die »passive Viralität« stets nur noch einen Klick entfernt. Nutzer müssen keinen Kommentar mehr verfassen oder einen »Share«-Button betätigen. Dieser wurde im Zuge der Einführung der »Send«-Funktion abgelöst. In der Backend Einstellung des »Like«-Buttons gibt es die Option die »Send«-Funktion zu aktivieren. Ist diese ausgewählt, sieht der Nutzer zusätzlich einen Button zum Senden. Dieses Plug-in kann aber auch gesondert von dem »Like«-Button verwendet werden. Ein einziger Klick reicht aus, um Texte, Bilder, Videos oder andere Inhalte einer Website zu bewerten und im eigenen Netzwerk zu verbreiten. Zusätzlich kann die »Gefällt mir« Meldung auf dem persönlichen Profil mit einem kleinen Text angereichert werden.

Außerdem interessant: Man sieht nicht nur, wie viele andere Nutzer den gleichen Inhalt bereits positiv bewertet haben, sondern auch, ob und wenn ja, welche der eigenen Kontakte bereits den »Gefällt mir«-Button auf genau dieser Seite angeklickt haben.

Die Einrichtung des »Gefällt mir«-Buttons erfolgt über eine Online-Schnittstelle, welche folgende Parameter abfragt:

Step 1: Auf welcher URL soll der »Gefällt mir«-Button eingebunden werden?

Step 2: Soll der Senden-Button eingeblendet werden?

Step 3: Wie soll das Layout des Buttons sein (hier stehen drei verschiedene Varianten zur Auswahl). Sollen unterhalb des Buttons Gesichter von Freunden angezeigt werden, denen die Seite ebenfalls gefällt?

Step 4: Breite des »Like«-Buttons.

Step 5: Beschriftung des Buttons (»Gefällt mir« oder »Empfehlen«).

Step 6: Schriftart für den Text neben dem Button.

Step 7: Farbschema (hell oder dunkel).

Step 8: Per Klick auf die Schaltfläche »Get Code« erhält man einen Code, den man anschließend nur noch per Copy-and-paste innerhalb des Body-Tags auf der eigenen Website einbauen muss.

Abbildung 35:

Oberfläche zur Einrichtung des »Like«-Button, mit dem Nutzer mit einem simplen Klick Inhalte bewerten und mit ihrem Netzwerk auf Facebook teilen können.

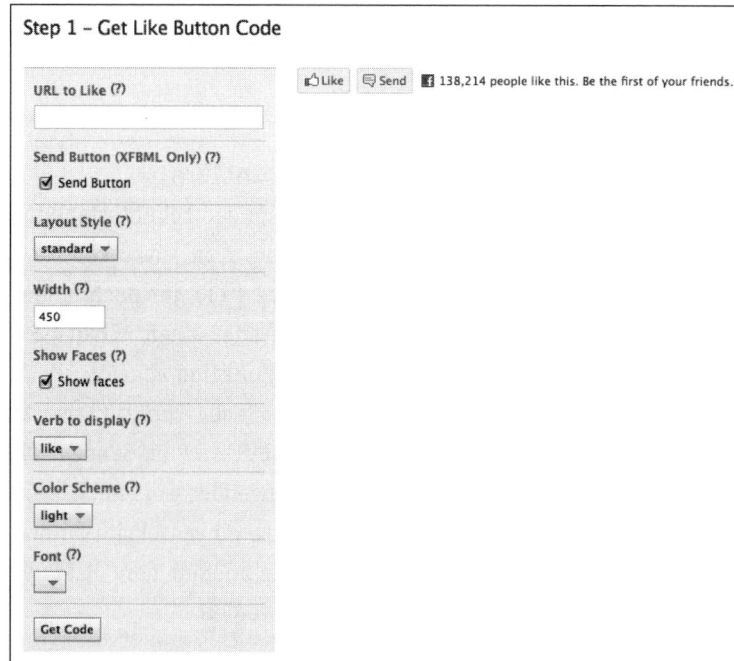

Neben diesen Basic Parametern steht ein zweiter kleiner Wizard zur Verfügung, welcher es ermöglicht, das Erscheinungsbild des Postings anzupassen beziehungsweise zu erweitern, welches der Nutzer auf seiner Timeline generiert. Hierbei stehen die folgenden Einstellungen zur Verfügung:

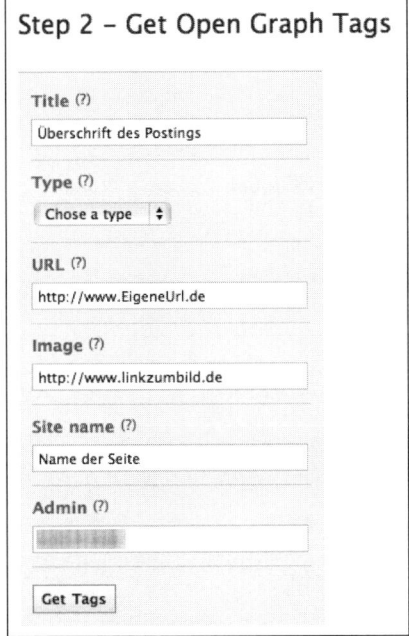

Abbildung 36: Oberfläche zur Erweiterung der Statusmeldung die durch Klick auf den »Like«-Button erzeugt wird.

Step 1: Welche Überschrift soll das Posting haben?

Step 2: Was für eine Kategorie hat die Seite (dies ist wichtig, damit die Seite an der richtigen Stelle im Bereich »Interessen« auf der Seite des Nutzers eingefügt wird)?

Step 3: Welche URL soll »geliked« werden?

Step 4: Welches Bild soll neben dem Posting erscheinen? Hier sollte man unbedingt ein Bild verlinken, da dies direkt zu einer wesentlichen attraktiveren Ansicht der Statusmeldung führt.

Step 5: Wie heißt der Seitenname?

Step 6: Wer ist Admin der Seite (hier sollten die Facebook-User-IDs jener Nutzer hinterlegt werden, welche die Facebook-Seite betreuen)?

Step 7: Per Klick auf die Schaltfläche »Get Tags« erhält man einen Code, den man anschließend nur noch per Copy-and-paste in die Meta-Tags der eigenen Website einbauen muss.

Neben diesen Standard-Parametern gibt es auch hier noch weitere Möglichkeiten, das Posting anzupassen. Ein besonders wichtiges Tag ist hier das folgende, mit welchem man noch eine Beschreibung zu der Statusmeldung hinzufügen kann:

```
<meta property="og:description" content="Hier einfach den Text einfügen,
der neben dem Bild in der Statusmeldung erscheinen soll"/
```

Abbildung 37: Meldung auf dem persönlichen Profil und dem Newsfeed der Freunde nach dem Klick auf den »Gefällt mir«-Button, der auf einer externen Website eingebunden wurde. Dank spezieller Tags im Quelltext der Seite kann das Posting um einen Titel, eine Beschreibung und ein Bild angereichert werden.

12.3 Facebook Comment – Mitreden leicht gemacht

Auf einer Website soll eine Kommentarfunktion eingebettet werden, sodass Besucher die Inhalte kommentieren können? Egal, ob es dabei um einen Text, Fotos oder Videos geht? Und das am besten ohne großen Programmieraufwand?

Genau dafür gibt es Facebook Comment. Dieses Tool lässt sich einfach in ein paar Klicks einrichten. Auch hier wird eine Code-Zeile produziert, die man einfach per Copy-and-paste in die eigene Website einfügen kann. Daraufhin erscheint auf der Website unterhalb der zu kommentierenden Inhalte folgende Box. Auch hier können die einzelnen Kommentare kommentiert oder via Klick auf den »Gefällt mir«-Button bewertet werden:

Abbildung 38: Screenshot Kommentarbox auf einer Website.

Neben den Basisfunktionen der Kommentar-Box gibt es auch hier wieder verschiedene Parameter und Tricks, welche die Funktion des Social Plug-ins optimieren. Die Daten müssen wieder einfach in die Meta-Tags der Website eingebunden werden, auf der die Kommentarfunktion eingebettet wird.

Hier eine kleine Übersicht:
- <meta property="fb:admins" content="{YOUR_FACEBOOK_USER_ID}"/>
- Die Facebook-User-IDs der Admins hinterlegen, damit diese die Kommentare moderieren können.
- <meta property="fb:app_id" content="{YOUR_APPLICATION_ID}">
- Es empfiehlt sich, eine extra Applikation anzulegen. Diese kann mit dem Kommentarfeld verknüpft werden. Dies vereinfacht noch einmal die Moderation der Kommentare. Insbesondere wenn man das Kommentarfeld auf verschiedenen Unterseiten eingebunden hat. Denn unter folgender Adresse laufen dann sämtliche Kommentare an einem zentralen Punkt auf: *http://developers.facebook.com/tools/comments*
- Außerdem hat man über die Applikation weitere Einstellungsmöglichkeiten. So kann man mehrere Moderatoren definieren und festlegen, dass sämtliche Kommentare erst einmal von einem der Moderatoren freigegeben werden müssen. Man kann eine Blacklist von Begriffen erstellen, welche nicht in den Kommentaren verwendet werden dürfen beziehungsweise auf eine bereits fertige Liste von Facebook zurückgreifen und eine automatische Rechtschreibprüfung aktivieren.

- Ein weiterer sehr zentraler Punkt bei der Einrichtung der Kommentarfunktion via Applikation: Man kann festlegen, dass sich Nutzer nicht nur über Facebook, sondern auch über andere Log-in-Dienste authentifizieren und somit die Kommentarfunktion nutzen können, zum Beispiel über Google.

Fazit

Durch die relativ simple Facebook-Kommentar-Funktion erhält eine Website innerhalb weniger Klicks eine interaktive Komponente. Nutzer können ihre Meinung mitteilen, Inhalte bewerten, Fragen beantworten, sich in ein Gästebuch eintragen oder Ähnliches. Dank der Facebook-Schnittstelle bleibt diese Handlung jedoch nicht auf die Website beschränkt, auf der sie vorgenommen wird. Wahlweise kann die Aktion mit dem gesamten Freundeskreis auf Facebook geteilt werden. Hier also unser Tipp: Nicht lange überlegen, sondern die eigene Website analysieren und überlegen, wo man diese Funktion einbinden kann, um Interaktionen seitens der Besucher anzuregen.

12.4 Activity Feed – Übersicht der Interaktionen

Die Funktion »Activity Feed« bietet eine Übersicht der letzten Aktionen, die Nutzer auf einer Website getätigt haben, die das Plug-in nutzt. Sei es, dass sie einen Kommentar abgegeben, Inhalte bewertet oder mit anderen Nutzern geteilt haben.

Wenn ein Nutzer nicht bei Facebook eingeloggt ist, sieht er die Aktivitäten sämtlicher Facebook-Nutzer auf dieser Website. Ist er hingegen bei Facebook angemeldet, sieht er, ob und wenn ja, welche seiner Freunde welche Aktionen vorgenommen haben. Und das ohne, dass er einen Facebook-Log-in-Button oder Ähnliches auf der Website anklicken muss.

Die Einrichtung des Plug-ins erfolgt wiederum in wenigen einfachen Schritten. Dabei legt man fest, in welche Domain oder Applikation das Plug-in eingebaut werden und welches Format es haben soll. Zusätzlich besteht die Möglichkeit, Farben und Schriften anzupassen.

Mit der Einführung des Open Graph Protokolls ist es möglich neue Actions anzugeben, wie zum Beispiel read, play oder watch. Diese Actions können die Darstellung für Interaktion auf der Seite verbessern. Die Open Graph Actions können per Anwendung registriert werden, nutzt man diese Anwendung für das Plug-in werden die Actions übernommen. Es können mehrere Actions für eine Anwendung und Seite registriert werden.

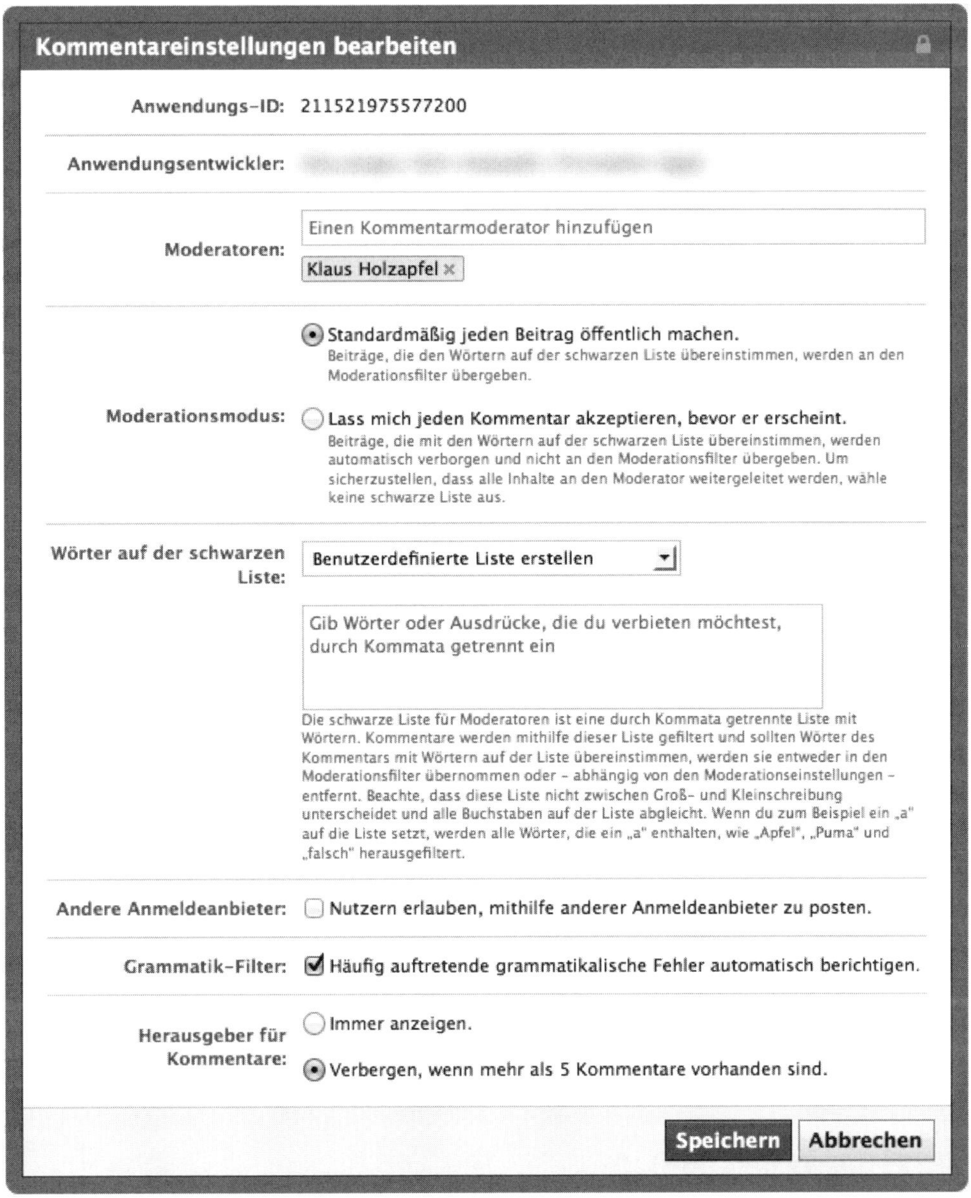

Kommentareinstellungen bearbeiten

Anwendungs-ID: 211521975577200

Anwendungsentwickler:

Moderatoren:
Einen Kommentarmoderator hinzufügen

Klaus Holzapfel ×

Moderationsmodus:

◉ Standardmäßig jeden Beitrag öffentlich machen.
Beiträge, die den Wörtern auf der schwarzen Liste übereinstimmen, werden an den Moderationsfilter übergeben.

○ Lass mich jeden Kommentar akzeptieren, bevor er erscheint.
Beiträge, die mit den Wörtern auf der schwarzen Liste übereinstimmen, werden automatisch verborgen und nicht an den Moderationsfilter übergeben. Um sicherzustellen, dass alle Inhalte an den Moderator weitergeleitet werden, wähle keine schwarze Liste aus.

Wörter auf der schwarzen Liste:

Benutzerdefinierte Liste erstellen ▾

Gib Wörter oder Ausdrücke, die du verbieten möchtest, durch Kommata getrennt ein

Die schwarze Liste für Moderatoren ist eine durch Kommata getrennte Liste mit Wörtern. Kommentare werden mithilfe dieser Liste gefiltert und sollten Wörter des Kommentars mit Wörtern auf der Liste übereinstimmen, werden sie entweder in den Moderationsfilter übernommen oder – abhängig von den Moderationseinstellungen – entfernt. Beachte, dass diese Liste nicht zwischen Groß- und Kleinschreibung unterscheidet und alle Buchstaben auf der Liste abgleicht. Wenn du zum Beispiel ein „a" auf die Liste setzt, werden alle Wörter, die ein „a" enthalten, wie „Apfel", „Puma" und „falsch" herausgefiltert.

Andere Anmeldeanbieter: ☐ Nutzern erlauben, mithilfe anderer Anmeldeanbieter zu posten.

Grammatik-Filter: ☑ Häufig auftretende grammatikalische Fehler automatisch berichtigen.

Herausgeber für Kommentare:
○ Immer anzeigen.
◉ Verbergen, wenn mehr als 5 Kommentare vorhanden sind.

Speichern | Abbrechen

Abbildung 39: Weitere Einstellungsmöglichkeiten dank der Einrichtung der Kommentarfunktion via Applikation.

Das »Activity Feed«-Plug-in macht natürlich erst Sinn, wenn ausreichend Interaktionen auf einer Website stattfinden. Sobald dies der Fall ist, stellt das Plug-in eine hervorragende Möglichkeit dar, um sämtlichen Besuchern direkt zu zeigen, dass auf dieser Website »was geht« und die Nutzer die Inhalte der Seite schätzen. Das hilft, die Attraktivität eines Internetauftritts ohne großen Aufwand weiter zu steigern.

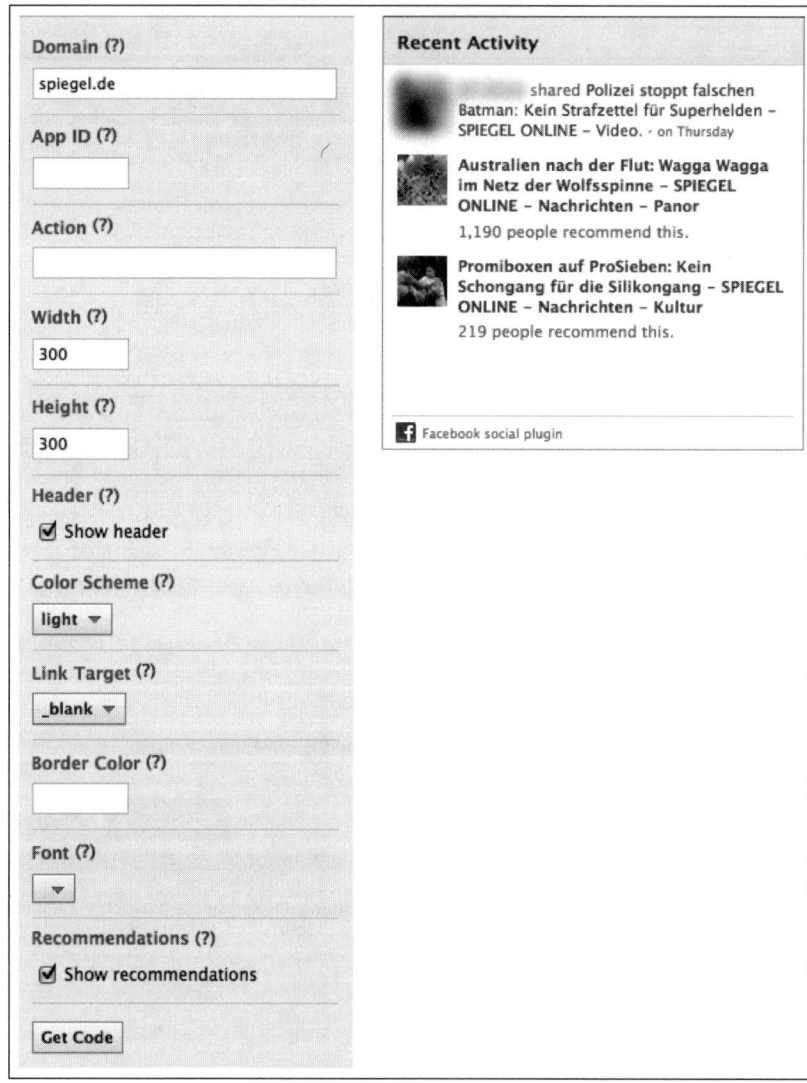

Abbildung 40: Oberfläche zur Einrichtung des »Activity Feed«, der die Aktivitäten sämtlicher Facebook-Nutzer auf einer Website anzeigt.

12.5 Facebook Recommendations – Persönliche Empfehlungen

Sagen wir einmal, du landest auf einer für dich vollkommen neuen Seite, die zum Beispiel Musik-Live-Streams anbietet. Du bist erst einmal vollkommen überwältigt, wie viele Inhalte die Seite bietet, und weißt im ersten Moment gar nicht, wo du genau anfangen sollst. Wäre es nicht toll, wenn du direkt sehen könntest, was andere Nutzer, oder noch besser deine eigenen Freunde, zuletzt gehört haben, als sie auf der Website waren?

Genau diese Funktion lässt sich nun durch das Einfügen eines simplen Zeilen-Codes auf jeder beliebigen Website einbinden. Allerdings beschränkt sich diese nicht nur auf Musik oder Videos, sondern umfasst sämtliche Inhalte einer Website.

Besucher, die nicht bei Facebook eingeloggt sind, sehen auch hier die Aktivitäten sämtlicher Facebook-Nutzer beziehungsweise die darauf basierenden Empfehlungen. Sobald der Nutzer bei Facebook angemeldet ist, erhält man hingegen Empfehlungen für interessante Inhalte auf der Seite, die auf dem Verhalten der eigenen Freunde basieren. Wie haben diese entsprechende Inhalte bewertet? Welche Seiten wurden kommentiert? Und so weiter.

Auch bei den Recommendations ist es möglich, benutzerdefinierte Open Graph Actions hinzuzufügen. Dies kann auch zu einem besseren Informationsfluss führen, der Nutzer erkennt sofort, um was es sich bei dem ihm empfohlenen Objekt handelt.

Tipp

Empfehlungen andere Nutzer bietet den Besuchern einer Website eine wertvolle Orientierung. Voraussetzung: Man verfügt über eine Website, die ausreichend Interaktionen seitens der Facebook-Nutzer generiert. Diese Hürde ist jedoch weit niedriger, als man auf den ersten Blick denken mag. Sobald dies der Fall ist, kann dieses Plug-in sehr hilfreich sein, um Nutzer an eine Seite zu binden und aktuellen Top-Content noch besser zu highlighten.

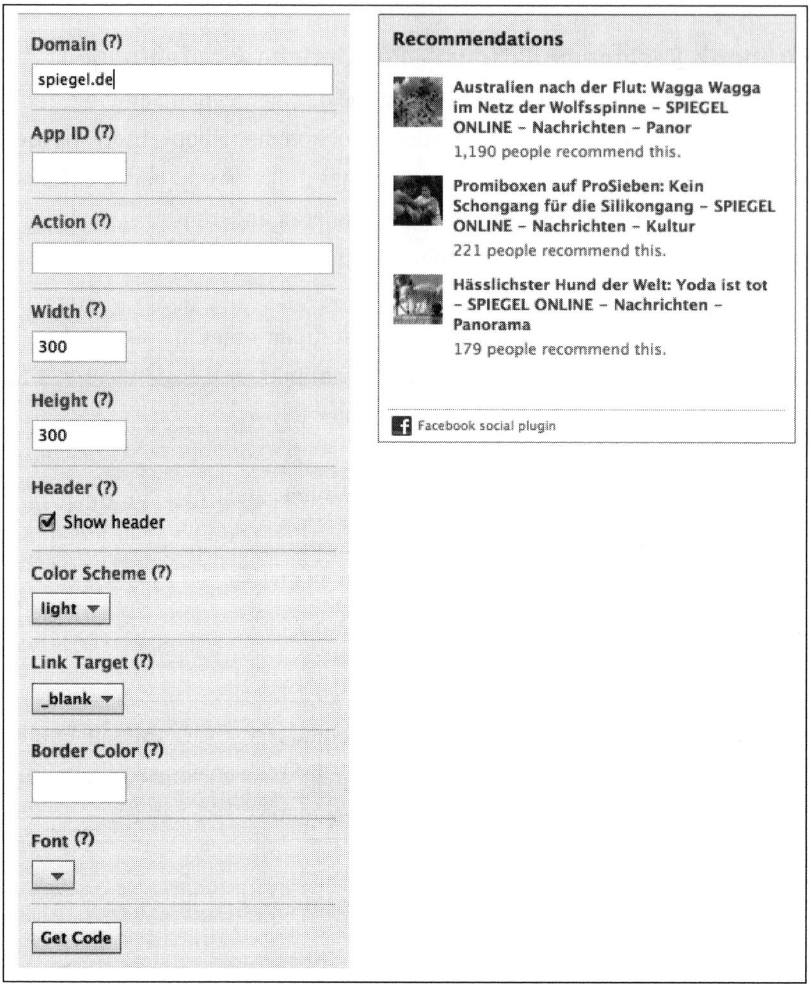

Domain (?)

`spiegel.de|`

App ID (?)

Action (?)

Width (?)

`300`

Height (?)

`300`

Header (?)

☑ Show header

Color Scheme (?)

`light ▾`

Link Target (?)

`_blank ▾`

Border Color (?)

Font (?)

`▾`

Get Code

Recommendations

Australien nach der Flut: Wagga Wagga im Netz der Wolfsspinne – SPIEGEL ONLINE – Nachrichten – Panor
1,190 people recommend this.

Promiboxen auf ProSieben: Kein Schongang für die Silikongang – SPIEGEL ONLINE – Nachrichten – Kultur
221 people recommend this.

Hässlichster Hund der Welt: Yoda ist tot – SPIEGEL ONLINE – Nachrichten – Panorama
179 people recommend this.

Facebook social plugin

Abbildung 41: Oberfläche zur Einrichtung des »Recommendations« Plug-ins, mit dessen Hilfe Nutzer Empfehlungen für besonders interessante Inhalte einer Website erhalten – entweder auf Basis aller Facebook-Nutzer oder auf Grundlage des Verhaltens der eigenen »Freunde«.

12.6 Facebook Live Stream – Realtime-Interaktion mit anderen Nutzern

Mithilfe des »Live Stream«-Plug-ins können Nutzer via Live-Chat diskutieren. Dabei können sie festlegen, ob sie sich mit sämtlichen Facebook-Nutzern oder nur mit ihren eigenen Freunden auf Facebook austauschen möchten.

Diese Technik wurde beispielsweise von *CNN.com* schon bei der Ernennung von Barack Obama zum Präsidenten der Vereinigten Staaten genutzt. *Spiegel.de* hat den Live-Chat unter anderem bereits im Rahmen der Berichterstattung zu den Oscars 2010 verwendet. Somit konnten die User nicht nur den Berichten im Live-Ticker folgen, sondern selber ihre Meinung dazu abgeben und mit anderen Nutzern teilen beziehungsweise diskutieren.

Die gleiche Technik wurde auch schon bei Konzerten oder Live-Sendungen im TV eingesetzt. Dabei wurde das Konzert via Streaming ins Internet übertragen. Nutzer, die physisch nicht auf dem Konzert, sondern hinter ihrem Monitor saßen, konnten das Geschehen live verfolgen. Die Krönung dieses Prozesses konnte man beispielsweise bei einem Foofighters-Konzert erleben, als die Band während des Konzerts auf die Kommentare der Fans eingegangen ist. Auf diese Weise bestimmten die Fans vor den Bildschirmen, welches Lied als Nächstes gespielt wird. Ähnlich funktioniert oftmals auch die Einbindung in eine Live-Sendung im TV. Dabei können Nutzer beispielsweise Fragen an den Moderator schicken oder auf andere Weise direkten Einfluss auf die Sendung ausüben.

Tipp

Bei einem interessanten Event bietet das Live Stream Plug-in spannende Möglichkeiten, um zusätzliche Interaktionen anzustoßen. Durch diesen Mehrwert findet eine Aufwertung des Contents für die Nutzer statt. Gleichzeitig sorgt die Funktion für »passive Viralität«. Denn sämtliche Nachrichten werden wiederum im Newsfeed der Nutzer angezeigt. Außerdem bietet der Live Stream eine einfache Möglichkeit, Nutzer, die bei einem Event nicht selber vor Ort sein können, aktiv in eine Veranstaltung einzubinden.

Abbildung 42: Oberfläche zur Einrichtung des »Live Stream«, der einen Realtime Chat-Client mit Anbindung an Facebook bietet.

12.7 Facebook Log-in und Registration – Der Generalschlüssel im Social Web

Diese Funktionen ermöglichen Nutzern, ihre Anmeldedaten von Facebook auf anderen Websites zu verwenden. Außerdem ist es möglich, Inhalte aus dem Profil wie Profilbild, Fotos oder Kontaktlisten zu übernehmen.

Nutzer müssen sich also nicht auf jeder Seite neu registrieren oder anmelden, Formulare ausfüllen und persönliche Daten hinterlassen. Zusätzlich kann der Nutzer sehen, ob und wenn ja, welche seiner Kontakte auf Facebook bereits auf der Seite eingeloggt und somit aktiv waren. Dieser Mechanismus verbessert also nicht nur die Usability, sondern hilft auch dabei, die Hemmschwelle erheblich zu reduzieren, sich bei einem neuen Service anzumelden.

Weitere Informationen zum Facebook Log-in inklusive einiger Screenshots, die den genauen Prozess veranschaulichen, erhältst du auch in dem Kapitel 4 *Passive Viralität – (R)Evolution des Informationsflusses.*

So viel zur Theorie. Hier einige Einsatzbeispiele aus der Praxis:

Blog: Zahlreiche Blogs nutzen Facebook Log-in in Kombination mit ihrer Kommentarfunktion. Die Eingabe persönlicher Daten entfällt durch das simple Anklicken des Facebook-Log-in-Buttons. Dieser erkennt den Benutzer und meldet ihn automatisch mit seinen Facebook-Daten bei dem Blog an (in der Regel mit Name und Profilbild). Der Nutzer verfasst wie gewohnt seinen Kommentar. Sobald er den »Veröffentlichen«-Button klickt, erscheint automatisch ein Fenster, das den Nutzer fragt, ob er diesen Inhalt beziehungsweise Kommentar auch mit seinem Netzwerk auf Facebook teilen mag. Beispiel: *www.conceptbakery.com/cb-blog-de/*

Videoportal oder Community: Ein Nutzer registriert sich auf einem Videoportal. Sobald er E-Mail-Adresse und Passwort hinterlegt hat, müsste er normalerweise weitere persönliche Daten eingeben. Durch den Klick auf den Facebook-Log-in-Button entfällt dieser Arbeitsschritt. Profilbild, Name und so weiter werden automatisch von Facebook übertragen. Sobald der Nutzer nun eine Bewertung oder einen Kommentar abgibt, erscheint dieser auch auf seinem Facebook-Profil und damit auch im Newsfeed sämtlicher seiner Freunde. Natürlich gibt es eine entsprechende Einstellung, mit welcher der Nutzer genau festlegen kann, ob und wenn ja, welche dieser Inhalte mit seinen Freunden auf Facebook geteilt werden sollen. Beispiel: *www.vimeo.com*

Tageszeitung: Tageszeitungen verfügen heute zum Großteil auch über eine Online-Version. Oftmals bietet diese auch eine Kommentarfunktion. Auch diese kann mit Facebook Log-in ausgestattet werden, sodass Nutzer ihre Kommentare nicht nur unterhalb des eigentlichen Artikels, sondern gleichzeitig auch noch auf ihrem Facebook-Profil veröffentlichen und mit ihren Freunden teilen. Beispiel: *www.bild.de*

E-Card-Versand: Lieber manuell E-Mail-Adresse und Passwort eingeben oder einfach mit einem Klick auf den Facebook-Log-in-Button anmelden? Beispiel: www.jibjab.com

Kampagnen-Microsite: Für eine Viral-Kampagne sollen ungewöhnliche Inhalte erstellt werden, die ein Nutzer an seine Freunde versenden kann. Die dafür erforderlichen Inhalte muss der Nutzer nicht mehr manuell eingeben. Über Facebook Connect zieht die Seite

Daten wie Profilbild, Name, Alter, Geburtsdatum, Arbeit, Fotos mit Freunden und vieles mehr. All diese Daten werden automatisiert an verschiedenen Platzhaltern in einem kurzen Video eingebunden. Beispiel: *http://dsc.discovery.com/sharks/frenzied-waters/*

Fazit

Warum sind die Social Plug-ins von Facebook so unglaublich sexy? Ganz einfach! Interaktionen auf einer beliebigen Website bleiben nicht länger auf den Betreiber und den Besucher beschränkt. Durch die Verwendung der Facebook-Plug-ins wird die bisher übliche One-to-One-Kommunikation zwischen dem Betreiber und dem Besucher in eine One-to-One-to-Many-Kommunikation zwischen dem Betreiber, dem Besucher und dessen gesamten Freundeskreis auf Facebook verwandelt.

12.8 Facebook-Registration – Registrieren leicht gemacht

Mit dem Social Plug-in Registration bietet Facebook eine Erweiterung für die eigene Webseite an, um den Nutzern die Registrierung leichter zu machen. Per iFrame wird ein fertiges Formular in die Seite eingebunden. Ist man bei Facebook eingeloggt, werden die vorgegebenen Felder mithilfe des Facebook-Profils ausgefüllt. Ansonsten wird ein leeres Formular abgebildet. Es können Felder wie Vor-, Nachname, Geschlecht, E-Mail, Geburtstag und noch weitere befüllt werden. Das Plug-in bietet auch eine automatische Captcha-Abfrage an, sofern diese Option aktiviert wird.

Das Formular ist nicht nur auf die vorgegebenen Facebook-Felder beschränkt. Es können weitere Information abgefragt werden, die für die Registrierung interessant sind.

Dieses Plug-in ermöglicht Nutzern, sich auf zwei Weisen zu registrieren: Entweder per Facebook oder wie gewohnt per manueller Eingabe der Daten. Wobei beide Möglichkeiten in einem einzigen Formular gebündelt werden. Durch die Flexibilität des Plug-ins kann man beispielsweise schnell und einfach ein maßgeschneidertes Registrierungsformular erzeugen.

Abbildung 43: Vorgefertigtes Formular, welches mit Facebook-Profil-Daten ausgefüllt ist.

12.9 Facepile – Profilbilder aktiver Freunde

Dieses Plug-in zeigt Bilder von Freunden, welche bereits mit einer Website interagiert haben (in diesem Fall via Klick auf den »Gefällt mir«-Button oder Nutzung des Log-in-Plug-ins). Somit wird der Nutzer auch hier selbst auf einer unbekannten Seite von den Fotos einiger Freunde empfangen. Natürlich vorausgesetzt, dass diese bereits mit der Seite interagiert haben. Ansonsten wird dem Nutzer einfach die Anzahl sämtlicher Nutzer angezeigt, welche bereits auf der Seite aktiv waren – jedoch ohne Einbindung irgendwelcher Profilbilder.

Abbildung 44: Das Plug-in-Facepile zeigt sämtliche Gesichter von Freunden, die bereits mit einer Seite interagiert haben.

12.10 »Subscribe«-Button – Statusmeldungen von Nutzern abonnieren

Seit September 2011 ist es möglich, Nachrichten von Nutzern zu abonnieren, sofern diese das via Einstellung erlauben. Ähnlich wie bei Twitter können alle Nachrichten dieses Nutzers gelesen werden.

Die Funktion ermöglicht, dass keine Freundschaft zu einer Person bestehen muss, um dessen Statusmeldungen lesen zu können. Dies ist besonders bei bekannten Personen von Vorteil. Sie können ihre Statusmeldungen öffentlich machen und Abonnenten diese lesen.

Auch hierzu gibt es ein Social Plug-in, was mit ein paar wenigen Mausklicks konfiguriert und einfach in die eigene Webseite einzubinden ist. In der Facebook-Oberfläche gibt man die URL zu dem Facebook-Profil an, welches abonniert werden kann. Danach können noch Layout, Farbschema, Schrift und Breite geändert werden. Wie beim »Like«-Button können Profilbilder von Nutzern ein, und ausgeblendet werden.

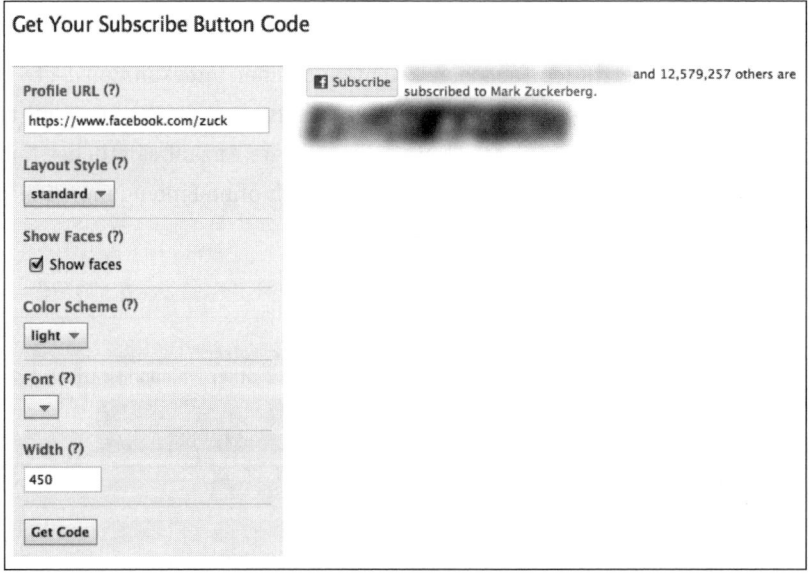

Abbildung 45: Einrichtung des »Subscirbe«-Buttons.

12.11 Facebook Meta-Tags – Unsichtbare Helfer

In dem Kapitel haben wir bereits diverse Meta-Tags vorgestellt, die zur Formatierung und Erweiterung von Social Plug-ins dienen. Hier noch mal eine kurze Übersicht dieser und weiterer Meta Tags, die für den Besucher unsichtbar in den Quellcode einer Website eingebunden werden:

Properties (title, type, url, image, site_name, fb:admins, description): Diese Eigenschaften beschreiben den Inhalt. Sie sind beispielsweise hilfreich, wenn man einen »Gefällt mir«-Button auf einer Website integriert. Dabei dienen sie zur Formatierung des Postings (Titel, Beschreibung und Bild), das der Nutzer auf seiner Timeline mit dem persönlichen Netzwerk teilt. Außerdem können Inhalte mit bestimmten Themen verknüpft werden. Dies führt beispielsweise dazu, dass Interaktionen der Nutzer auf externen Websites zu einem Update der Daten ihres persönlichen Profils führen. Beispiel: Man klickt den »Gefällt mir«-Button, auf einer Website, welche über einen bestimmten Musiker berichtet. Vorausgesetzt dieser Inhalt ist mit den entsprechenden Properties-Meta-Tags von Facebook versehen, führt dies dazu, dass im Info-Reiter des Nutzers auf seinem Facebook-Profil der Bereich »Lieblingsmusik« automatisch aktualisiert wird. Somit bleiben die eigenen Profildaten ständig up to date. Natürlich auch hier wieder nur, soweit der Nutzer das wünscht beziehungsweise in den Einstellungen zu seiner Privatsphäre festlegt. Gleichzeitig erhält der Betreiber der Website die Erlaubnis, Updates zu dem Musiker direkt im Newsfeed des Nutzers zu veröffentlichen. Damit sollen »ganz normale Websites« teilweise ähnliche Möglichkeiten erhalten wie Facebook-Seiten.

Unter folgendem Link kann man hilfreiches Feedback zur Einbindung dieser Meta-Tags auf der eigenen Website erhalten: *http://developers.facebook.com/tools/lint*

Tipp

Einige Daten im Bereich Properties lassen sich nachträglich nicht mehr verändern. Beispielsweise kann der Titel einer Seite nach fünfzig Likes nicht mehr angepasst werden. Gleiches gilt für die Kategorie des Inhalts (type) nach 10.000 Likes.

Location (latitude, longitude, street-address, locality, region, postal-code, country-name): Mithilfe diverser Daten kann man den Standort des Unternehmens in den Meta-Tags hinterlegen. Speziell für Unternehmen mit einer lokalen Präsenz kann dies äußerst attraktiv sein. Das Stichwort lautet hier: Location-Based-Services. Denn der Standort des Unternehmens kann so einfach mit dem Standort des Nutzers auf Facebook verknüpft werden.

Wenn dieser ein bestimmtes Angebot sucht, können Inhalte aus seiner näheren Umgebung bevorzugt behandelt werden.

Audio und Video Data: Mit verschiedenen Tags kann man auch Audio und Video-Content in die Postings integrieren, welche Nutzer durch eine Interaktion mit der Website auf ihrem Profil veröffentlichen. Beispielsweise YouTube verwendet eine solche Funktion, damit Nutzer die Videos direkt in ihrem Newsfeed abspielen können – ohne dafür die YouTube Website zu besuchen. Wenn man diese Tags nutzen möchte, muss man allerdings vorher eine entsprechende Genehmigung bei Facebook einholen.

Tipp

Unter folgender Adresse findest du eine ausführliche Übersicht sämtlicher verfügbarer Meta-Tags und deren Funktionsweise: *http://developers.facebook.com/docs/opengraph/*

12.12 Social Plug-ins – Und das Thema Datenschutz

Facebook hat seinen Sitz in den USA: Dort spielt das Thema Datenschutz oftmals eine eher untergeordnete Rolle. Beispielsweise in Deutschland ist dies jedoch anders. Warum das bei der Verwendung von Social Plug-ins wichtig ist?

Ganz einfach. Viele Facebook-Nutzer sind durchgehend auf der Plattform angemeldet. Wenn sie anschließend eine beliebige Website besuchen, sendet das Social Plug-in automatisch Daten an Facebook. Ohne, dass der Nutzer etwas macht. Und oftmals ohne, dass der Nutzer dies überhaupt weiß, da er die technische Funktionsweise der Social Plug-ins nicht kennt. Sprich: Facebook sammelt auf diese Weise weitreichende Daten mit der sich das Nutzerverhalten äußerst genau nachvollziehen lässt. Welche Seiten besucht ein Benutzer? Welche Inhalte betrachtet er? Und so weiter.

Klingt beängstigend? Ist es in gewisser Art und Weise auch. Wobei dieses Vorgehen nicht nur auf Facebook beschränkt ist. Auch Google sammelt unzählige Daten. Außerdem ist dir vielleicht schon mal aufgefallen, dass du zum Beispiel nach dem Besuch eines Online-Shops für Schuhe, auf einmal auf ganz vielen anderen Websites Werbung genau dieses Online-Shops zu genau den Produkten erhältst, die du dort betrachtet hast.

Das aber nur mal so am Rande erwähnt. Im Hinblick auf die Verwendung von Social Plug-ins gibt es in Deutschland noch keine verbindliche Rechtsprechung. Wobei man sich dadurch nun auch nicht zu sehr verunsichern lassen sollte. Juristen empfehlen in der Regel einfach den »Datenschutz-Hinweis« einer Website um einen entsprechenden Passus zu erweitern, dass Social Plug-ins verwendet werden, diese automatisch Daten über das Nutzerverhalten an Facebook senden und wie man dies vermeiden kann (einfach bei Facebook ausloggen).

Tipp

Unter folgender Adresse findest du einen Beitrag von Dr. Thomas Helbing, einem Rechtsanwalt, der zum Thema Telekommunikationsrecht promoviert hat. Dieser beinhaltet auch ein Beispiel für einen entsprechenden Textbaustein für die Datenschutzerklärung: *www.drweb.de/magazin/face-book-social-plugins-einbinden-vorsicht-datenschutz/*

13. Word-Of-Mouth-Specials – Virale Highlights

Einer der zentralen Schlüssel zum Marketingerfolg in Sozialen Netzwerken wie Facebook besteht in der Schaffung von Gesprächsstoff. Die Nutzer wünschen sich Spaß, Unterhaltung, Dinge und Geschichten, die sie mit ihren Freunden teilen können und dergleichen mehr. Nur eines wünschen sie sich in diesem Umfeld für gewöhnlich eben nicht: plumpe Werbung. Wenn überhaupt darüber gesprochen wird, dann in der Regel nicht in der Form, wie es sich Unternehmen wünschen.

Die Kunst besteht also darin, Maßnahmen zu schaffen, die eine Brücke zwischen den Wünschen und Verhaltensmustern der Nutzer auf Facebook und den Inhalten schlägt, die ein Unternehmen transportieren will. Klingt kompliziert? Das ist es offen gesagt auch.

Hierbei ist eine Kombination aus »Storytelling«, um die Ecke denken sowie frechen, lustigen, ungewöhnlichen und eben alles andere als zu simpel gestrickten und langweiligen Inhalten gefragt.

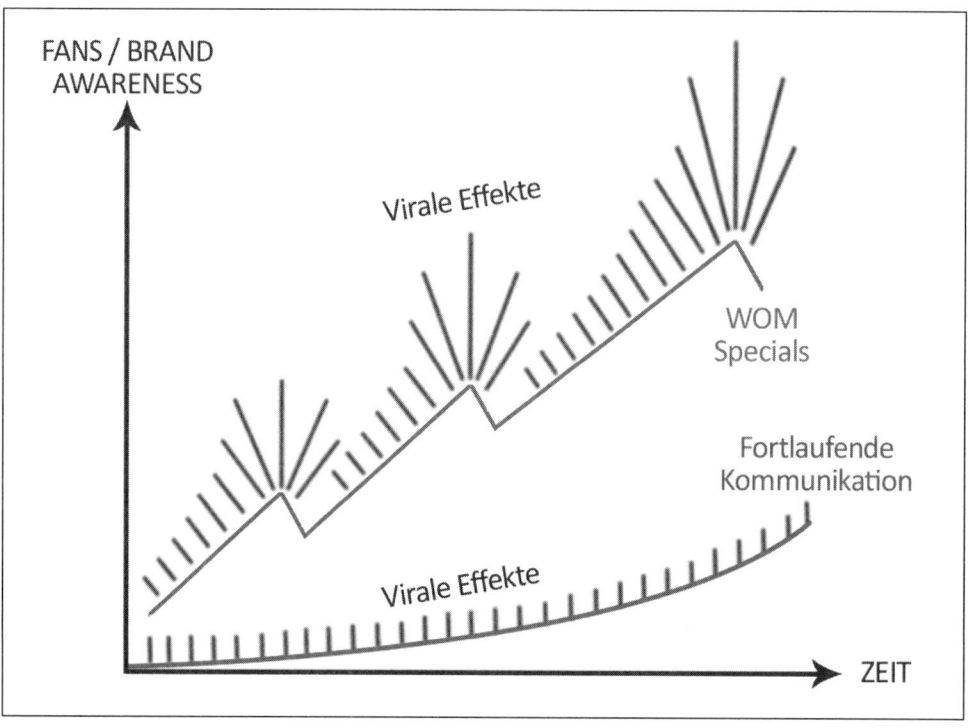

Abbildung 46: Schaubild Vergleich »Fortlaufende Kommunikation« und »WOM-Sepcials« in puncto »Fans/Brand Awareness« und »Virale Effekte«.

Wir sprechen hierbei von Word-Of-Mouth-Specials. Das sind spezielle Aktionen, welche zum Mitmachen anregen und für Gesprächsstoff sorgen. Dabei kann es sich um ein Spiel, eine Applikation, ein unkonventionelles Voting, eine Microsite, virale Videos und vergleichbare Inhalte handeln. Diese Aktionen haben also eine breite Spanne. Sowohl thematisch, inhaltlich als auch von den erforderlichen Ressourcen her. Sie dienen als Ergänzung zur fortlaufenden Kommunikation via Postings auf der Timeline einer Seite und helfen die Viralität entscheidend zu verbessern.

13.1 Achtung – Ideen-Weichspüler aufgepasst

Zu Beginn steht auch bei dem Thema Word-Of-Mouth-Special erst einmal die Idee. Leider gibt es hier keine einfache Anleitung, wie zum Beispiel zum Aufbau einer Facebook-Seite oder Integration von Facebook-Funktionen in eine Website. Denn die besten Ideen entstehen oft an Plätzen und zu Zeitpunkten, wo man es am wenigsten erwartet. Aus unserer Erfahrung können wir nur sagen, dass es hilfreich ist, erst einmal ein positives Klima zu schaffen. Dabei sollten sämtliche Ideen zugelassen (gelegentlich entstehen aus den auf den ersten Blick unmöglichsten Ansätzen richtig gute Aktionen) und wirklich vollkommen losgelöst vom Tagesgeschäft und allen Kampagnen gedacht werden, die man bisher selber durchgeführt hat.

Manchmal ist es hilfreich, sich Kampagnen aus anderen Branchen anzusehen, die einem gefallen haben. Auch im Web 2.0 sind Copycats nicht gerne gesehen, die einfach die Kampagne eines anderen Unternehmens kopieren. Aber beobachten und lernen heißt ja nicht gleich nachmachen. Und das Rad immer wieder neu zu erfinden, ist nun einmal leider unmöglich und oft auch schlichtweg nicht erforderlich. Denn durch die Denkanstöße verschiedener Kampagnen, die einem gefallen haben, entstehen in Kombination mit den eigenen Ideen oftmals vollkommen neue Ansätze.

Woran erkennt man aber nun eine gute Idee? Richtig gute Word-Of-Mouth-Specials haben oft eines gemeinsam: Am Anfang gibt es viele Stimmen, die sagen: »Das können wir nicht machen.« Durch solch ein Feedback solltest du dich also nicht abschrecken, sondern eher ermutigen lassen. Prinzipiell ist es wichtig, dass man die Ideen nicht zu sehr »weichspült«, um es jedem recht zu machen. Solche Kampagnen sind in der Regel zum Scheitern verurteilt. Denn sie werden schlichtweg zu langweilig. Hier muss man einfach einmal die Unternehmensbrille abnehmen und sich in den Nutzer versetzen. Klingt trivial und wie eine Binsenweisheit. Ist es aber nicht. Und leider wird dies immer wieder vernachlässigt.

13.2 Just do it – Nicht zögern, machen!

Wenn man sich auf eine oder mehrere Ideen eingeschossen hat, kann man ewig diskutieren, planen, feinschleifen, alles noch einmal verwerfen, neu planen und so weiter. Oder man kann es einfach mal machen. Und genau das raten wir Unternehmen in diesem Umfeld. Word-Of-Mouth-Specials lassen sich nur bis zu einem gewissen Grad planen. Springt der virale Funke wirklich über oder nicht? Garantie gibt es hierbei keine. Das Motto lautet oftmals »Probieren geht über studieren« oder eben »Just do it«.

Der große Vorteil: Viele dieser Ideen lassen sich auf Facebook relativ unkompliziert umsetzen. In der Regel sind keine großen personellen und finanziellen Ressourcen erforderlich. Außerdem kann man teilweise die Nutzer selber aktiv in den Prozess der Ideenfindung einbinden.

Beispiel: Wir überlegen gerade eine Sonderaktion auf unserer Facebook-Seite durchzuführen. Hier sind einige unserer ersten Ideen. Welche gefällt Euch am besten? Welchen Claim soll die Aktion haben? Soll die Aktion …?

Meistens freuen sich die Fans nicht nur, in einen solchen Entscheidungsprozess eingebunden zu werden, sondern sie bringen auch noch ihre eigenen Ideen ein.

Dadurch wird aus einer langweiligen Standard-Kampagne, die im sterilen Marketing-Elfenbeinturm eines Unternehmens oder einer Agentur kreiert wurde, eine erfolgreiche Kampagne zum Mitmachen. Und das von der Entstehung über die Umsetzung bis hin zum Abschluss der Kampagne.

Hinweis

Diese bisher unter Umständen abstrakte Schilderung zu den Hintergründen von Word-Of-Mouth-Specials, welche Funktion und Wirkung sie haben, mag bislang relativ theoretisch klingen. Die praktische Veranschaulichung erfolgt im Kapitel 17 *Showcases – Beispiele aus der Praxis*. Dort werden zahlreiche erfolgreiche Word-Of-Mouth-Specials vorgestellt.

13.3 KISS & Style – Zentrale Erfolgsfaktoren auf Facebook (und darüber hinaus)

Zu guter Letzt zwei Faktoren, die auf den ersten Blick mehr als logisch klingen, auf den zweiten Blick, aber nur bei wenigen Aktionen ausreichend bedacht werden. Dabei hat die Praxis gezeigt, dass diese beiden Punkte als zentrale Faktoren für erfolgreiche Kampagnen dienen – sowohl auf Facebook als auch darüber hinaus.

KISS – Keep It Simple And Short: Zahlreiche Kampagnen spielen mit ausgefuchsten Storys, mehrstufigen Konzepten, unglaublichen technischen Möglichkeiten und interaktiven Elementen. Doch hierbei ist große Vorsicht geboten. Denn es sollte nicht darum gehen, was technisch möglich ist und wie super kreativ ein Unternehmen oder eine Agentur ist, sondern vielmehr darum, was sich Nutzer wünschen – bewusst oder unbewusst. Und das ist oft Einfachheit. Menschen sind es heute gewohnt, im Vorbeigehen »Mikro-Informationshappen« zu konsumieren. Hier bleibt nur wenig raum für komplexe Botschaften. Man muss die Aufmerksamkeit der Nutzer bereits mit ihrem ersten Blick gewinnen. Denn bei dem zweiten Blick ist es oft schon zu spät – und der Nutzer weg. Gleiches gilt, wenn Applikationen vom Ablauf her zu kompliziert gestaltet sind. Man kann den Nutzern im Social Web unzählige Wahlmöglichkeiten bieten. Doch erfolgreiche Kampagnen beschränken sich auf die wesentlichen Dinge und Funktionen. Nur so entsteht für den Nutzer ein möglichst einfacher und somit angenehmer Prozess.

Style – Design auf zwei Ebenen: Ein weiterer Punkt an dem leider viele gute Ideen scheitern ist das Thema Design. Auch im Social Web gilt: Das Auge isst mit. Unternehmen versuchen oft, bei der Gestaltung zu sparen. Steht doch die Idee im Mittelpunkt. Doch ganz so einfach ist es leider nicht. Die beste Idee kann an einem schlechten Design scheitern. Und die schlechteste Idee dank eines gelungenen Designs erfolgreich sein. Und das sowohl im Hinblick auf die Oberflächengestaltung als auch das Design von Prozessen. Daher unser Tipp, den wir auch stets unseren Kunden geben: Bitte nicht am falschen Ende sparen und ausreichend Ressourcen in den Bereich Style investieren. Es lohnt sich!

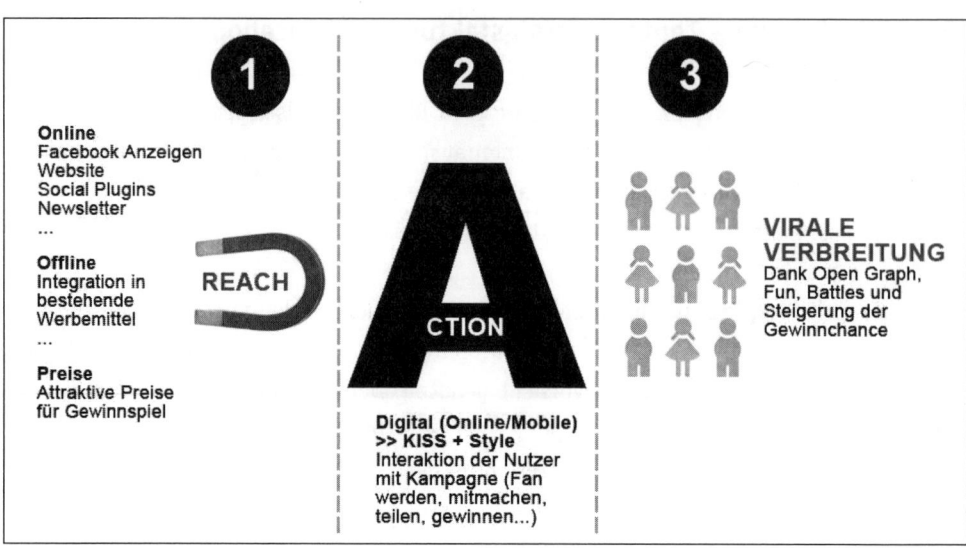

Abbildung 47: Hier eine Übersicht der Erfolgsformel für erfolgreiche Viral-Aktionen. 1. Reach: Aufbau der erforderlichen Reichweite. 2. Action: Stimulation von Interaktionen seitens der Nutzer. 3. Virale Verbreitung dank entsprechender Mechanismen.

14. Crossmedia – Social-Media-Marketing never walks alone

Ganz nebenbei trägt das schlichtweg auch der Entwicklung der Kommunikation in unserer heutigen Zeit Rechnung. Denn diese wird von Tag zu Tag vernetzter. Inhalte, die über einen Kanal veröffentlicht werden, haben auf einmal auch Auswirkungen am anderen Ende des Kommunikationsspektrums. Und dabei ist es egal, ob man das selber möchte oder nicht. Denn diese Entscheidung obliegt heute in der Regel nicht mehr den Unternehmen, sondern den Konsumenten.

Hier einige Beispiele:

Signatur: Die wohl simpelste Einbindung der Social Web-Accounts erfolgt über die Anpassung der Signatur, zum Beispiel bei sämtlichen ausgehenden E-Mails eines Unternehmens. Neben der URL des Unternehmens sollten auch die Social Web-Accounts verlinkt sein. Hier einmal ein Beispiel, meiner persönlichen Signatur:

```
-----------------------------------------------------------
conceptbakery (Deutschland)
Lindenstraße 82
50674 Köln
T: (+49) 221 292177-23
F: (+49) 221 292177-20
M: (+49) 177 69882-84
f.h@conceptbakery.de
www.conceptbakery.de
www.facebook.com/conceptbakery
www.twitter.com/felix_holzapfel
www.linkedin.com/in/felixholzapfel
www.xing.com/profile/Felix_Holzapfel
-----------------------------------------------------------
```

Events: Auf dem Offline-Event eines Autohauses schießen die Besucher einige Fotos oder drehen eigene Videos. Sei es von den Produkten, der Einrichtung oder einem Missgeschick eines Mitarbeiters. Diese veröffentlichen sie anschließend auf Flickr oder YouTube und natürlich auch auf ihrem Facebook-Profil, um die Erlebnisse dort mit ihren Freunden zu teilen. Diese Freunde bewerten oder kommentieren die Inhalte und leiten sie damit wiederum an ihr eigenes Netzwerk weiter. Und so weiter.

Einladung zu Events: Bleiben wir bei dem Beispiel Veranstaltung. Die Einladung zu dem Event erfolgte bisher überwiegend auf dem Postweg. Dies ist nicht nur relativ kostspielig, sondern auch mit einer geringen Reichweite verbunden. Denn die postalische Einladung erhält nun einmal nur der Empfänger. Angenommen, das Autohaus oder der entsprechende Hersteller ist auch auf Facebook aktiv: In diesem Fall könnte er dort ein Event anlegen, zu dem er seine Fans einlädt. Sobald ein Nutzer dort den »Ich nehme an dem Event teil«-Button anklickt, landet diese Nachricht wieder auf seinem Profil und von dort aus im Newsfeed seiner Freunde. Zusätzlich könnte eine Anzeige auf Facebook geschaltet werden, die bei sämtlichen Nutzern erscheint, welche in einem bestimmten Umkreis um das Autohaus leben. Aber auch eine Anzeige bei Google AdWords wäre denkbar, die Nutzern angezeigt wird, welche beispielsweise nach Begriffen wie »Auto« oder der Marke des Herstellers suchen. Auch Google bietet ein Geo-Targeting auf Basis der IP-Nummer, sodass nur Nutzer angesprochen werden, die in einem bestimmten Umkreis um das besagte Autohaus leben. Begleitend gibt es aber natürlich auch verschiedene Offline-Komponenten, beispielsweise Hinweise im Autohaus selber, der örtlichen Tageszeitung und so weiter. Auch die postalische Einladung sollte natürlich weiterhin erfolgen. Denn sicherlich werden nicht sämtliche Kunden des Autohauses auf Facebook aktiv sein. Aber im Idealfall sollte das Mailing mit der Event-Organisation auf Facebook verbunden sein. Dabei ist es ratsam, den Kunden, die auf Facebook aktiv sind, einen Mehrwert aufzuzeigen, warum sie sich auf Facebook über das Event informieren und bestenfalls auch direkt dort dafür registrieren sollten (zum Beispiel ein spezielles kostenloses Getränk). Sobald die Leute auf dem Event sind, setzt wiederum der zuerst beschriebene Faktor ein. Besucher erstellen Inhalte und teilen diese via Social Web mit ihrem Netzwerk. Wenn man möchte, kann man dieses Vorgehen natürlich auch gezielt stimulieren, indem man beispielsweise dazu aufruft, die Bilder auf der Facebook-Seite des Autohauses oder Herstellers zu veröffentlichen. Gleichzeitig oder alternativ kann das Autohaus natürlich auch eigene Fotos schießen und auf Facebook veröffentlichen. Eine mögliche Sonderaktion könnte hier beispielsweise so aussehen, dass die Besucher darauf hingewiesen werden, dass sämtliche Bilder von dem Event auf der Facebook-Seite des Autohauses veröffentlicht werden und sie herzlich dazu eingeladen sind, sich auf den entsprechenden Bildern selber zu markieren. Somit geht die Wirkung des Events über die Besucher hinaus. Denn deren Freunde auf Facebook sehen einen Hinweis in ihrem Newsfeed, sobald die Besucher des Events sich auf einem der Bilder markiert haben.

Offline-Werbeplakat: Ein Passant findet ein Werbeplakat besonders lustig, langweilig oder das Werbeplakat steht eventuell einfach in einem Umfeld, in dem es ein wenig unpassend wirkt. Mit seinem Mobiltelefon schießt er ein Bild davon. Entweder veröffentlicht er dieses Bild direkt mit dem Mobiltelefon. Nahezu jedes heute verkaufte Handy beinhaltet eine vorinstallierte Facebook-Applikation, sodass sowohl Statusmeldungen als auch Videos oder Fotos mit wenigen Klicks auch von unterwegs veröffentlicht und mit den Freunden auf Facebook geteilt werden können. Oder er überträgt das Foto zuhause auf den PC und veröffentlicht es von dort aus.

Offline-Werbeplakat, Radiospot, Online-Banner: Inzwischen ist es weit verbreitet, dass auf diversen Werbemitteln nicht nur der Name des Unternehmens, sondern auch die Internetadresse kommuniziert wird. In den USA, aber auch in Deutschland gehen immer mehr Unternehmen dazu über, nicht mehr zwingend überall ihre eigene Internetadresse in den Mittelpunkt zu stellen, sondern direkt die Vanity URL auf Facebook à la *www.facebook. com/ihrunternehmen*. Somit machen sie sich die dort vorhandene passive Viralität zunutze. Denn in diesem Umfeld können Nutzer sämtliche Interaktionen ganz einfach mit ihrem Freundeskreis teilen. Bei der Promotion der eigenen Unternehmens-URL können ähnliche Effekte durch die Verwendung von Social Plug-ins erzielt werden (siehe Kapitel 12 *Integration Facebook auf einer externen Website*).

QR Codes: Diese eignen sich hervorragend zur Einbindung mobiler Mehrwerte in klassische offline Werbemittel wie Plakate, Mailings etc. Denn selbst auf dem besten Smartphone haben die Nutzer in der Regel nur wenig Lust, eine URL einzutippen. Mithilfe eines QR-Codes, der sich ganz einfach mit einem Smartphone scannen lässt, gelangen sie direkt zu einer Unternehmenswebsite, einem Video, Online-Shop oder eben auch zur Facebook-Seite. Unter folgender Adresse kann man ganz einfach umsonst QR-Codes generieren: *http:// qrcode.kaywa.com/*

Abbildung 48: Beispiel eines QR-Codes. Wenn ein Nutzer diesen Code mit seinem Smartphone scannt, gelangt er direkt zur Facebook-Seite von conceptbakery. Am besten einfach direkt einmal ausprobieren ;)

Newsletter: Wenn man als Unternehmen über einen Newsletter verfügt, sollte man diesen natürlich auch mit den Aktivitäten im Social Web kombinieren. Hierbei sind Tools wie zum Beispiel *www.mailchimp.com* äußerst hilfreich. Sie übernehmen den Versand des Newsletters und erleichtern die Anbindung an das Social Web. Beispielsweise kann jeder Beitrag im Newsletter ganz einfach mit einem »Gefällt mir«-Button versehen werden. Nutzer können die Inhalte also direkt aus dem Newsletter heraus mit ihrem Netzwerk teilen – ohne den Besuch einer externen Website. Außerdem kann man mithilfe solcher Tools sehen, welche Nutzer wie oft auf welcher Plattform im Social Web mit der eigenen Marke interagieren. Dies ermöglicht die Identifikation von Power-Usern. Diese kann man wiederum mit speziellen Angeboten versorgen.

Word-Of-Mouth-Special: Eine ungewöhnliche Marketingaktion – unabhängig davon, ob sie online oder offline stattfindet – sorgt in der Regel für Gesprächsstoff. Wo finden diese Gespräche heute verstärkt statt? Richtig: Im Social Web, auf Facebook & Co. Außerdem veröffentlicht das Unternehmen eine Pressemeldung, welche über die ungewöhnliche Kampagne berichtet. Auch einige Blogger schreiben einen Artikel darüber. Dieser wird wiederum via Facebook Connect kommentiert oder via Facebook Share mit anderen Nutzern geteilt. Bei einer entsprechenden Ausgestaltung können die Nutzer bei diesem Prozess natürlich auch immer wieder auf die Website des Unternehmens gelenkt werden, welches die Kampagne betreibt. Dort finden sie einen Store Locator, der den Besuch der nächsten Filiale vereinfacht.

Tipp

Das Logo von Facebook ist schnell in die eigenen Werbemittel integriert. Doch leider ist das nicht erlaubt. Zumindest nicht ohne ausdrückliche Zustimmung seitens Facebook, die jedoch nur in Ausnahmefällen erteilt wird. Die Nutzung eines Facebook-Icons ist hingegen problemlos möglich. Eine Übersicht über diese und weitere Stolperfallen, findest du in Form der folgenden Richtlinien: *www.facebook.com/brandpermissions/*

Im Folgenden zeigen wir eine Grafik, die das Unmögliche versucht, nämlich das Zusammenspiel dieser unterschiedlichen Maßnahmen zu veranschaulichen. Sie zeigt die unterschiedlichsten Maßnahmen, deren Zusammenspiel und die relevante Anforderung, dass trotz aller Querverknüpfungen dennoch der Absender der Marke im Mittelpunkt der Kommunikation stehen sollte. Denn die tollste Kampagne nutzt nun einmal nichts, wenn man sich danach nicht erinnern kann, für wen oder was eigentlich »geworben« wurde.

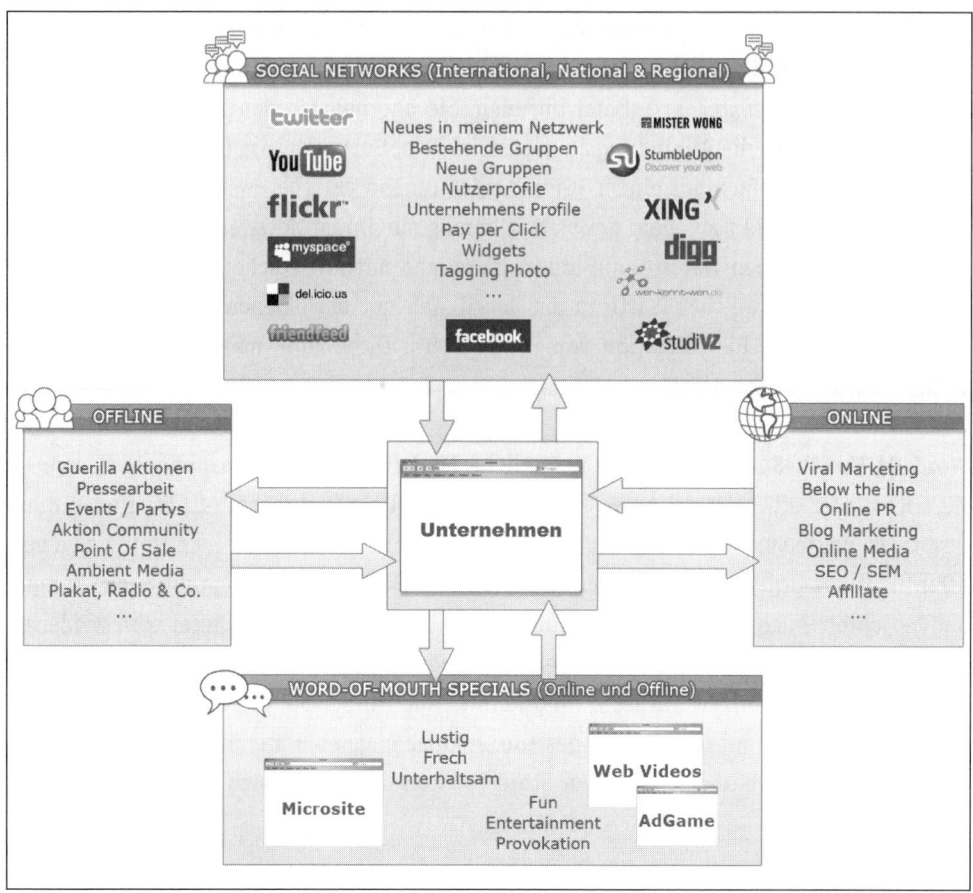

Abbildung 49: Schaubild »Medienübergreifenden Wechselwirkung unterschiedlicher Bausteine im Marketingmix«.

Tipp

Crossmedia, unterhaltsame Kommunikation, Mitmachen, Social Web, »passive Viralität« ... Alles tolle Begriffe und Ansätze. Doch sie verfehlen ihr Ziel, wenn die zugrunde liegende Geschichte und das dahinterstehende Konzept keine solide Brücke zum eigentlichen Thema beziehungsweise dem Anbieter schlägt, der die Kampagne durchführt. Denn es bringt nun einmal leider gar nichts, wenn Konsumenten zwar gut unterhalten werden, aber danach nicht mehr wissen, von wem. Wobei sich dieses Problem keineswegs auf Social-Media-Marketing beschränkt. Vielmehr ist das eine Herausforderung für jegliche Form der Kommunikation – egal ob für ein Plakat, einen TV-Spot, eine Printanzeige oder eben ein Word-Of-Mouth-Special im Social Web.

15. Return on Investment – Erfolgskriterien auf Facebook

Eine Frage, die immer wieder im Zusammenhang mit Socia-Media-Kampagnen auftaucht, ist der Punkt Return on Investment. Was macht eine Kampagne erfolgreich? Welche Erfolgsfaktoren gelten im Social Web? Anzahl der Fans? Page Impressions? Wie viele Kommentare verfasst wurden? ...?

Eines wird bei dieser Diskussion immer wieder schnell klar: Im Social Web zählt nicht die »nackte Reichweite« im klassischen Sinn. Hier gilt: Qualität schlägt Quantität. Es kann oft hilfreicher sein, 1.000 wertvolle Fans zu haben, die viel interagieren, aktiv teilnehmen und somit zu einer breit gefächerten Verteilung beitragen, als über 100.000 Fans zu verfügen, die aber nur einmal den »Fan werden«-Button angeklickt haben und danach vollkommen inaktiv sind.

Doch letztendlich geht es bei dem Return on Investment – egal ob im Social Web, bei Online- oder klassischer Werbung – im Wesentlichen um Folgendes: Wie viel Geld stecke ich vorne rein und was kommt hinten raus? Steht der Aufwand zur Gewinnung neuer Kunden im richtigen Verhältnis zum erzielten Ertrag?

Bevor wir jedoch in die Tiefen des Return on Investment auf Facebook einsteigen, machen wir einen kurzen Exkurs, wie Reichweite und Erfolg bei anderen Marketingkanälen gemessen werden.

15.1 Reichweitenmessung Fernsehen

Die Reichweite einzelner Fernsehsendungen erfolgt in Deutschland seitens der Gesellschaft für Konsumforschung (GfK) und Arbeitsgemeinschaft Fernsehforschung (AGF) über das sogenannte AGF/GFK-Fernsehforschungspanel. Wie das genau funktioniert? In mehr als 5.640 Haushalten wird die tägliche Fernsehnutzung von mehr als 13.000 Personen gemessen.[9] Die dabei gewonnen Werte stehen am nächsten Morgen zur Verfügung. Daraus wird dann das Fernsehverhalten der ungefähr 72 Millionen Fernsehzuschauer ab drei Jahren beziehungsweise 35 Millionen Haushalte in Deutschland hochgerechnet. Sprich: Das Fernsehverhalten von 0,018 Prozent der deutschen Fernsehzuschauer bestimmt nicht nur, welche Sendungen wir täglich präsentiert bekommen – denn nur Sendungen mit der erforderlichen Quote werden auch tatsächlich ausgestrahlt – sondern auch, was Werbetreibende bezahlen und welche Reichweite sie mit ihren Maßnahmen erzielen. Klingt wirklich unglaublich oder gar verrückt? Ein wenig überspitzt gesagt ist es das auch. Man stelle

---

9 http://www.agf.de/daten

sich nur einmal vor, man würde das Klick-Verhalten auf einer Website auf Basis von 0,018 Prozent der Besucher ermitteln und daraufhin auf das Vorgehen der restlichen Nutzer schließen. Das würde einem niemand abnehmen. Im Fernsehen funktioniert das schon seit Mitte der Achtzigerjahre. Und mit diesem System haben wir sogar eines der technisch bestentwickelten Messverfahren für das Fernsehverhalten – weltweit. Anders als zum Beispiel in den USA gibt es eine Unterscheidung zwischen Programm- und Werbeblockreichweiten, bei der eine Bereinigung um die sogenannte Zapping-Quote stattfindet. Außerdem muss man sagen, dass Statistiker bereits aus kleineren Gruppen sehr genaue Vorhersagen treffen können. Ganz so abwegig, wie es auf den ersten Blick scheint, ist dieses Messverfahren also auf den zweiten Blick nicht. Auch wenn das System auf einem ausgefeilten Mechanismus beruht, muss man einfach einmal festhalten, dass es sich hierbei um eine Schätzung handelt. Diese beruht auf dem Verhalten weniger Personen, die sich in einer Test-Situation befinden. Und in einer solchen verhalten sie sich oftmals anders, als wenn sie unbeobachtet agieren.

15.2 Reichweitenmessung Radio

Die Reichweitenmessung im Radio erfolgt auf Basis zweier Erhebungswellen – eine im Frühjahr und eine im Sommer. Dabei werden 60.000 CATI-Interviews durchgeführt (CATI = Computer Assisted Telephone Interview). Auf diese Weise werden Hörerschaft und Zielgruppenmerkmale für circa 200 Sender, Informationen zum weitesten Hörerkreis, Hörer pro Tag und Einzelstundenreichweiten analysiert. Auffällig ist, dass ausgerechnet in diesem Erhebungszeitraum die ungewöhnlichsten Sonderaktionen, Gewinnspiele und Ähnliches im Radio stattfinden. Ein Schelm, wer denkt, dass das in irgendeinem Zusammenhang stehen und zu einer Abweichung vom wahren Hörerverhalten während des restlichen Jahres führen könnte.

15.3 Sonstige Offline-Medien

Auch bei Tageszeitungen, Zeitschriften oder Plakaten werden ähnliche Verfahren verwendet. Diese bestehen in der Regel ebenfalls in einer Kombination aus Fragebögen und CATI-Interviews. Im Bereich Plakate kommen inzwischen auch GPS-Empfänger zum Einsatz, um die Laufwege der Probanden exakt nachvollziehen zu können. Auf dieser Grundlage werden dann die Reichweiten geschätzt. Auch hierbei gilt, dass die Verfahren hierzulande äußerst ausgeklügelt sind. Nichtsdestotrotz sind und bleiben es Schätzungen!

15.4 Digitale Medien

Die Reichweitenmessung digitaler Medien hingegen ist in vielen Bereichen nicht abhängig von Schätzungen, sondern beruht auf Fakten. Jeder Klick eines Nutzers kann genau nachvollzogen werden: Wie lange hat er auf einer einzelnen Website verweilt? Was hat er dort gemacht? Wie ist er dort hingekommen? Über eine Suchmaschine? Über einen Link? Einen Werbebanner? Oder hat er die Adresse direkt in den Browser eingegeben? Diese und weitere Daten erfasst bereits nahezu jedes simple Logfile-Analyse-Tool. Durch die Verwendung entsprechender Controlling-Tools kann das Tracking natürlich noch erheblich verfeinert werden.

Man ist also geneigt zu sagen: »Herrlich! Die digitalen Medien haben einen riesigen Vorteil gegenüber analogen Medien.« Einerseits richtig! Andererseits ist es aber auch ein Fluch. Denn diese genaue Messung führt oftmals zu Enttäuschungen, die Unternehmen in anderen Medien so nicht erfahren. Nicht etwa, weil sie dort bessere Ergebnisse erzielen. Sondern schlichtweg deshalb, weil sie über keine vergleichbar genauen Daten verfügen, um den Erfolg fundiert einschätzen zu können. Insbesondere wenn es darum geht, die Wirkung auf einzelne Maßnahmen einer integrierten Kampagne herunterzubrechen.

Bei einer TV-Werbung kann man sich erfolgreich einreden, dass die Sendung von zehn Millionen Zuschauern gesehen wurde, welche dann auch die eigene TV-Werbung betrachtet haben. Ungenauigkeiten im Messverfahren oder das Phänomen, dass Zuschauer bei der Werbung nicht voll konzentriert bei der Sache sind, was vereinzelt tatsächlich vorkommen soll, bleiben hier außen vor. Gleiches gilt für Print-Werbung. Eine Tageszeitung wird von drei Millionen Konsumenten gelesen. Also werden diese auch meine Werbeanzeige »betrachtet« haben. Dass viele Menschen Werbung in Zeitungen unterbewusst ausblenden, sie nur den Sportteil lesen, nicht aber den Bereich Wirtschaft, in dem die eigene Anzeige erscheint oder ähnliche Faktoren sind dabei nicht weiter wichtig beziehungsweise nicht genau messbar.

Natürlich gibt es solche Effekte beispielsweise auch bei Bannerwerbung im Internet. Doch hier heißt es dann: Warum haben nur so wenige Nutzer auf unseren Banner geklickt? Was ja vollkommen richtig ist! Aber oftmals wird eben mit zweierlei Maß gemessen. Von den »Neuen Medien« werden Wunder erwartet, welche die alten Medien ebenfalls nicht erbringen können. Nur weil man es dort nicht anders kennt, ist es eben nicht so schlimm.

15.5 Das Problem der unbegrenzten Möglichkeiten

Es ergibt sich ein weiteres Problem bei der Kalkulation des Return on Investment einzelner Maßnahmen: Früher war vieles insofern einfacher, als nur eine überschaubare Bandbreite an Marketingmaßnahmen verfügbar war und Unternehmen nur wenige Kanäle genutzt haben – vor allem nicht gleichzeitig. Heute hingegen ist es Usus, dass Unternehmen unzählige Maßnahmen parallel durchführen. Das erschwert natürlich oftmals zusätzlich die Messung der Effekte einzelner Bausteine einer Kampagne. Mal abgesehen von Maßnahmen wie beispielsweise Performance Based-Marketing, bei denen man tatsächlich haargenau sagen kann, welche Wirkung erzielt wird. Insbesondere wenn ein Online-Abverkauf stattfindet und die Aufwendungen in ein direktes Verhältnis zu den erzielten Erlösen gesetzt werden können. Bei vielen anderen Maßnahmen ist dies aber nicht so einfach möglich – eben insbesondere, wenn sie auch noch gleichzeitig betrieben werden.

15.6 Zurück zum eigentlichen Thema

Nach diesem kleinen Exkurs – den wir uns einfach nicht verkneifen konnten beziehungsweise wollten – möchten wir mal wieder zum eigentlichen Thema dieses Kapitels zurückkommen. Wie berechnet man den Return on Investment auf Facebook & Co.

Lange hat die Meinung vorgeherrscht, dass im Social Web vollkommen neue Regeln gelten und man den Return on Investment hier einfach nicht messen kann. Einerseits ist das richtig. Auch im Social Web gibt es zahlreiche Faktoren, die sich nicht so einfach erfassen lassen. Denn wie kann man beispielsweise ohne Weiteres nachvollziehen, ob der entscheidende Impuls beim Konsumenten am Ladenregal, durch den Besuch auf der Facebook-Seite oder durch das Betrachten eines TV-Spots ausgelöst wurde? Doch andererseits befinden wir uns beim Social Web im Umfeld digitaler Medien, sodass hier einfach eine genauere Messbarkeit erwartet wird. Außerdem muss man auch einfach sagen, dass es eine vollkommen berechtigte Frage ist und man nicht erwarten kann, dass Unternehmen immer mehr Geld in Social-Media-Marketing investieren – ohne zu wissen, was dabei herauskommt oder wie sie ihren Erfolg überhaupt messen können.

Brian Solis, einer der führenden Vordenker im Bereich Social Media aus den USA (siehe auch *www.briansolis.com*), hat sich einige Gedanken zu diesem Thema gemacht, die wir im Folgenden kombiniert mit unserer Meinung vorstellen möchten.

Zwei Begriffe, die immer wieder im Zusammenhang mit dem Social Web auftauchen, lauten »Transparenz« und »Authentizität«. Doch leider lassen sich daraus kaum messbare Kriterien ableiten. Aufgrund fehlender Parameter sind inzwischen verschiedene Messkriterien erdacht worden, um die Aktivitäten im Social Web zu definieren und damit messbar zu machen. Dazu zählen unter anderem:

Return on Engagement = Zeitspanne, welche ein Nutzer in die Auseinandersetzung oder Interaktion mit einer Präsenz im Social Web »investiert«.

Return on Participation = Messung und Bewertung der Zeit, in der man sich aktiv an einer Social Web-Kampagne beteiligt, indem man mit diskutiert, Inhalte beisteuert und so weiter.

Return on Involvement = Ähnlich wie der Return on Participation: Marketer definieren Touchpoints, an denen der Grad der Interaktion seitens der Nutzer dokumentiert wird.

Return on Attention = In der heutigen Zeit ist Aufmerksamkeit eines der höchsten Güter, sodass auch diese zur Bewertung einer Social-Media-Kampagne herangezogen und die damit erzielte Response-Quote gemessen wird.

Return on Trust = Messung der Kundenloyalität und der Bereitschaft zur Weiterempfehlung. Dabei erfasst ein »Trust-Barometer« den Grad des Vertrauens, das durch die Social-Media-Maßnahmen erzielt wurde, und wie sich dies auf das zukünftige Geschäft und Kaufverhalten auswirkt.

Return on Involvement (ROI) = Wie intensiv setzen sich Nutzer mit einer Kampagne auseinander.

Diese Parameter ermöglichen es allerdings kaum, einen »Return« zu berechnen. Denn hierfür benötigt man konkrete Ziele beziehungsweise Kennzahlen, die man verbessern möchte. Diese können zum Beispiel wie folgt lauten:

- Abverkauf
- Anzahl der Fans
- Weiterempfehlungen anderer Nutzer
- Wie viele Links verweisen auf die Präsenz im Social Web
- Anzahl und Qualität der Bewertungen

- Anzahl und Qualität der Kommentare
- Verbesserung Support oder Kundendienst
- Kundenzufriedenheit
- Lead-Generierung
- Steigerung Traffic Unternehmenswebsite
- Berichte in der Presse

Hinweis

Der Social-Media-Spezialist Vitrue hat versucht, den Wert eines Fans auf Facebook zu berechnen. Das Ergebnis: Ein Facebook-Fan entspricht einem Gegenwert von 3,60 Dollar pro Jahr. Die Berechnung beruht auf den Impressions, die Fans durch Interaktionen mit einer Facebook-Seite in den Newsfeeds ihrer Kontakte generieren. Diese Anzahl wird einem Tausender-Kontakt-Preis von 5 Dollar gegenübergestellt, der erforderlich ist, um einen vergleichbaren Effekt auf dem »klassischen Weg« durch den Einkauf von Media zu erzielen. Nach dieser Berechnung entsprechen beispielsweise 6,5 Millionen Fans einem jährlichen Media-Gegenwert von 23,4 Millionen Dollar.

Nun gibt es zahlreiche Experten, die sagen, dass ein Return on Investment eigentlich überhaupt nur bei dem ersten dieser Punkte berechnet werden kann. Denn streng genommen handelt es sich hierbei um einen Begriff aus dem Bereich Finanzen, in dem Aufwand und Ertrag ins Verhältnis gesetzt werden. Dies erfordert also einen Wert wie Kosten für die Marketingmaßnahmen, die man den direkt auf diese Maßnahmen zurückzuführenden Abverkäufen gegenüberstellen kann.

Daher mehren sich die Stimmen, dass man (nicht nur) im Bereich Social Media besser nicht von einem »Return on Investment« sprechen sollte, sondern besser »Key Performance Indicator (KPI)« definiert, die zur Erfolgskontrolle dienen. Die Kunst hierbei besteht darin, aus den Hunderten möglicher Messkriterien genau jene herauszufiltern, die eine tatsächliche Aussagekraft haben und die erfolgskritischen Parameter für das eigene Unternehmen erfassen. Außerdem können diese KPI helfen die Leistungen von Social Media mit denen anderer Maßnahmen zu vergleichen.

So können zum Beispiel die Kosten pro Kontakt berechnet werden. Oder die Kosten pro Kommentar, Bewertung, Besucher der Website oder Ähnlichem. Diese lassen sich dann Vergleichswerten anderer Maßnahmen gegenüberstellen. Eine klare Call-To-Action-Funktion sowie Direct-Response-Elemente wie zum Beispiel Coupons, können den Aktivitätsindex der Nutzer verbessern und zu einer Optimierung der Messbarkeit von Maßnahmen im Social

Web führen. Hierbei könnte man beispielsweise erfassen, wie viele Coupons via Social Web verteilt und vor allem, wie viele davon auch eingelöst wurden und welchen Umsatz man damit erzielt hat.

Neben der Steigerung handfester Kriterien geht man davon aus, dass Kampagnen im Social Web auch einen erheblichen Teil zum Aufbau einer Marke beitragen. Das kann jedoch nicht ohne Weiteres gemessen werden. Selbstverständlich kann man es mit ähnlichen Marktforschungsmethoden erfassen, die auch bei klassischen Marketingaktivitäten herangezogen werden. Diese sind jedoch üblicherweise relativ kostspielig und somit in der Regel größeren Unternehmen vorbehalten. Im Bereich Social Media werden diese Verfahren jedoch bisher nur selten eingesetzt. Denn der Aufwand zur Erfassung steht in keinerlei Verhältnis zum gesamten Budget, das in Maßnahmen im Social Web investiert wird. Hinzu kommt, dass selbst die beste Marktforschung im Vergleich zur Messung digitaler Faktoren ungenau erscheint. Denn auch diese beruht nun einmal meist auf stichprobenartigen Befragungen und daraus abgeleiteten Schätzungen.

Nichtsdestotrotz ist sich natürlich auch Facebook der Thematik bewusst, dass die Messbarkeit des Erfolgs einer Kampagne verbessert werden muss. Ein erster Versuch besteht in einer Kooperation zwischen Facebook und Nielsen – einem der führenden Marktforscher im Bereich Online – welche im Herbst 2009 bekannt gegeben wurde. Ein Produkt namens »Brand Lift« soll ermöglichen, den Effekt einer Kampagne auf Facebook besser messbar zu machen. Dabei werden Nutzern, die eine Anzeige auf Facebook gesehen haben, Umfragen eingeblendet. Den Auswertungen werden Daten gegenübergestellt, die aus der gleichen Umfrage generiert werden, die man bei Nutzern einblendet, welche die Werbung auf Facebook nicht gesehen haben. Die Ergebnisse sollen dann Aufschluss über die Werbewirkung von Anzeigen auf Facebook geben. Sicherlich ein guter Ansatz. ABER: Einerseits bedeutet Social-Media-Marketing weit mehr, als eine Anzeige auf Facebook zu schalten. Gelinde gesagt ist das nur ein minimaler Baustein, der abgesehen von guten Targeting-Möglichkeiten nur bedingt etwas mit den Möglichkeiten des Social Web zu tun hat. Andererseits werden auch hier bestimmte Faktoren außer Acht gelassen, welche die Ergebnisse verfälschen können. Einfaches Beispiel: Der Nutzer hat die Kampagne zwar nicht auf Facebook gesehen, aber ein Freund, bei dem das Banner eingeblendet wurde, hat ihm davon erzählt. Oder er hat an einer komplett anderen Stelle Kontakt mit der Kampagne gehabt. Denn oftmals laufen Kampagnen nun einmal nicht nur auf Facebook, sondern auch an anderen Stellen im Web oder sogar gleichzeitig offline. Dies kann natürlich zu einer nicht unerheblichen Unschärfe in der Befragung und somit zu verfälschten Ergebnissen führen.

15.7 Und nun? Was tun?!

Solange neben dem eigentlichen Social-Media-Marketingbudget keine ausreichenden Mittel vorhanden sind, um parallel eine kostspielige Marktforschung durchzuführen (was wohl bei dem Großteil der Kampagnen der Fall ist), liegt das Geheimnis einer erfolgreichen Return on Investment-Kalkulation unserer Meinung nach tatsächlich in der Definition aussagekräftiger und sinnvoller KPI.

Auf den ersten Blick mag dies als Eingeständnis gewertet werden, dass man den ROI im Bereich Social Media nicht messen kann. Man könnte sagen, kein Wunder, dass laut einer Studie von Mzinga and Babson Executive Education aus dem Jahr 2009 insgesamt 84 Prozent der Marketingverantwortlichen angegeben haben, dass sie den ROI der Aktivitäten im Bereich Social Web nicht messen. Auf den zweiten Blick stellt man jedoch fest, dass dies kein Social-Media-Marketing-spezifisches Problem ist. Die Messbarkeit einzelner Maßnahmen muss bis auf wenige Ausnahmen egal in welcher Gattung über das gesamte Marketingspektrum weiter optimiert werden.

Solange hier jedoch noch keine Tools verfügbar sind, welche eine effiziente und tatsächlich aussagekräftige ROI-Kalkulation ermöglichen, heißt es Näherungswerte und Mechanismen zu nutzen, die eine bestmögliche Erfolgsmessung bieten.

> **Fazit**
>
> Zumindest unter vorgehaltener Hand behaupten nicht wenige Marketingexperten, dass man den ROI, von egal welcher Marketingmaßnahme, oftmals einfach nicht genau messen kann. Insbesondere, wenn mehrere Bausteine parallel genutzt werden. Was heutzutage nun einmal üblich ist. Nichtsdestotrotz ist es verständlich, dass die Nachfrage nach Kriterien und Möglichkeiten zur Messung des ROI im Bereich Social Media zunimmt. Wenn es gelingt, hier klare Vorgehensweisen und handfeste Mechanismen auszuarbeiten, wird dies den Siegeszug von Social-Media-Marketing sicherlich erheblich beschleunigen.

15.8 Ein Beispiel aus der Praxis – Ausnahmen bestätigen die Regel

Nach all der Theorie und den scheinbar unvermeidlichen Unwägbarkeiten hier ein Beispiel aus der Praxis, das zeigt, dass es durchaus möglich ist, aussagekräftige KPI und sogar einen Return on Investment zu definieren.

Der TÜV Rheinland betreibt seit Ende 2008 eine Social-Media-Kampagne mit dem Titel »leg. mich.tiefer – Das wünscht sich jedes Auto. Und wir ihm auch«.

Anfangs bestand die Zielsetzung in einer relativ einfachen Aufgabenstellung:
Zur Essen Motor Show 2008 sollten dem bis dato relativ statischen Tuning-Portal des TÜV Rheinland innerhalb kürzester Zeit interaktive Elemente hinzugefügt werden. Außerdem sollte positiver Gesprächsstoff rund um den TÜV Rheinland im Web 2.0 geschaffen werden. Dabei sollte das Image der Marke verbessert und den Tunern signalisiert werden, dass der TÜV Rheinland nicht »der Böse« ist, sondern die Tuning-Fans gerne dabei unterstützt, alles aus ihrem Auto herauszuholen, was rechtlich möglich ist und die Sicherheit der Fahrzeuginsassen nicht gefährdet. Zu guter Letzt sollte eine Vor- und Nachberichterstattung rund um das Event erfolgen und damit der Wert des Messeauftritts gesteigert werden.

Innerhalb kürzester Zeit haben wir hierfür folgende Maßnahmen umgesetzt:
• Einrichtung Twitter-Account
• Erstellung Facebook-Seite
• Setup YouTube-Account
• Aufsetzen eines Flickr-Account
• Integration des Twitter-Feeds, YouTube-Videos und Flickr-Fotos direkt auf dem Tuning-Portal des TÜV Rheinland
• Gewinnspiel: Unter allen Twitter-Followern, Facebook-Fans und so weiter wurden Tickets zur EssenMotor Show 2008 verlost

Als KPI konnte man hierbei also folgende Indikatoren festlegen:
• Positives Feedback zu den Aktivitäten im Web 2.0
• Mehr Besucher auf dem Messestand
• Anzahl Besucher Tuning-Portal
• Feedback auf Nachberichterstattung

Hierbei wurden folgende Ergebnisse erzielt:
• Zahlreiche Beiträge in unterschiedlichsten Blogs.
• Es gab zahlreiche Feedbacks wie: »Wir trafen das Team des TÜV Rheinland. Wie man hört, ist man dort sehr offen für Neues. Schön zu sehen, dass sich der Technische Überwachungs-Verein auch den jungen Kunden öffnet« oder »Ich glaube- ich bekomm Plakette – oder so. Von vielen hätte ich einen Rundumschlag in Sachen Social Media erwartet. Ganz bestimmt aber nicht vom TÜV Rheinland« oder »Das Unternehmen will wohl von dem Ruf des Prüfers weg und seinen Fokus auf Tuning legen mit dem Motto:

leg.mich.tiefer. Das wünscht sich jedes Auto und wir ihm auch! Der Verein hat Profile bei Twitter, YouTube, Facebook und Flickr. Hinzu kommt das neue TÜV Rheinland Tuning-Portal. Das nenn ich mal ordentliches Marketing. Weiter so!«

- Diverse Besucher auf dem Messestand des TÜV Rheinland, welche das Team hinter den Web 2.0-Aktivitäten kennenlernen wollten.
- Auf der Messe wurden ohne großen Aufwand zahlreiche Videos mit Interviews von Messebesuchern, Experten und Fahrzeugen produziert. Diese wurden insgesamt circa 32.000 Mal betrachtet.
- Gleichzeitig wurden Fotos der ausgestellten Fahrzeuge auf Flickr eingestellt. Diese erzielten circa 28.5000 Views.

Aktuell liegt der Schwerpunkt der Kommunikation auf der Facebook-Seite *www.facebook.com/legmichtiefer*. Neben diversen interaktiven Elementen stehen den Tuning-Fans hier auch die TÜV-Experten mit Rat und Tat zur Seite. Nutzer können diese Fragen zu ihren Umbauvorhaben stellen, die nicht nur kompetent beantwortet werden, sondern durchaus auch zeigen, wie man Grauzonen nutzen kann, um das Beste aus seinem Wagen und Umbauvorhaben herauszuholen.

Nach dieser Erklärung kommen wir nun zurück zum Punkt »Berechnung eines konkreten ROI«. Mit diesem Konzept werden unter anderem folgende Effekte erzielt:

Vermeidung von Enttäuschungen an den Prüfstellen vor Ort (Teil 1): Durch dieses Vorgehen kommen die Tuner nicht mehr zur Prüfstelle und bangen dabei, ob ihre Änderungen eingetragen beziehungsweise genehmigt werden. Denn es wurde bereits im Vorfeld alles geklärt.

Kundenbindung: Wenn ein Tuning-Fan bereits online sämtliche Fragen mit dem TÜV Rheinland geklärt hat, senkt dies natürlich die »Gefahr«, dass er die Eintragungen bei der Konkurrenz wie zum Beispiel der DEKRA vornehmen lässt. Denn hier würde er ja wieder Gefahr laufen, dass Veränderungen nicht genehmigt werden, welche er bereits mit dem TÜV Rheinland besprochen hat. Denn trotz der strikten Vorschriften gibt es hier immer noch einen Ermessensspielraum seitens des Prüfers vor Ort.

Vermeidung von Enttäuschungen an den Prüfstellen vor Ort (Teil 2): Ein weiterer wichtiger Faktor besteht darin, dass die einzelnen Prüfstellen des TÜV Rheinland verschiedene Schwerpunkte haben. Dies ist ganz einfach auch ein wenig von den Mitarbeitern vor Ort abhängig. Wenn diese selber Tuning-Fans sind, erleichtert das natürlich die

Zusammenarbeit. Durch die Online-Anfragen werden die Tuning-Fans also nicht zwingend zur räumlich nächstgelegenen Prüfstelle gelotst. Wenn es eine Prüfstelle in »vertretbarer Entfernung« gibt, in der ein Prüfer mit Leidenschaft für das Thema Tuning vor Ort ist – bestenfalls sogar ein Experte für die Automarke des entsprechenden Tuning-Fans ist –, besteht die Möglichkeit, ihn dorthin zu verweisen.

Hier kann man also tatsächlich von einem »realen« Return on Investment sprechen, da die Aktivitäten im Social Web direkt mit dem Abverkauf verbunden werden.

Fazit

Der TÜV Rheinland verfügt unter *facebook.com/legmichtiefer* aktuell über knapp 18.000 Fans. Tendenz steigend. Zahlreiche dieser Nutzer haben inzwischen konkrete Umbauvorhaben mit dem TÜV Rheinland geplant, umgesetzt und erfolgreich an den Prüfstellen des Unternehmens abnehmen lassen. Es gibt also durchaus auch Beispiele, bei denen ein handfester Return on Investment gemessen werden kann. Dies ist jedoch abhängig von den Rahmenbedingungen, dem Geschäftsmodell, den Zielsetzungen etc. In der Praxis ist es dann oftmals eher so, dass weniger der Return on Investment, sondern eher Key Performance Indicators im Vordergrund stehen, um die Ziele zu definieren und somit den Erfolg messbar zu machen.

15.9 Interaktionen als neue Leitwährung des Social Web

Zum Abschluss dieses Kapitels möchten wir noch einmal ein wenig abschweifen und das Thema Erfolgskontrolle im Social Web um eine weitere Facette ergänzen.

Im Zusammenhang mit dem Social Web treten immer wieder Begriffe wie Engagement, Involvement und Interaktion auf. Hierbei werden die klassischen »quantitativen Daten« mit »qualitativen Werten« kombiniert. Denn nur so können neuartige Messgrößen entstehen, welche den Entwicklungen und Auswirkungen im Social Web wirklich gerecht werden.

Die hierfür erforderlichen Parameter gehen jedoch weit über die klassischen Messgrößen, wie Ad Impressions, Page Impressions, Klicks und so weiter hinaus. Hier ein kleiner Denkanstoß: Ein Nutzer mit 500 Freunden teilt zehn Nachrichten mit Bezug zu unterschiedlichen Marken innerhalb seines Netzwerks. Zuerst einmal stellt sich die Frage, welche Relevanz die 500 Freunde tatsächlich haben. Sind dies einfach zusammengeklickte Nutzer oder tatsächlich bestehende Kontakte. Natürlich haben auch die zehn geteilten Nachrichten nicht alle die gleiche Relevanz. Ein wichtiger Faktor ist beispielsweise die Qualität des geteilten Content. Handelt es sich dabei um einen simplen Klick auf den »Gefällt mir«-

Button oder einen umfangreichen Kommentar, eine Statusmeldung mit wenigen Worten oder eine aussagekräftige Botschaft, eventuell mit einem Video garniert, und so weiter. Wie relevant ist die jeweilige Botschaft für das Netzwerk des Nutzers. Die Aussage einer Mutter mit vielen weiblichen Freunden, die über Babynahrung spricht, hat in der Regel eine andere Auswirkung, als wenn die gleiche Botschaft von einem Mann mit überwiegend männlichen Freunden, ohne Kinder und mit Interessen wie Fußball, Rugby und Party geteilt wird. Wie viele Interaktionen hat die geteilte Information erhalten. Wurde sie einfach nur veröffentlicht oder intensiv von den Freunden des Nutzers bewertet, kommentiert und mit deren Netzwerk geteilt. Und dies sind nur einige Faktoren, die bei solchen Bewertungen in Betracht gezogen werden können.

Unter dem Strich gehen wir davon aus, dass insbesondere solche Interaktionen zu einer Art zentralen Leitwährung im Bereich Social-Media-Marketing heranwachsen, die zu einer qualitativ möglichst hochwertigen Verbreitung via »passiver Viralität« beitragen und im Newsfeed weiterer Nutzer erscheinen.

Zukünftig wird also weniger die »nackte quantitative Reichweite« in Form von AIs, PIs & Co. im Mittelpunkt stehen, und stattdessen könnten qualitativ wesentlich hochwertigere Interaktionen zur Bewertung des Erfolges und damit auch zur Planung weiterer Maßnahmen an Bedeutung gewinnen. In Kombination mit der Reichweite des Netzwerk-Effekts, der »passiven Viralität« (wie viele Nutzer hatten letztendlich einen Hinweis in ihrem Newsfeed), erzielen Aktionen dann auch bei dieser Form der Berechnung eine Reichweite, die sich durchaus sehen lassen kann und vor allem Quantität mit Qualität verbindet.

15.10 Werbung als gern gesehener Gast ...

Dies könnte nicht nur die Messbarkeit von Social-Media-Kampagnen optimieren, sondern eventuell die Kommunikation an sich. Denn dann würden Nutzer seltener mit Werbung belästigt, an der sie kein Interesse haben beziehungsweise die sie oftmals sogar als störend und ärgerlich empfinden. Im Gegenzug würden Unternehmen ihr Geld verstärkt in Maßnahmen investieren, bei denen sie nicht ungebetene, sondern gern gesehen (Werbe-)Gäste sind. Eigentlich eine schöne Vorstellung ... Oder?

Return on Investment: Beispiele und Informationen im Bereich Social Media
Samsung hat bei dem Relaunch seiner US-Website verschiedene Social Web-Funktionen integriert (Kundenbewertungen, Fragen und Antworten, Facebook- und Twitter-Buttons) und dabei versucht, mithilfe verschiedener KPI den ROI zu messen. Hier die Ergebnisse beziehungsweise Steigerungen nach 75 Tagen: 113 Prozent mehr Postings im Social Web, 444 Prozent mehr Likes auf Facebook, 22 Prozent mehr Traffic auf der Unternehmenswebsite, 33 Prozent mehr Unique Visitors, 262 Prozent mehr Kundenbewertungen, 277 Prozent mehr geteilte Inhalte, 321 Prozent mehr Logins, 1021 Prozent mehr Fragen seitens der Nutzer.
Burger King Whopper Sacrifice Facebook-Applikation: Geschätztes Investment < 50.000 Dollar. Geschätzter Return > 400.000 Dollar in Presse/Media-Berichterstattung beziehungsweise 32 Millionen kostenlose Impressions.
Lenovo = Reduzierung der Callcenter-Aktivitäten um 20 Prozent, da Kunden sich untereinander in einer Community-Website austauschen.
Das Unternehmen Blendtec konnte seinen Umsatz durch die Videoserie »will it blend« auf YouTube um 700 Prozent steigern.
37 Prozent der Generation Y hatten bereits einen Kontakt mit dem neuen Ford Fiesta via Social Media, noch bevor das Modell in den USA überhaupt auf den Markt gekommen war.
Ford investiert inzwischen 25 Prozent des gesamten Marketingbudgets in Digital/Social Media (das Unternehmen ist der einzige amerikanische Autobauer, der im Rahmen der Wirtschaftskrise keine Unterstützung seitens der Regierung benötigte).
Naked Pizza hat seinen Verkaufsrekord pro Tag via Social Media erzielt (68 Prozent der Verkäufe wurden via Twitter generiert, 85 Prozent der neuen Kunden stammten von Twitter).
Der Software-Anbieter Intuit konnte seinen Umsatz durch die Integration einer »Live Community« innerhalb von zwei Jahren um jährlich 30 Prozent steigern.
Die Software-Firma Genius.com berichtet, dass sich 24 Prozent der hauseigenen Social-Media-Leads in Verkaufsmöglichkeiten wandeln.
Das MD Anderson Cancer Center der University of Texas konnte die Registrierungen mithilfe von Social Media um 9,5 Prozent steigern.
Der Web Hosting-Provider Moonfruit konnte mit einem Investment von 15.000 Dollar den Traffic der Website um 300 Prozent steigern. Der Umsatz erhöhte sich zeitgleich um 20 Prozent und das Unternehmen landete bei Google auf der ersten Ergebnisseite für einen stark nachgefragten Suchbegriff.
eBay hat herausgefunden, dass Mitglieder einer Online-Community 54 Prozent mehr ausgeben und die durchschnittlichen Kosten pro Support-Anfrage eines Kunden via dem Contact-Center 12 Dollar betragen, die Kosten im Bereich Self-Service hingegen nur 0,25 Dollar.

16. Controlling – Vertrauen ist gut, Interaktionen sind besser

Lenin war sicher alles andere als ein Vordenker im Social Web. Aber eines seiner bekanntesten Zitate hat auch hier durchaus seine Gültigkeit: Vertrauen ist gut, Kontrolle ist besser.

Denn die tollste Kampagne auf Facebook oder wo auch immer nutzt nun einmal wenig, wenn sie nicht die gewünschten Effekte erzielt. Im vorangegangenen Kapitel 15 *Return On Investment – Erfolgskriterien auf Facebook* haben wir bereits versucht, Licht ins Dunkel zu bringen, ob und wenn ja, wie die Wirkung von Kampagnen im Social Web überhaupt gemessen werden kann.

In diesem Kapitel wollen wir nun einige Möglichkeiten vorstellen, welche Daten sich erheben lassen und wie das funktioniert.

16.1 Facebook-Statistiken – Demografie trifft auf Reichweitenmessung

Faccbook bietet ein Statistik-Tool, das unterschiedliche Parameter erfasst und Daten zum Besucherverhalten auf einer Facebook-Seite liefert. Das Tool kann ganz einfach über den Administrationsbereich einer Facebook-Seite erreicht werden.

Das Statistik-Tool liefert unter anderem folgende Auswertungen:
- Anzahl der Fans.
- Freunde von Fans (indirekte Reichweite).
- Personen die darüber sprechen (dieser Wert summiert sämtliche Nutzer, die innerhalb der letzten sieben Tage eine Interaktion auf einer Facebook-Seite vorgenommen haben >> zum Beispiel »Gefällt mir« angeklickt, kommentiert, auf der Timeline gepostet >> wobei jeder Nutzer nur einfach gezählt wird, auch wenn er mehrere Interaktionen durchgeführt hat).
- Wöchentliche Reichweite insgesamt (Anzahl der Nutzer, die Inhalte gesehen haben, die mit einer Seite verknüpft sind)
- Seitenbeiträge (welche Art von Statusmeldungen erzeugen welche Wirkung? Reichweite, Viralität, Nutzer die darüber sprechen).
- Demografische Daten der Fans (Geschlecht, Alter).
- Beliebteste Länder.
- Beliebteste Städte.
- Beliebteste Sprachen.
- Wo kommen die Fans her (Werbeanzeigen, direkt auf der Seite, Facebook-Empfehlungen, Handy etc.).

- Wie wurden Nutzer erreicht (organisch via Statusmeldungen, bezahlt via Werbeanzeigen, viral via Interaktionen und Empfehlungen von Freunden).
- Wie häufig wurden wie vielen Nutzern die Inhalte eingeblendet.
- Anzahl Seitenaufrufe und einmalige Besucher.
- Tab Views (welcher Reiter wurde wie oft betrachtet).
- External Referrers (über welche externen Websites sind die Nutzer auf die Facebook-Seite gelangt, zum Beispiel Google).

Insbesondere im Zusammenspiel mit der Logfileanalyse der eigenen Unternehmenswebsite – vorausgesetzt, dass eine entsprechende inhaltliche Verknüpfung erfolgt – liefern diese Daten bereits relativ aufschlussreiche Informationen zur Wirkung der Aktivitäten auf Facebook (siehe Abbildung 50 auf der folgenden Seite).

Tipp

Mit der Funktion »Daten exportieren« erhält man zahlreiche weitergehende Statistiken in Form einer csv-Datei. Diese kann in Excel importiert und dort detailliert analysiert und ausgewertet werden.

Doch das Statistik-Tool ist inzwischen nicht mehr nur auf Facebook selbst begrenzt, sondern kann auch Interaktionen via Social Plug-ins auf externen Seiten messen. Somit kann man nachvollziehen, ob und wenn ja welche Social Plug-ins, wie oft und von wem genutzt wurden sowie zu wie vielen zusätzlichen Impressions und Klicks dies geführt hat. Außerdem erfasst dieses Tool auch Interaktionen, die daraus resultieren, dass Nutzer einen Link zu der Website via Timeline-Eintrag oder Statusmeldung verfasst haben.

Hier eine Übersicht Auswertungen, welche dieses Statistik-Tool liefert:

»Gefällt mir«-Schaltfläche
- Impressionen der »Gefällt mir«-Schaltfläche
- Klicks auf die »Gefällt mir«-Schaltfläche
- Impressionen auf Facebook, welche durch diese Klicks erzeugt wurden
- Verweise von Facebook (Anzahl der zusätzlichen Nutzer, die via Hinweis in ihrem Newsfeed auf die Website gelangt sind)
- Click-Through-Rate
- Demografie (Alter, Geschlecht, Land, Sprache)
- Beliebte Seiten (auf welchen Seiten wurde die »Gefällt mir«-Schaltfläche am häufigsten angeklickt)

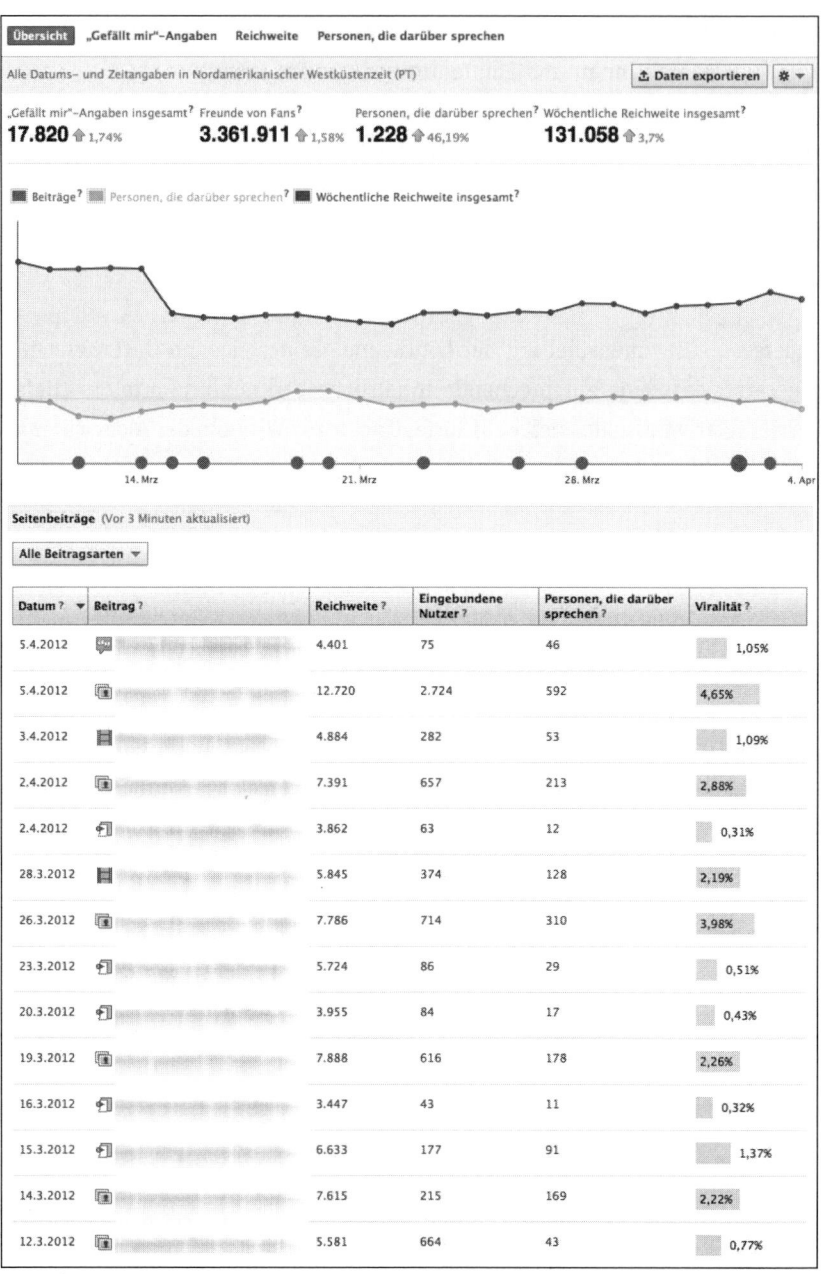

Abbildung 50: Auszüge der Daten aus dem Controlling Tool einer Facebook-Seite. Im oberen Bereich findet man Basis-Daten zur Reichweite. Weiter unten eine Auswertung, wie gut welche Statusmeldungen, Inhalte und Formate funktionieren (Text, Bild, Video, Link). Diese Seite, von der dieser Screenshot stammt, zeichnet sich durch eine relativ hohe Viralität der Beiträge auf der Seite aus. Werte von fast 5 Prozent wie bei diesem Projekt sind extrem gut. Oftmals liegen selbst gute Werte bei anderen Seiten weit darunter.

Organisch geteilte Inhalte (wie oft wurde eine Seite via Statusmeldung oder Timeline-Beitrag auf Facebook geteilt)

- Anzahl der geteilten Inhalte
- Impressionen auf Facebook, welche dadurch erzeugt wurden
- Klicks (Anzahl der zusätzlichen Nutzer, die via Hinweis in ihrem Newsfeed auf die Website gelangt sind)
- Click-Through-Rate
- Demografie (Alter, Geschlecht, Land, Sprache)

Kommentarfeld

- Impressionen der »Kommentar-Box«
- Anzahl der Kommentare
- Anzahl der Impressions der Kommentare im Newsfeed anderer Nutzer
- Klicks (Anzahl der zusätzlichen Nutzer, die via Hinweis in ihrem Newsfeed auf die Website gelangt sind)
- Click-Through-Rate
- Demografie (Alter, Geschlecht, Land, Sprache)

Klingt interessant? Unter folgendem Link findest du eine kurze Anleitung, wie du diese Statistiken für deine eigene Website aktivieren kannst: *http://developers.facebook.com/docs/insights/*

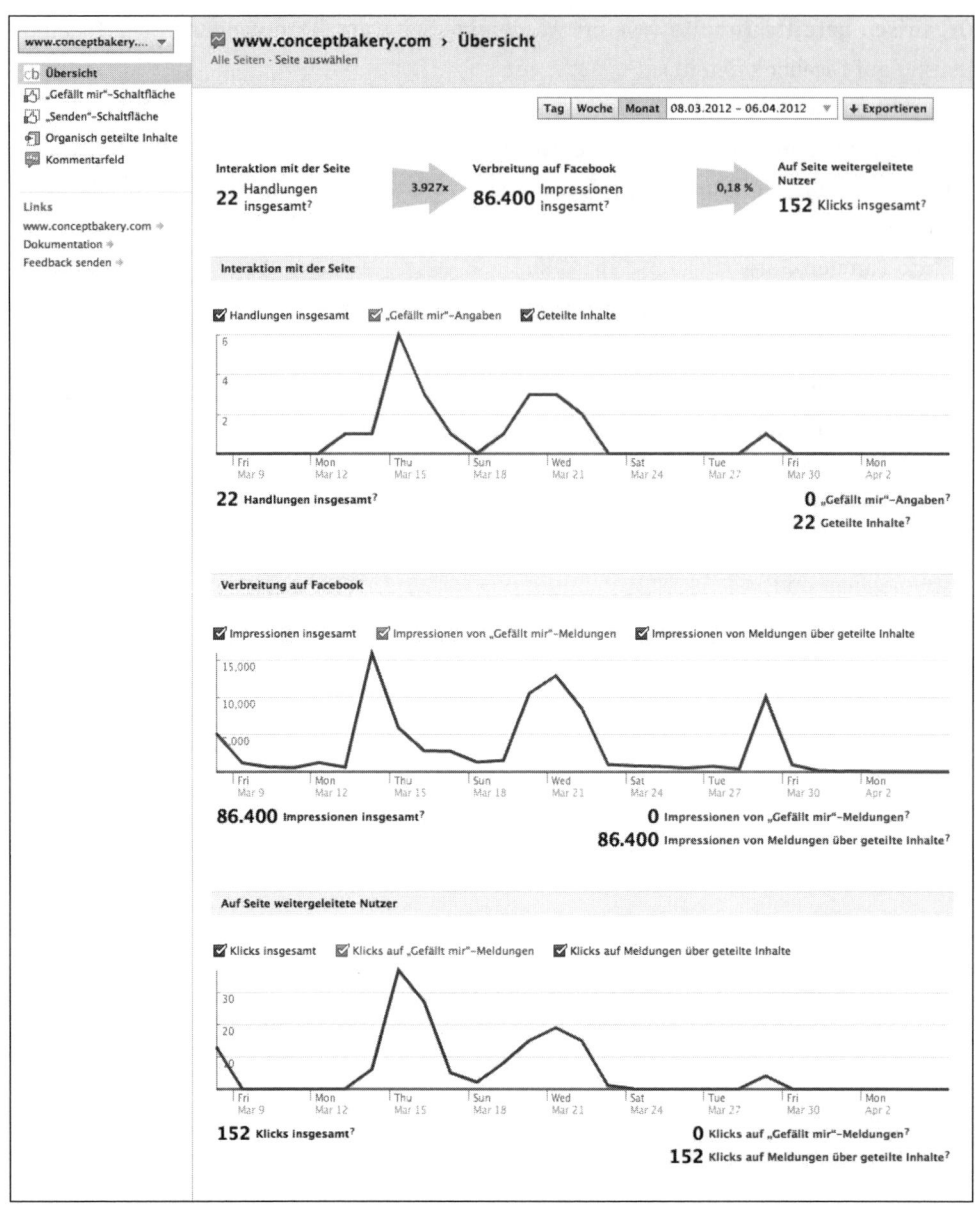

Abbildung 51: Auszüge der Daten aus dem Controlling Tool einer Facebook-Seite für externe Websites im Zusammenspiel mit den Social Plug-ins von Facebook, inklusive Nutzerverhalten, demografischen Daten, Interaktionen und vieles mehr.

16.2 Google Analytics – Sinnvolle Ergänzung der Facebook-Statistiken

Wie im Kapitel 8.8 *Anlegen und Bearbeiten eigener Reiter* beschrieben, werden sämtliche Inhalte in selber angelegten Reitern via iFrame in Facebook eingebunden. Dies erleichtert die Integration von Google Analytics als zusätzliches Analyse-Tool. Hierfür muss lediglich der Tracking-Code, welchen Google für eine Seite generiert, in die entsprechenden Unterseiten integriert werden, welche wiederum auf Facebook eingebunden werden. Anschließend kann man verschiedene zusätzliche Daten erfassen, welche das Facebook-Tool nicht bietet. Hierzu zählen unter anderem folgende Paramater:

- Durchschnittliche Besuchszeit
- Wie viele Seiten hat ein Nutzer durchschnittlich betrachtet?
- Aufteilung neue und wiederkehrende Nutzer.
- Informationen zu Besuchertrends und Besuchertreue.
- Provider und Verbindungsgeschwindigkeiten der Besucher.
- Weitere Informationen betreffend der Zugriffsquellen und detailliertere Ansichten (zum Beispiel, wie viele Nutzer kommen über welche Suchbegriffe, AdWords Anzeigen oder Sponsored Search Kampagnen auf YouTube).
- Welche Inhalte werden genau betrachtet (Facebook zeigt zwar an, welche Reiter wie oft besucht werden, wenn jedoch innerhalb des iFrames mehrere Seiten betrachtet werden, die untereinander verlinkt sind, kann man die Zugriffe auf diese Unterseiten nur via Google Analytics nachvollziehen).
- Häufigste Ausstiegsseiten (wo verlassen die Nutzer ihre Facebook-Seite).
- Seitenanalyse (optische Darstellung, welche Elemente auf einer Seite am meisten angeklickt werden).
- Welche Seitenauflösung, Betriebssysteme und Browser nutzen die Besucher?
- Definition und Nachverfolgung von Zielen (wie viele Nutzer haben vorab definierte Pfade oder Unterseiten auf einer Seite betrachtet, zum Beispiel »vielen Dank für die Bestellung/Registrierung«).

Neben diesen zusätzlichen Parametern und weitreichenderen technischen Möglichkeiten merkt man außerdem, dass Google Analytics immer noch die ausgereiftere Oberfläche hat. Die Reports sind übersichtlicher und besser strukturiert. Kein Wunder. Hier hat Google einfach noch einen gewissen Entwicklungsvorsprung. Facebook hat in den vergangenen Jahren diesbezüglich zwar stark aufgeholt, aber eben noch nicht aufgeschlossen. Allerdings ist das Zusammenspiel von Facebook und Google Analytics noch nicht voll ausgereift. Daher sind die Daten nicht zu 100 Prozent valide und somit mit Vorsicht zu genießen.

Die Integration von Google Analytics bedeutet kaum zusätzlichen Aufwand, liefert aber wertvolle Informationen. Sobald man also eigene Reiter in die Facebook-Seite integriert, zum Beispiel eine Landingpage für eine spezielle Kampagne, sollte man dieses zusätzliche Analyse-Tool nutzen – auch wenn es keinerlei Daten zu den Standard-Reitern von Facebook wie Timeline, Info oder Fotos liefert.

Die derzeit einzig nennenswerte Alternative zu Google Analytics ist PIWIK. Für das Thema Besucher-Tracking sind beide Lösungen effektiv und funktional.

Unterschied ist, dass Piwik selbstgehostet wird. Es kann bequem über ein Skript installiert werden, das die wesentlichen Voraussetzungen eigenständig prüft und eine lauffähige Umgebung hinterlässt, in die man sich nur noch einloggen muss.

Gerade in Bezug auf Datenschutz kann dieses Thema eine interessante Alternative zu Google werden.

16.3 Kostenpflichtige Tools – Ein kleiner Überblick

Neben den kostenlosen Möglichkeiten von Facebook und Google gibt es verschiedene Dritthersteller, welche kostenpflichtige Tools anbieten, um ein tiefer gehendes Controlling zu ermöglichen. Diese verknüpfen diverse Datenquellen miteinander und ermöglichen somit plattformübergreifende Auswertungen in einer zentralen Oberfläche.

Führende Anbieter bieten im Wesentlichen folgende Controllingbausteine:

Pages: Auswertung nahezu jeder Komponente einer Facebook-Seite auf Basis der Daten, welche das Facebook-Controlling-Tool zur Verfügung stellt.

Applikationen: Applikationen bieten zahlreiche Möglichkeiten, mehr über die Besucher der eigenen Facebook-Seite zu erfahren. Diese Tools ermöglichen Interaktionen, im Zusammenhang mit einer Applikation auszuwerten.

Facebook Ads: Wie viele Nutzer klicken auf eine Anzeige bei Facebook? Wie viele davon klicken den »Gefällt mir«-Button? Sprich: Wie hoch ist die Conversion Rate? Welche weiteren Aktivitäten vollziehen diese Nutzer auf der Facebook-Seite?

Reiter: Welche extra Reiter, die auf einer Facebook-Seite eingerichtet wurden, werden wie oft besucht? Welche Handlungen vollziehen die Nutzer dort?

Flash: Tracking der Interaktionen von Nutzern auf Flash-Inhalten innerhalb der eigenen Facebook-Seite.

Content Sharing: Wie oft werden Inhalte geteilt oder kommentiert?

User Tracking: Auswertung des gesamten Pfades, dem Nutzer auf einer Facebook-Seite folgen (welche Inhalte werden in welcher Reihenfolge angeklickt). Wie oft kommen einzelne Besucher wieder? Wie viele Seiten besuchen sie?

Cross Channel-Controlling: Über welche Kanäle kommen die meisten Besucher auf eine Facebook-Seite? Vergleich des Nutzerverhaltens auf einer Facebook-Seite mit den Nutzeraktivitäten auf der Unternehmenswebsite oder dem Corporate Blog.

Fans versus Non-Fans: Wie viele Views stammen von welcher dieser beiden Zielgruppen?

Auswirkungen von Twitter auf Facebook-Seiten-Visits: Hierbei werden Aktionen beziehungsweise Tweets auf einer Zeitachse abgebildet und mit den Besucherzahlen der Facebook-Seite verglichen. Beispielsweise hat ein Unternehmen an einem bestimmten Tag eine Sonderaktion via Twitter angekündigt. Zeitgleich steigt auch die Anzahl der Besucher der Facebook-Seite. Dies legt den Schluss nahe, dass die zusätzlichen Besucher eventuell durch den Beitrag auf Twitter generiert wurden. Mithilfe einer Zeitachse, auf der diese beiden Events – Twitter-Posting und Anstieg der Besucherzahlen einer Facebook-Seite – visualisiert werden, kann die Wirkungsweise einzelner Maßnahmen besser nachvollzogen beziehungsweise in einen Zusammenhang gebracht werden. Dieser Mechanismus funktioniert auch mit anderen RSS-Feed, wie zum Beispiel einem Blog oder Kalender. Durch diesen Vergleich lassen sich Rückschlüsse darüber ziehen, welche Maßnahme welche Auswirkung gehabt haben könnte.

Tipp

Selbstverständlich kann man eine vergleichbare Analyse auch in »abgespeckter Form« ohne eine elegante optische Oberfläche innerhalb eines professionellen Controlling-Tools durchführen. Schließlich weiß man in der Regel, welche Maßnahmen unabhängig von Facebook durchgeführt werden und kann diese logisch miteinander verknüpfen und daraus ableiten, dass ein Zuwachs des Besucherstroms auf bestimmte Aktionen zurückzuführen ist.

Außerdem gibt es auch Anbieter von professionellen Lösungen mit einigermaßen erschwinglichen Preisen, die zum Teil auch kostenlose Basis-Varianten bieten.

Hier ein Beispiel: *www.allfacebookstats.com*

Traffic Alert: Sobald bestimmte Traffic-Parameter erreicht werden, zum Beispiel eine bestimmte Anzahl neuer Fans pro Tag, erhält man eine automatische Benachrichtigung. Natürlich nur, soweit man diese Alerts wünscht.

iPhone-App: Diese bieten die Möglichkeit, auch via Mobiltelefon auf das Controlling-Tool zuzugreifen.

Einige dieser Funktionen bietet bereits der clevere Einsatz von den kostenlosen Controlling-Werkzeugen, welche Facebook und Google bereitstellen. Hinzu kommt, dass sich in Flash-Elemente durchaus auch eigene Controlling-Mechanismen einbauen lassen, somit kann man durch eine gekonnte Verknüpfung der verfügbaren kostenlosen Tools bereits ein recht weitreichendes Controlling betreiben.

Kostenpflichtige Werkzeuge bieten all diese Funktionen relativ unkompliziert in einer vorgefertigten und optisch ansprechenden Umgebung. Hier hat man alle erforderlichen Daten auf einem Blick. Per Knopfdruck können die unterschiedlichsten Reports erstellt werden. Und vieles mehr. Allerdings sind diese professionellen Controlling-Werkzeuge oftmals auch relativ teuer. Hier sprechen wir in der Regel von Kosten im fünf- bis sechsstelligen Bereich pro Jahr.

Letztendlich muss jedes Unternehmen selber abschätzen, wie intensiv es ein entsprechendes Controlling betreiben möchte, ob der damit einhergehende Aufwand gerechtfertigt ist und ob man lieber eine eigene Lösung entwickeln oder ein professionelles Tool in Anspruch nehmen möchte.

Fazit

Es gibt diverse kostenlose Controlling-Tools, um die Aktivitäten auf einer Facebook-Seite zu messen. Durch eine geschickte Verknüpfung dieser Werkzeuge und weiterer Informationen über andere Marketingmaßnahmen erhältst du bereits sehr gute Informationen, um die Performance des eigenen Facebook-Auftritts zu analysieren und zu optimieren. In der Regel reicht das vollkommen aus. Professionelle Controlling-Tools bieten all diese und einige weitere Funktionen in einer optisch ansprechenden und vor allem zentralen Oberfläche. Aufgrund der verhältnismäßig hohen Kosten sind diese Tools jedoch eher für große Unternehmen sinnvoll. Außerdem sind sie hilfreich, wenn wirklich zahlreiche verschiedene Datenquellen miteinander verknüpft werden sollen. Denn in diesem Fall werden die kostenlosen Controlling-Tools ab einem gewissen Zeitpunkt ein wenig unübersichtlich. Bis man diesen Punkt erreicht hat, vergeht jedoch einige Zeit. In der Regel stehen dann auch die Kosten für ein professionelles Controlling in einem gesunden Verhältnis zum Gesamtbudget einer Kampagne.

16.4 Social-Media-Monitoring und semantische Analysen

Natürlich ist es äußerst wichtig stets zu wissen, was über Unternehmen/Produkte erzählt wird. Nur so kann man auf unter Umständen kritische Beiträge frühzeitig reagieren und dafür sorgen, dass diese einen möglichst nicht überraschen.

Es gibt unzählige kostenfreie Tools, die intelligent miteinander verknüpft ein effektives Monitoring ermöglichen. Wichtig hierbei ist jedoch, die dabei gewonnen Daten ständig zu hinterfragen.

Ein besonders beliebtes und trendiges Thema sind semantische Analysen. Schließlich möchte man nicht nur wissen, wie viel über einen gesprochen wird, sondern auch, ob das positiv oder negativ ist. Und das am besten automatisch. Das ist jedoch leider leichter gesagt als getan.

Gerade Anbieter für semantische Analysen, gerne auch Tonalitäten-Analyse genannt, sind nach unserer Erfahrung mit äußerster Vorsicht zu genießen. Bei sämtlichen, einigermaßen erschwinglichen Tools, haben wir leider immer wieder feststellen müssen, dass sie auf den ersten Blick toll aussehen. Die dabei generierten Daten auf den zweiten Blick jedoch nicht nur nicht haltbar sind, sondern zum Teil extrem verfälschen.

Dies liegt an zwei simplen Gründen:
1. Die Privatsphäre-Einstellungen vieler Social Networks lassen es schlichtweg nicht zu, dass externe Tools die Beiträge der Nutzer lesen können. Sprich: Monitoring-Werkzeuge können wenn überhaupt nur einen minimalen Bruchteil sämtlicher Beiträge anderer Nutzer auf Facebook & Co. finden und somit auch analysieren. Dadurch ist bereits die Datengrundlage vollkommen verfälscht.
2. Sprache ist extrem komplex. Die gilt insbesondere für die deutsche Sprache. Einzelne Begriffe können in verschiedenem Kontext und innerhalb verschiedener sozialer Milieus komplett unterschiedliche Bedeutungen haben. Wir Menschen wissen das. Automatische Analyse-Tools in der Regel leider nicht.

Lange Rede, kurzer Sinn: Wenn man ansatzweise valide Daten wünscht, kommt man um eine manuelle Erfassung leider nicht herum. Auch wenn dies einen erheblichen Aufwand bedeutet. Es lohnt sich. Denn es bringt schlichtweg nichts, sich von unseriösen Daten blenden zu lassen.

Hier unterstützen Tools wie Google Blog Search, Socialmention oder Addict-o-matic, um nur einige Beispiele zu nennen.

Wichtig ist zu bedenken, dass bei Internationalen Brands der Filter für die länderspezifischen Informationen nur mäßig funktioniert. Über »Erweiterte Suche« kann man in den meisten Fällen auch die Sprache einstellen. Allerdings muss man sich entscheiden, ob man ein kaum zu bändigende Fülle an Informationen erhalten will (da ungefiltert) oder nur die relevanten Informationen. Wobei in diesem Fall aufgrund fehlerhafter Filter auch einmal wichtige Informationen verloren gehen können.

Aus dem Nähkästchen

Das klingt hier ziemlich hart? Richtig! Und wir möchten auch kurz sagen, warum. Erst vor wenigen Tagen hat uns ein Kunde angesprochen, dass er von einem der weltweit führenden Monitoring-Anbieter eine Analyse seiner Aktivitäten im Social Web erhalten hat. Quasi als kostenlosen Mehrwert im Rahmen der Akquise. Wobei wir hier wie gesagt nicht von den absoluten Premium Tools sprechen, aber schon von einer Lösung, die pro Jahr mehr als 10.000 Euro kostet. Außerdem sei angemerkt: Wir würden uns über gute Monitoring-Lösungen für unsere Kunden freuen und das Thema zählt auch nicht zu unseren Einnahmequellen. Nur um zu vermeiden, dass der Eindruck entsteht, dass wir uns hier nur so kritisch äußern, weil wir es selber besser könnten oder durch entsprechende Lösungen Umsatz einbüßen würden. Beides ist definitiv nicht der Fall! Aber zurück zum Thema … Der Kunde war über die Werte verwirrt und hat uns diese zugesendet, damit wir sie gemeinsam einmal unter die Lupe nehmen können. Auf den ersten Blick sah das alles super aus. Wer sind die Multiplikatoren? Wie ist die Stimmung im Markt über unseren Kunden und seine Hauptwettbewerber? Usw. Doch auf den zweiten Blick ist das gesamte Daten-Kartenhaus in sich zusammengefallen. So clever es von dem Monitoring-Anbieter vermeintlich auch war, dem Unternehmen eine kostenlose Analyse zu erstellen, hat sich dieser damit doch einen Bärendienst erwiesen. Denn sowohl der Kunde als auch wir kennen die Daten der Marke nun einmal ganz genau und konnten bereits auf den ersten Blick sagen, dass das vorne und hinten einfach nicht stimmen kann. Wobei die Werte tatsächlich so weit auseinanderlagen, dass wir fast vom Glauben abgefallen sind. Daher auch die klaren Worte an dieser Stelle. Top-Influencer waren größtenteils Linkparks und Shopping-Portale. Jedoch keine realen Nutzer, die sich nur ansatzweise mit dem Kunden auseinandergesetzt hätten. Die Anzahl der Facebook Postings der Nutzer lag um mehrere Tausend Prozent unter den realen Werten. Denn offensichtlich kann das Tool die Beiträge der Nutzer auf dieser Plattform nur sehr bedingt einsehen. Und dergleichen mehr. Wir möchten nun nicht sämtliche Tools von vorneweg verteufeln. Mag sein, dass es hier gute Werkzeuge gibt, die wir schlichtweg nicht kennen. Aber wir können nur jedem Unternehmen empfehlen, solcherlei Daten sehr kritisch zu prüfen. Und zumindest bisher hat noch keines dieser Werkzeuge unserer Prüfung standgehalten.

17. Showcases – Beispiele aus der Praxis

Nach all der »grauen Theorie« und vereinzelten Showcase-Elementen entfachen wir auf den folgenden Seiten nun ein kleines Feuerwerk diverser Beispiele aus der Praxis. Und das zusammengesetzt aus sowohl großen, international bekannten Marken als auch kleinen und mittelständischen Unternehmen. Was haben diese Unternehmen beziehungsweise Kampagnen besser gemacht als viele andere? Welche Bausteine haben sie eingesetzt? Wie haben sie diese miteinander verknüpft? Was für ein Aufwand hat dahintergesteckt? Und wie waren die Ergebnisse? Dann mal viel Spaß und Vorhang auf.

Hinweis

Einige Showcases sind bereits etwas älter und daher teilweise noch im alten Facebook-Layout. Davon sollte man sich jedoch nicht beirren lassen. Denn die Ideen und Vorgehensweisen hinter diesen Beispielen sind auch heute noch brandaktuell und lesenswert.

17.1 Ravensburger – Verspielt ins Social Web

Die Ravensburger AG ist einer der führender Anbieter von Spielen, Puzzles, Kinder- und Jugendbüchern sowie Beschäftigungsprodukten im deutschsprachigen Raum. Das Produktspektrum ist sehr umfangreich und deckt sämtliche Altersgruppen ab.

Die Schwierigkeit beim Aufbau der offiziellen Facebook-Seite des Unternehmens *(www.facebook.com/ravensburger)* und Word-of-Mouth-Kampagnen bestand darin, möglichst viele Zielgruppen von Ravensburger »unter einen Hut zu bekommen«. Dabei sollte der Fokus einerseits auf Produkten für Kinder in Form eines entsprechenden Reiters liegen. Zum anderen sollten Spiele- und Puzzle-Fans via eigenständigen Reiter angesprochen werden. Das Design wurde für das neue Timeline-Layout der Facebook-Seiten optimiert.

Im Rahmen der Osterzeit wurde die neue Facebook-Seite mit einer ganz besonderen Aktion zum Auftakt gelaunched: Das Facebook Freunde memory®. Hier wurden verschiedene Funktionalitäten genutzt, die nur Facebook ermöglicht *(https://www.facebook.com/ravensburger/app_197680213673847)*.

Schritt 1: Einbindung der Facebook-Freunde in das Spieldesign.
Bevor der Nutzer das memory® spielen kann, muss er, wie bei Applikationen auf Facebook üblich, die benötigte Datenfreigabe zulassen. Im Anschluss werden automatisch per Zufallsgenerator sieben Freunde aus dem persönlichen Netzwerk auf Facebook des Nutzers als memory®-Motive unter die zugedeckten Karten geladen.

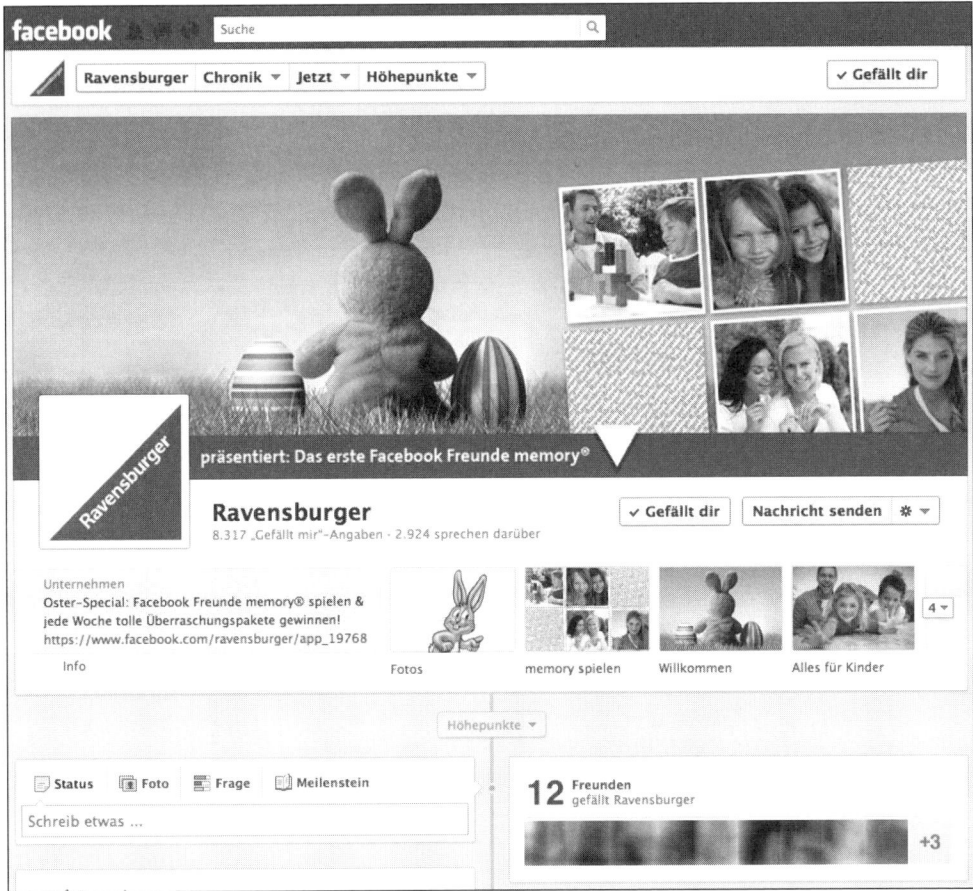

Abbildung 52: Die Chronik der Ravensburger Facebook-Seite mit einem aussagekräftigen Titelbild, inklusive Hinweis zum Oster-Special.

Dies sorgt für einen Überraschungseffekt beim Aufdecken der Karten und einen höheren Spielspaß (wobei es eine Zusatzfunktion gibt, mit der man auch gezielt bestimmte Freunde auswählen kann, um diese in das memory® einzubinden). Die Facebook-Freunde werden zum festen Bestandteil des Spiels und erhöhen wiederum die Verbreitung der Aktion innerhalb des persönlichen Netzwerks. Denn entsprechende »soziale Inhalte« werden besonders gerne geteilt.

Schritt 2: Teilnahme am Gewinnspiel.
Sobald der Nutzer alle memory®-Paare gefunden hat, stoppt die Spielzeit und er kann am Gewinnspiel teilnehmen. Dabei wird die jeweilige Bestzeit automatisch in eine Highscore-Liste eingetragen. Diese zeigt dem Nutzer neben den Top 10 direkt die Highscores seiner

Freunde an, die das memory® schon gespielt haben. Somit wird direkt ein zusätzlicher Anreiz gegeben, die Bestzeiten der Freunde zu unterbieten oder diese herauszufordern.

Abbildung 53: Hinter den memory®-Motiven befinden sich die Bilder der eigenen Freunde. Die Integration einer Highscore-Liste erhöht den Spaßfaktor und die virale Verbreitung im Freundes- und Bekanntenkreis. Im unteren Bereich wird dem Nutzer die aktuelle Anzahl seiner Lose angezeigt und wie er diese erhöhen kann (Freunde einladen).

Schritt 3: memory® teilen und Gewinnchance erhöhen.
Im Anschluss an die Gewinnspielteilnahme kann der Nutzer zusätzliche Lose sammeln und seine Gewinnchance erhöhen, indem er Freunde und Bekannte einfach auf Facebook oder per E-Mail einlädt, das memory® zu spielen.

Ohne große Werbebudgets konnten allein innerhalb der ersten drei Wochen nach Launch der Facebook-Seite 10.000 Fans gewonnen werden.

Zentrale Erfolgsfaktoren dieser Kampagne:
- **Einfachheit:** Der Applikation hat einen einfachen Ablauf mit wenigen Zwischenschritten.
- **Überraschungseffekt:** Der Nutzer kann das Spiel mehrfach spielen und wird immer wieder aufs Neue verblüfft, welche Freunde per Zufallsgenerator in dem memory®-Spiel auftauchen.
- **Social by Design:** Die Applikation ist sowohl einfach als auch stylisch umgesetzt. Daneben sind verschiedene Share-Komponenten integriert.
- **Hohe Viralität:** Durch die Erhöhung der Gewinnchance via Einladung von Freunden und Bekannten. Neben dem Losverfahren bietet der Highscore einen weiteren Anreiz zur weitreichenden Verbreitung und erhöht den Fun-Faktor.
- **Personalisierung des memory®-Spiels:** Durch die Integration von Bildern aus dem Netzwerkfreundeskreis sorgt die Applikation für mehrfachen Spielspaß für den Nutzer.

Fazit

Das Erfolgsrezept lag in der geschickten Einbindung der Facebook-Freunde des Nutzers sowie der gezielten Nutzung der aktiven und passiven Viraltät zur Stimulierung von Gesprächsstoff innerhalb der Zielgruppen. Das Feedback von den Nutzern auf der Facebook-Seite zur Aktion zeigte eindeutig, dass die Nutzer wiederholt sehr viel Spielfreude an dem Facebook Freunde memory® hatten. Anhand der Anzahl der Lose konnte festgestellt werden, dass der Mechanismus zur Erhöhung der Gewinnchance sehr gut funktionierte und viele Nutzer Einladungen an Freunde und Bekannte verschickten. Ohne großen Mehraufwand konnte das Facebook Freunde memory® auch nach dem Gewinnspiel-Zeitraum noch weiter genutzt werden.

17.2 leg.mich.tiefer powered by TÜV Rheinland – Mit Vollgas zu DER Tuning-Community

Der TÜV Rheinland ist Autofahrern und besonders Tuning-Fans oftmals eher ein Dorn im Auge. Denn wer geht schon gerne zum TÜV? Daher wurde eine Social-Media-Story entwickelt, die das Image des Unternehmens insbesondere in der Tuning-Community auflockern sollte. Weg vom erhobenen Zeigefinger, hin zum Partner auf Augenhöhe. Dabei entstand die Positionierung »leg.mich.tiefer – das wünscht sich jedes Auto. Und wir ihm auch. (powered by TÜV Rheinland)«.

Auf *www.facebook.com/legmichtiefer* finden eingefleischte Autoliebhaber alles, was Tuning-Herzen zur Hochgeschwindigkeit bringt. Eine Kombination aus Infomaterial, zum Beispiel über die TÜV Rheinland Prüfstellen, sowie unterhaltsamen Inhalten machen leg.mich.tiefer zu einer aktiven Facebook-Seite.

Neben der Facebook-Präsenz von leg.mich.tiefer werden weitere Kanälen wie Twitter, Flickr und YouTube genutzt. Im Jahr 2011 wurde der Fokus auf die Facebook-Seite gelenkt und diese Step by Step optimiert.

1. Schritt: Optimierung der Facebook-Seite

Um mehr Drive auf der Facebook-Seite zu generieren, wurde ein Social Plug-in auf dem bestehenden Community-Portal *www.legmichtiefer.com* und Verlinkungen auf anderen Kanälen platziert.

Nach dem Relaunch beinhaltet die Seite nun folgende Reiter: »Willkommen«, »Tuning-Style«, »Tuning-Experten« und »Prüfstellen«. Unter »Willkommen« erhalten die Nutzer einen Überblick zu den verschiedenen Reitern und Aktionen, welche die Seite bietet. Unter »Tuning-Experten« können die Fans ihre Anfrage an einen Tuning-Experten vom TÜV Rheinland senden. Dies erleichtert die Planung von Tuning-Vorhaben und trägt dazu bei, das die Gefahr, einen Umbau nicht »über den TÜV zu bekommen«, erheblich reduziert wird. Positiver Nebeneffekt: Das Vorgehen fungiert als verkaufsfördernde Maßnahme. Denn wer sein Umbauvorhaben einmal mit dem TÜV Rheinland geplant hat, geht nur in den seltensten Fällen zur Konkurrenz. Seit der Chronik-Umstellung stellen die Nutzer nun auch ihre Fragen vermehrt über die Facebook-Nachrichtenfunktion.

Abbildung 54: Timeline der Facebook-Seite »leg.mich.tiefer«.

2. Schritt: »Tuning-Style« checken

Zeitgleich zum Relaunch konnten Fans ihren sogenannten Tuning-Style herausfinden. Mit
einfachen Klicks durch eine Bilder-Auswahl wird ermittelt, welcher Style-Typ man in Sachen Tuning ist. Das Ergebnis ist mit dem eigenen Freundeskreis teilbar. Gekoppelt war
dieser Test mit einem Gewinnspiel. Unter allen Teilnehmern wurde beispielsweise eine
Heißluftballonfahrt oder auch eine Taxifahrt auf dem Nürburgring verlost. Nach Gewinn-
spielende wurde das Gewinnspielformular entfernt, man kann trotz allem noch »just for
fun« seinen persönlichen Tuning-Style checken. Auch ohne die Gewinnspielkomponente
wird der Test noch häufig angewendet.

3. Schritt: »Auto der Woche«

Was als eine kleine und feine Mitmach-Aktion begonnen hat, hat sich zu einem großen Foto-Contest entwickelt. Fans können Bilder von ihren getunten Autos auf der Chronik hochladen, die restlichen Nutzer können via »Gefällt mir«-Angabe ihrem Favoriten eine Stimme geben. Einmal wöchentlich wird an einem festgelegten Tag zu einer bestimmten Uhrzeit geprüft, wer die meisten Votes aus der Community bekommen und somit das Rennen gemacht hat. Der Gewinner erhält neben dem Titel »Auto der Woche« eine Woche lang einen präsenten Platz inmitten des Titelbildes. Alle Informationen über die Aktion findet man auf einem separaten Reiter. Des Weiteren gibt es einen Foto-Slider mit allen Gewinner-Bildern, die zusätzlich noch im klassischen Facebook-Album dargestellt werden.

Der Clou der Aktion ist, dass sie nicht auf einem extra Reiter laufen muss, da kein Preis verlost wird und das Ganze somit laut Nutzungsrichtlinien nicht unter die Kategorie Gewinnspiel fällt. Der Sieg verschafft den Tunern Anerkennung. Das eigene »Schätzchen« auf dem Titelbild einer großen Facebook-Seite zu sehen ist für die meisten Tuning-Fans unbezahlbar. Durschnittlich hoffen fünfzig Tuner, dass ihr Bild am Ende der Woche die meisten Votes erhält.

4. Schritt: »Tuning-Quartett«

Aufgrund des großen Erfolgs wurde die Aktion »Auto der Woche« nun um eine zusätzliche Komponente erweitert. Die ersten 32 Gewinner werden im offiziellen Tuning-Quartett des TÜV Rheinland präsentiert. Dabei handelt es sich um ein Kartenspiel, bei dem jeder Gewinner auf einer eigenen Karte vorgestellt wird. Diese beinhaltet sowohl das Bild des Fahrzeugs als auch technische Daten. Somit entsteht ein Give-away von Fans für Fans.

Parallel zu den verschieden Aktionen werden Facebook-Anzeigen geschaltet. Dank der sympathischen Positionierung, interaktiven Aktionen und einer sehr aktiven und interessierten Zielgruppe erzielen die Anzeigen eine überdurchschnittliche gute Performance (Cost per Klick, Cost per Fan und ähnliche Werte sind extrem niedrig). Das bedeutet, dass wir für diese Facebook-Seite für besonders wenig Geld neue Fans generieren oder auch bestehende Fans über Specials informieren können.

Die Seite hat sich mittlerweile zu einer der führenden Austausch-Plattformen für Tuning-Interessierte entwickelt. Es werden nicht nur spezielle Anfragen zu Eintragungen gestellt, die Fans geben sich untereinander Tipps und posten unermüdlich ihre Schätze.

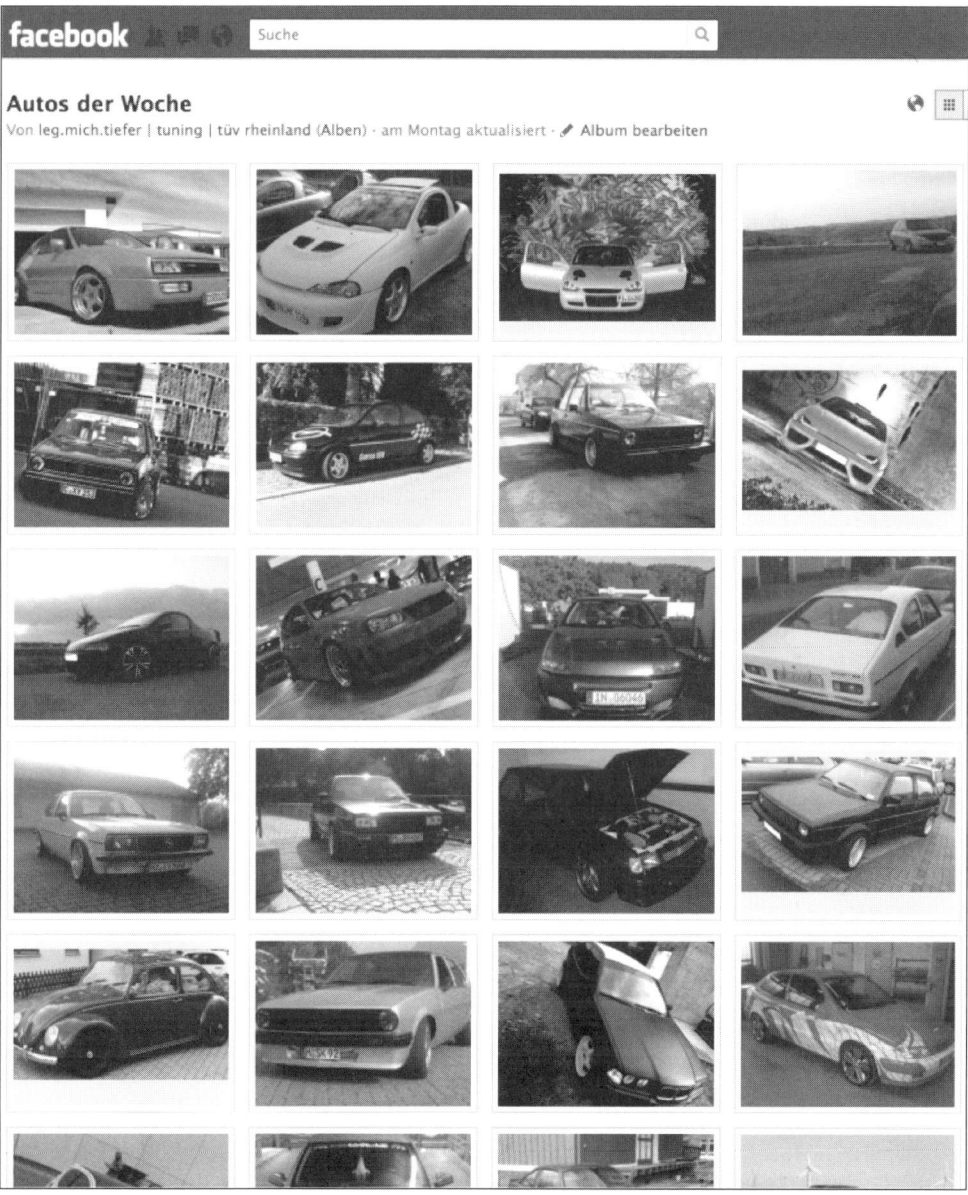

Abbildung 55: Screenshot des Foto-Albums »Auto der Woche«. Innerhalb von knapp 20 Wochen wurden hier mehr als 1.500 (oftmals sehr hochwertige) Bilder seitens der Nutzer auf der Timeline der Facebook-Seite des TÜV Rheinlands veröffentlicht.

Videos, Bilder und Umfragen, die von leg.mich.tiefer gepostet werden, erfahren besonders viel Resonanz von den Nutzern. So macht das (Social) Leben wirklich Spaß!

Zentrale Erfolgsfaktoren dieser Kampagne:

- **Gelungene Positionierung:** Die Story »leg.mich.tiefer – das wünscht sich jedes Auto. Und wir ihm auch.« hätten viele Nutzer dem TÜV Rheinland so nicht zugetraut. Diese lockere, mit einem Augenzwinkern gepaarte Aussage schafft Sympathie und baut Vorbehalte ab.
- **Dialog-Orientierung:** Der TÜV Rheinland lebt hier einen sehr intensiven Dialog mit seinen Fans. Diese können auf zahlreichen Kanälen mit dem Unternehmen interagieren und erhalten stets zeitnah eine kompetente Antwort.
- **Regelmäßige Aktionen:** Die Nutzer werden immer wieder mit Aktionen zu Interaktionen angeregt. So wird Gesprächsstoff rund um die Marke TÜV Rheinland generiert.
- **Crossmedia:** Die Tuning-Fans werden auch bei Offline-Veranstaltungen auf die Aktionen im Social Web hingewiesen. Wobei es sich hier natürlich um keine Einbahnstraße handelt, sondern auch online die Werbetrommel für Events gerührt wird. Dies geht soweit, dass die Gewinner einzelner Aktionen auf Facebook ihre Fahrzeuge auch auf Veranstaltungen des TÜV Rheinlands präsentieren können. Eine Art Ritterschlag für Tuning-Fans.
- **Günstig Reichweite aufbauen:** Dank sehr genauem Targeting und ansprechenden Aktionen kann bei dieser Kampagne trotz eines relativ geringen Budgets eine sehr hohe Reichweite mit Facebook-Werbeanzeigen erzielt werden.
- **VKF:** Die enge Verknüpfung der Kampagne mit den TÜV Rheinland Experten und Prüfstellen baut eine sehr direkte Brücke vom Social Web hin zum Offline-POS. So rechnet sich das Vorgehen nicht nur im Bezug auf die Optimierung des Image des Unternehmens, sondern auch auf dessen Umsatzzahlen.

Fazit

Das Ergebnis: Durch die erfolgreiche Facebook-Anzeige wurde in relativ kurzer Zeit innerhalb einer sehr eng abgesteckten Zielgruppe eine große Community aufgebaut. Unter den knapp 20.000 Fans befinden sich sehr viele aktive Nutzer. Besonders die Kampagne »Auto der Woche« zeigt auch nach dreißig Wochen hohe Resonanz, ganz ohne Verlosung. Diese Mitmach-Aktion verdeutlicht auf elegante Weise, dass man auch ohne großen Aufwand Aktionen umsetzen kann, die ein hohes Nutzer-Involvement haben.

17.3 Bosch Professional (B2B) – Wer ist hier der Bosch?

Ein beliebtes Vorurteil: Facebook eignet sich nur für die Ansprache von Endkunden (B2C). Falsch! Sowohl mit diesem als auch dem nächsten Showcase werden wir kurz zeigen, dass die Plattform auch im Bereich Geschäftskunden (B2B) sehr gut genutzt werden kann.

Bosch ist an uns herangetreten, um verstärkt eine jüngere Zielgruppen über Facebook anzusprechen, um sie möglichst frühzeitig und langfristig an die Marke zu binden. Allerdings nicht für die grünen Bosch-Heimwerker-Produkte, sondern mit Hinblick auf Bosch Professional, die blauen Werkzeuge für Gewerbetreibende. Mit dieser Produktlinie bedient Bosch Handwerk und Industrie europaweit.

Die große Herausforderung der Kampagne: Bitte keine Heimwerker ansprechen. Sprich: Wie kann Kommunikation gezielt auf angehende Tischler, Industriemechaniker oder auch Elektroinstallateure begrenzt werden?

Im Arbeitsleben der Handwerker sind Muskeln, aber auch Köpfchen gefragt. Genau das können junge Handwerker auch online auf der Facebook-Seite *www.facebook.com/bosch.profi.elektrowerkzeuge* sich und anderen beweisen. Beim Azubi Cup 2012 werden junge Professionals im Alter von 15 bis 25 Jahren dazu aufgerufen, in verschiedenen Herausforderungen ihr Können zu präsentieren.

Das Look and Feel sowie die Tonality der Kampagne strotzen vor Testosteron. In gleich drei Herausforderungen konnten angehende Handwerker fünf Wochen lang zeigen, dass sie der Bosch sind. Dabei wurden am Ende die drei Gewinner des Bosch Azubi Cup 2012 ermittelt und belohnt, die eine Erstausrüstung im Wert von 1.000 Euro oder auch ein Bosch Workshop gewinnen konnten.

Herausforderung 1: Dein bestes Stück

Die Kern-Disziplin ist die Suche nach Gesellenstücken. In fast allen Handwerksausbildungen bildet das Gesellenstück den Abschluss der Ausbildung. Der »Azubi Cup 2012« bietet eine Plattform die oftmals aufwendigen und auch kreativen Stücke zu präsentieren, die ansonsten außer bei der Prüfung oftmals leider wenig Beachtung finden. Die Teilnehmer können ihr »Meisterwerk« mit einem einfachen Bildupload, einem kurzen Titel sowie einen Beschreibungstext einreichen. Der Clou: Im Registrierungsprozess wurden auch Daten zum Beruf und der Berufsschule abgefragt. Somit wurde die Aktion auf die tatsächliche Zielgruppe – nämlich Auszubildende in bestimmten Berufszweigen – begrenzt. Die Community konnte via »Finde ich hammer« die Meisterstücke voten und bekam in der Galerie einen

Abbildung 56: Screenshot der Herausforderung 1 des »Azubi Cup 2012«.

Überblick über die Einreichungen. Außerdem wurde bei der Aktion eine weitere Hürde geschickt umschifft. Bei reinen User-Votings sind Enttäuschungen seitens der Nutzer programmiert. Denn leider gibt es immer wieder Nutzer, die bei einer Abstimmung mogeln. Technisch lässt sich dies leider auch nicht vollständig verhindern. Mit der entsprechenden Energie kann jeder Mechanismus ausgetrickst werden, der mehrfache Stimmagaben von ein und derselben Person verhindern soll. Andererseits führen solche Votings natürlich auch zu den gewünschten viralen Effekten. Schließlich ist es äußerst hilfreich, wenn die Nutzer ihr eigenes Netzwerk dazu animieren, für ein bestimmtes Gesellenstück abzustimmen. Was also tun?

Wie so oft liegt die Lösung hier in der goldenen Mitte: Es wurde ein Mechanismus verwendet, der das Nutzer-Voting mit einer Bosch Jury kombiniert. In dem Aktionszeitraum wurden sieben Wochengewinner von der Bosch Jury ausgewählt. Die drei Gesellenstücke mit den meisten Stimmen erhielten zum Ende der Aktion eine sogenannte Wildcard. Diese zehn Gewinner kamen nach Einreichungsfrist in das Finale, aus der die Bosch Jury nach den Kriterien Qualität und Kreativität den finalen Gewinner kürte.

Herausforderung: Schwing den Hammer
Die Kampagne sollte nicht nur Auszubildende ansprechen, die gerade ihre Prüfung gemacht haben, sondern sämtliche Lehrlinge in den entsprechenden Ausbildungsberufen umfassen. Daher wurde eine weitere Disziplin kreiert, welche sämtliche Azubis anspricht. Dies sollten mit Werkzeug und gerade mit dem Hammer umgehen können. Das können die angehenden Handwerker in einem Flash-Spiel unter Beweis stellen. »Schwing den Hammer« verlangt Schnelligkeit und Präzision. Mithilfe eines Bosch-Hammers müssen verschiedene Arten von Nägeln, die verschieden viele Punkte bringen, getroffen werden. Auch hier erfolgte im Rahmen des Gewinnspiel-Prozesses wiederum die Abfrage von Daten rund um die Ausbildung und Berufsschule, um die Teilnahme auf aktuelle Auszubildende zu beschränken. Im Aktionszeitraum gab eine Highscore-Liste Aufschluss über den aktuell besten Nagler. Dieser konnte eine Bosch Workwear in seiner Größe gewinnen. Natürlich kann der persönliche Highscore mit dem Freundeskreis geteilt werden, um diesen zu einem kleinen Wettkampf einzuladen. Auch nach Ende des Gewinnspiels ist das Flash-Spiel weiterhin online, sodass Fans »just for fun« nageln können.

Abbildung 57: Via Highscore Liste konnten die Nutzer sich mit anderen Teilnehmern vergleichen und festellen, wer nun wirklich der »beste Nagler« beim »Bosch Azubi Cup 2012« ist.

Disziplin 3: Die aktivste Berufsschule

Anhand der Teilnehmer aus Herausforderung 1 und 2 wurde die aktivste Schule ermittelt. Das heißt je mehr Teilnehmer ihr »bestes Stück« einreichten und den »Hammer schwangen«, desto höher stieg die Chance, die eigene Berufsschule zu der aktivsten zu machen und damit den Sieg zu holen. Dabei brauchten die Fans nicht zwangsläufig alle Aufgaben meisterlich abzuschließen. Schon allein die Aktivität und Teilnahme ging in die Bewertung der aktivsten Berufsschule mit ein. Der Gewinner der Berufsschulen erhielt einen Bosch Workshop. Mit diesem Baustein sollten die Schulen und Lehrer zusätzlich aktiviert werden, ihre Schüler auf die Aktion hinzuweisen, um den Preis für die eigene Schule zu gewinnen.

Die Bekanntmachung der Kampagne erfolgte über Facebook-Werbeanzeigen. Hier erzeugten besonders jene Anzeigen sehr gute Ergebnisse, welche auf Fans abzielten, die bereits mit den Seiten von Wettbewerbern von Bosch Professional vernetzt waren.

Zusätzlich wurde die Kampagne offline direkt an den Berufsschulen promotet. Dort informierte man die Azubis durch Plakate und Flyer über die Kampagne informiert. Die Printmaßnahmen waren mit einem QR-Code versehen, der direkt auf die Facebook-Seite führte.

Das Ergebnis: Innerhalb der Aktionslaufzeit wurden 6.000 neue Fans generiert und eine kommunikative junge Fanbase aufgebaut. Teilfunktionen wie das Auffordern, den Highscore zu knacken oder die Präsentation seines Gesellenstück-Favoriten, gaben der Aktion eine virale Komponente. Dabei kam die Kampagne insbesondere bei der jungen Zielgruppe sehr gut an.

Abbildung 58: Beispiel einer positiven Rückmeldung zu der Kampagne seitens eines Teilnehmers. Das geht runter wie Öl ;)

Zentrale Erfolgsfaktoren dieser Kampagne:
- Inhalt, Wording und Design waren relativ gewagt, aber passend zur Zielgruppe.
- Verschiedene Disziplinen und Mitmach-Aktionen für unterschiedliche Zielgruppen.
  So wurden sowohl angehende Gesellen als auch jüngere Auszubildende angesprochen.
  Außerdem wurden zusätzlich die Schulen und Lehrer aktiviert, um ihre Schützlinge für
  die Aktion zu motivieren.
- Geschickte Trennung zwischen Heimwerkern (Bosch grün) und Profis (Bosch Professional) dank Abfrage entsprechender Daten im Gewinnspiel-Prozess.
- Gezielter Aufbau von Reichweite. Sowohl direkt auf Facebook als auch offline direkt an
  der Berufsschule.

In den drei Herausforderungen, welche sich an branchenspezifischen Fertigkeiten orientierten, aber auch unterhaltsam waren, wurden das »hammermäßigste Gesellenstück«, der »beste Nagler« und die »aktivste Schule« gesucht und gefunden. Mithilfe der lockeren Kommunikation, Facebook-Anzeigen und raffinierten Teilfunktionen konnte die Fananzahl erheblich gesteigert werden. Und das zielgenau innerhalb einer stark eingeschränkten Zielgruppe im Umfeld B2B. Wobei die Herausforderung, Heimwerker außen vor zu lassen und sich auf Profis zu konzentrieren dank des beschriebenen Vorgehens erfolgreich gemeistert wurde.

17.4 REDKEN Deutschland – Social im B2B Bereich

Und hier ein weiteres Beispiel aus dem Bereich Geschäftskunden. REDKEN 5th Avenue NYC ist seit vielen Jahren einer der globalen Marktführer im Bereich professioneller Friseur-Dienstleistungen und Haarpflegeprodukte. Seit 1993 ist REDKEN in die L'Oréal Gruppe integriert.

Bei diesem Kunden bestand die Aufgabe in der Entwicklung und Umsetzung einer Business-to-Business-Strategie. Im Kern sollten Friseure und Stylisten angesprochen werden und für die REDKEN Produkte begeistert werden. Die Facebook-Seite sollte als interaktiver Kanal zwischen REDKEN und den Friseuren beziehungsweise Stylisten entstehen und damit eine noch stärkere Verbindung zwischen Unternehmen und Businesskunden herstellen.

Die Schwierigkeit bestand darin, über Facebook eine ganz bestimmte Zielgruppe zu erreichen, nämlich nicht Endverbraucher, sondern Businesskunden. Mit dem richtigen Konzept ist aber auch dies durchaus möglich.

Da die Facebook-Seite beim Beginn des Projektes bereits mit circa tausend Fans bestand, sind wir wie folgt vorgegangen:

Schritt 1:
Das Layout und die Struktur der Seite *www.facebook.com/redken.deutschland* wurde generalüberholt. Dies Seite bekam ein ganz neues Design und auch neue Inhalte: ein prominentes Profilbild, eine Willkommensseite, einen REDKEN-Markenwelt-Reiter, einen Salonfinder und ein Impressum.

Abbildung 59: Die REDKEN Willkommensseite mit allen Neuigkeiten der REDKEN Welt.

Die Willkommensseite fungiert als Newsvermittler. Dort finden die REDKEN Kunden und Fans immer die aktuellsten Aktionen und Neuigkeiten aus der REDKEN Welt, inklusive Videos und externen Inhalten.

Schritt 2: Die REDKEN Color Generation beginnt in Deutschland
Der Launch der REDKEN Chromatics Haarfarbe wurde auf dem REDKEN European Symposium in Berlin auf einem großen Offline-Event präsentiert.

Die Facebook-Seite wurde genutzt, um den Kunden und Fans diese Ereignisse näher zu bringen. Man konnte live an dem Launch teilhaben, da auf der Facebook-Seite Bilder, Videos und live Postings direkt vom REDKEN European Symposium übermittelt wurden. Dazu wurde ein extra Symposiums Reiter in die Seite integriert. Damit war der Facebook-Fan direkt hautnah am neuen Produkt – der Chromatics Haarfarbe – dran.

Zur Unterstützung dieser Einführung wurden ganz gezielt Facebook-Werbeanzeigen geschaltet. Dabei wurde sehr stark darauf geachtet, dass durch die Eingrenzung von Interessen im Speziellen Professionals, also Friseure und Stylisten, angesprochen wurden. Die Fanzahl sollte nicht durch Endverbraucher wachsen, sondern durch den Business-to-Business-Bereich.

Schritt 3: Werde Teil des REDKEN Lookbooks
Die Friseure und Stylisten sollten möglichst schnell mit der neuen Chromatics Haarfarbe in Kontakt kommen. Dafür wurde das Color-Generation-Gewinnspiel auf der Facebook-Seite veranstaltet. Dieses konnte durch die üblichen Facebook-Funktionen geteilt und versendet werden. Ziel war es, den Friseuren und Stylisten eine Plattform für ihre Kreativität zu geben und sie gleichzeitig mit der neuen REDKEN Haarfarbe vertraut zu machen.

Ausschließlich Professionals hatten die Möglichkeit, ihre mit Chromatics kreierten Looks einzureichen und damit Color-Generation-Botschafter zu werden. Diese Looks konnten zusätzlich von der Facebook-Community bewertet werden. Am Ende wählte eine REDKEN Jury die Gewinner. Diese haben eine professionelle Schulung verbunden mit einem Fotoshooting gewonnen, bei dem das offizielle REDKEN Chromatics Look Book entstanden ist.

Damit werden engagierte Fans Teil der Kampagne einer der weltweit führenden Marken im Bereich Hairstyling. Die stellt für die Nutzer natürlich einen großen persönlichen als auch geschäftlichen Mehrwert dar. Ganz nebenbei unterstreicht REDKEN damit ein wesentliches Element der eigenen Strategie, nämlich die eigenen Kunden in Form von Friseuren

Abbildung 60: Der REDKEN Color Generation Gewinnspiel Tab.

und Stylisten noch erfolgreicher zu machen, indem man diesen attraktive Möglichkeiten bietet, ihre eigenen Leistungen in Verbindung mit den REDKEN Produkten zu präsentieren.

Auch dieser Schritt wurde wieder mit Facebook-Anzeigen unterstützt. Diesmal wurden die Anzeigen im ersten Schritt der Aktion nur auf die bereits bestehende Community ausgerichtet. Nachdem eine gewisse Verbreitung erreicht war, wurden neue potenzielle Fans beziehungsweise Professionals angesprochen.

Schritt 4:
Im Rahmen der Facebook-Umstellung auf das Timeline-Format wurden auch der REDKEN Seite wichtige historische Meilensteine hinzugefügt. Texte und Bilder stellen die Geschichte des Unternehmens seit seiner Gründung 1960 dar und geben den Fans der Seite einen weiteren Mehrwert.

Das Ergebnis: Die Facebook-Seite hat innerhalb von vier Monaten mehr als 6.000 Fans hinzugewonnen und wächst weiterhin. Dabei handelt es sich im Kern um Professionals aus der Friseurindustrie.

Man kann ganz klar erkennen, dass die Facebook-Seite bereits jetzt zu einer besseren Kommunikation zwischen REDKEN und den Business-Kunden beigetragen hat, da die Fragen und Gespräche auf der Timeline hauptsächlich durch Professionals angestoßen werden und REDKEN beziehungsweise produktspezifische Themen beinhalten. Hinzu kommen zahlreiche Anfragen via Telefon & Co., die direkt auf die Facebook-Aktivitäten zurückgeführt werden können.

Fazit

Bei dieser Kampagne ging es im Kern um einen Business-to-Business-Aufbau. Die Facebook-Seite wurde zu einem weiteren Kommunikationsstrang zwischen REDKEN und deren Businesskunden.

Der Showcase zeigt sehr schön, wie solch eine spitze Zielsetzung mit den richtigen Mitteln erreicht wird. Durch das zielgruppenspezifische Gewinnspiel und das Targeting von Facebook-Anzeigen auf Professionals wurde die gewünschte Zielgruppe erreicht.

Die REDKEN-Facebook-Seite hat bereits nach vier Monaten eine aktive Business-to-Business-Plattform geschaffen. Tendenz steigend.

17.5 IKEA – Schwedisch, simpel und einfach gut

Nach unserem Geschmack zählt IKEA schon lange zu den Unternehmen, die richtig gutes Marketing betreiben und einen immer wieder positiv mit den unterschiedlichsten Kampagnen überraschen. Daher haben wir uns umso mehr gefreut, als wir auf die folgende Kampagne auf Facebook aufmerksam geworden sind. Ausgangssituation war diese: Im Herbst 2009 wurde ein neues IKEA-Einrichtungshaus im schwedischen Malmö eröffnet. Die Kampagne stammt daher quasi aus der »Facebook-Steinzeit«, ist aber trotzdem auch heute noch erwähnenswert.

Zur Eröffnung sollte möglichst viel Aufmerksamkeit generiert werden. Das Besondere an dieser Kampagne: All dies geschah ohne die Programmierung aufwendiger Applikationen oder ähnlicher, oftmals kostspieliger Bausteine. Es wurden einzig und allein kostenlose »Basis-Funktionen« von Facebook verwendet, die geschickt miteinander kombiniert und in innovativer Art und Weise genutzt wurden.

Die Kampagne beinhaltete folgende Bausteine:

Facebook-Profil: Zentraler Dreh- und Angelpunkt der Kampagne war das persönliche Profil des Marktleiters »Gordon Gustavsson«.

Foto-Album: Jeder Nutzer kann Fotoalben anlegen und dort eigene Bilder hochladen. Und genau das hat Gordon Gustavsson gemacht. Allerdings handelte es sich hierbei nicht um Bilder vom letzten Urlaub oder einer Party, sondern Bilder einiger IKEA-Showrooms. Sprich diese kleinen eingerichteten Beispielzimmer, die man in jedem IKEA-Katalog oder -Einrichtungshaus bewundern kann. Im Lauf der Kampagne wurden innerhalb von zwei Wochen insgesamt zwölf dieser Bilder hochgeladen.

Foto-Tagging: Der eigentliche Clou der Kampagne bestand in der cleveren Nutzung der »Foto-Tagging«-Funktion. Eigentlicher Sinn und Zweck der Funktion ist es, Personen auf einem Bild zu markieren und das Bild somit direkt mit ihrem Profil auf Facebook zu verlinken. IKEA hat eine »alternative Nutzung« in Form eines kleinen Gewinnspiels vorgeschlagen. Wer zuerst einen Gegenstand auf dem Bild markiert, bekommt ihn geschenkt.

Abbildung 61: Screenshot eines der Bilder der IKEA-Kampagne auf Facebook, auf dem zahlreiche Nutzer Gegenstände mit ihrem eigenen Namen markiert haben (Bildquelle: *www.gaestefabrik.wordpress.com*).

Die wesentlichen Erfolgsfaktoren dieser Kampagne lassen sich auf zwei Hauptbausteine herunterbrechen:

KISS – Keep It Simple And Short: Dieses Vorgehen hatte zwei wesentliche Vorteile. Erstens verursacht die Aktion kaum Kosten, da kostspielige Entwicklungsarbeiten entfallen. Es wurden einfach bestehende Mechanismen auf Facebook in einer neuen, um die Ecke gedachten Art und Weise genutzt. Zweitens weiß jeder Nutzer sofort, wie das Gewinnspiel funktioniert. Denn das Foto-Tagging zählt zu einer der beliebtesten Funktionen auf Facebook. Somit ist keine großartige Erklärung notwendig, sondern man kann direkt mitmachen.

»Passive Viralität«: Die Markierung eines Fotos stellt eine Interaktion dar, die auf dem eigenen Profil und somit auch in dem Newsfeed der Freunde angezeigt wird. Hierdurch hat die Aktion innerhalb kürzester Zeit ohne großen Aufwand Tausende Nutzer erreicht. Dabei wurde die Kampagne nicht als lästige Werbung, sondern als gelungene und lustige

Mitmachaktion mit Mehrwert empfunden. Die Nutzer haben nicht weggeklickt, sondern ständig nach weiteren neuen Bildern gefragt. Und auch damit haben sie zusätzlich zur Verbreitung der Kampagne beigetragen. Denn auch diese Kommentare wurden wiederum im Newsfeed des Freundeskreises angezeigt.

Diese beiden Faktoren haben dazu beigetragen, dass zahlreich über die Aktion berichtet wurde. Sei es in unzähligen Weblogs, Zeitschriften oder Büchern wie diesem hier.

Verbesserungsvorschläge? Haben wir bei dieser Kampagne keine. Hier können wir einfach nur sagen: »Hut ab!«. Die Aktion wurde zwar von Facebook kritisch beäugt und inzwischen ist es verboten, die Foto-Tagging-Funktion für vergleichbare Maßnahmen zu nutzen. Aber das kann IKEA egal sein. Denn die eigene Kampagne ist bereits abgeschlossen und hat ihren Zweck erfüllt.

Tipp

Unter folgender Adresse findet man ein Video, das die wesentlichen Inhalte der Kampagne innerhalb von knapp eineinhalb Minuten zusammenfasst: *www.youtube.com/watch?v=0TYy_3786bo*

17.6 Burger King – Tausche Freunde gegen Whopper

Burger King macht bereits seit Jahren immer wieder mit ungewöhnlicher Werbung von sich reden. Und das auch im Bereich Social Web. Neben diversen gelungenen Viral Videos wurde Anfang 2009 eine Kampagne namens »Whopper Sacrifice« ins Leben gerufen. Sprich: Auch dieses Beispiel stammt aus einer entfernten Vergangenheit, bietet aber auch heute noch Etwas zum Schmunzeln und hilfreiche Tipps.

Der Grundgedanke: Nutzer haben auf Facebook oftmals unzählige Freunde. Doch was sind diese wirklich wert? Die Frage: Wen lieben die Amerikaner mehr – ihre Freunde auf Facebook oder den Whopper in ihrem Bauch?

Die Kampagne bestand im Wesentlichen aus den beiden folgenden Bausteinen:

Microsite: Auf der Microsite *whoppersacrifice.com* wurde die Aktion vorgestellt: Nutze unsere Facebook-Applikation. Kündige zehn Freunden auf Facebook deine Freundschaft. Erhalte dafür einen kostenlosen Whopper. Außerdem beinhaltete die Microsite einen Counter, der in Realtime anzeigte, wie viele Freundschaften bereits im Rahmen der Aktion gekündigt wurden.

Facebook-Applikation: Es wurde eine Facebook-Applikation entwickelt, mit welcher die Freundschaften gekündigt und gegen einen kostenlosen Whopper eingetauscht werden konnten.

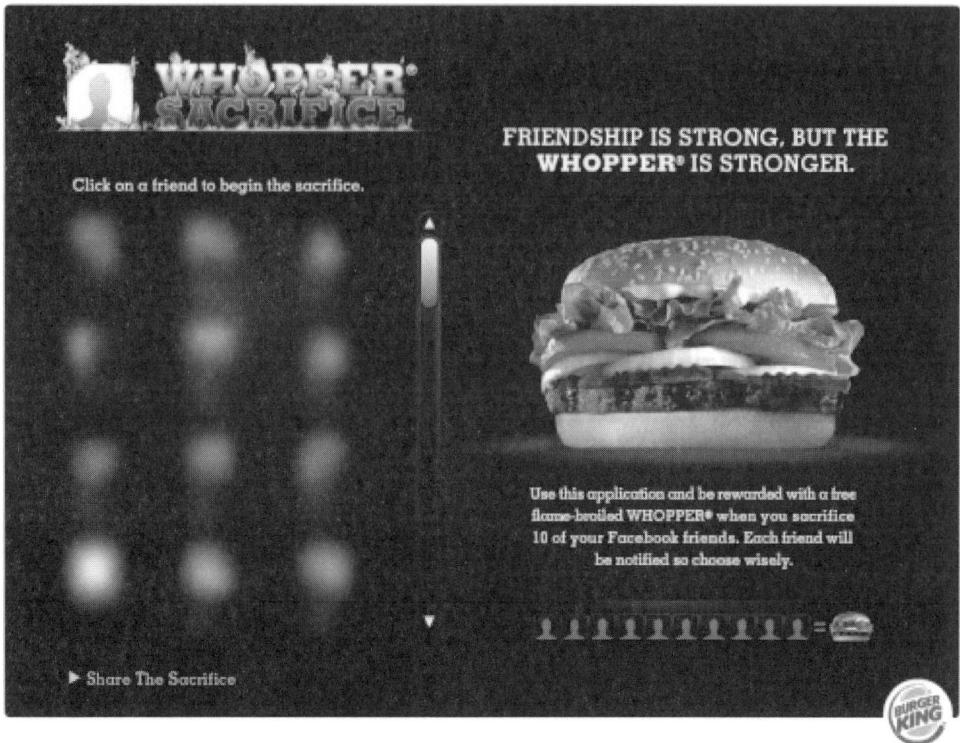

Abbildung 62: Die Applikation »Whopper Sacrifice« startete einen Aufruf an die Nutzer zehn Freundschaften auf Facebook zu kündigen, um im Gegenzug einen kostenlosen Whopper zu erhalten.

Die zentralen Erfolgsfaktoren dieser Kampagne lauten unserer Meinung nach wie folgt:

Um die Ecke gedacht: Auch bei dieser Kampagne wurde eine Funktion auf Facebook genutzt, die eigentlich jeder kennt, und für einen neuartigen Zweck verwendet.

Einfachheit: Die Kampagne hat eine einfache Aussage und Funktionsweise. »Kündige zehn Freundschaften auf Facebook und erhalte einen Gratis-Whopper.« Trotz kurzer Aufmerksamkeitsspanne ist dies etwas, das nahezu jeder innerhalb weniger Sekunden versteht.

Schabernack: Leute spielen sich gegenseitig gern einen Streich. Und genau das hat sich die Aktion geschickt zunutze gemacht. Dabei entstand ein regelrechtes Wettrennen, eine Freundschaft zu kündigen, bevor einem diese gekündigt wird.

Hohe Viralität: Die Aktion war lustig und frech. So etwas sorgt innerhalb kurzer Zeit für viel Gesprächsstoff. Und das hat die Grundlage für einen hohen Viralitätsfaktor bei dieser Kampagne gebildet.

Messbare Ergebnisse: In weniger als einer Woche wurden 233.906 Freundschaften von 82.771 verschiedenen Nutzern gekündigt. [10] Das jeweils aktuelle Ergebnis konnte in Echt-zeit auf der Microsite *whoppersacrifice.com* mitverfolgt werden.

Mut zur bewussten Provokation: Den Machern der Applikation mag durchaus bewusst ge-wesen sein, dass es sich hierbei um einen Ansatz handelt, den Facebook nicht unbedingt begrüßen wird. Und genau das ist auch eingetreten. Bereits nach weniger als einer Woche wurde die Aktion von Facebook unterbunden. Zu diesem Zeitpunkt hatte die Kampagne al-lerdings längst für den gewünschten Effekt in Form von zahlreichen aktiven Teilnehmern, Berichten in den Medien, Gesprächsstoff innerhalb der anvisierten Zielgruppe und so wei-ter gesorgt. Und dieses Vorgehen ist im Hause Burger King kein Einzelfall. Auch unabhän-gig von Facebook gab es bereits Kampagnen, bei denen von vornherein relativ klar war, dass sie keine lange Halbwertzeit haben. Da sie aber innerhalb kürzester Zeit dermaßen viel Aufmerksamkeit generieren, ist es letztendlich unerheblich, dass die Kampagne bald wieder eingestellt werden muss. Denn bis zu diesem Zeitpunkt wurden die gewünschten Ziele oftmals bereits erreicht.

Berichterstattung in den Medien: Die Aktion wurde in zahlreichen Berichten aufgegriffen. Eine erste Welle berichtete über die eigentliche Aktion. Eine zweite Welle dann noch ein-mal über die Reaktion von Facebook. Laut Burger King führte dies zu insgesamt 35 Millio-nen Medienkontakten. [11]

Einstellung der Aktion: Die Kampagne wurde bereits nach wenigen Tagen von Facebook unterbunden. Hier die Begründung: »We encourage creativity from developers and brands using Facebook Platform, but we also must ensure that applications follow users' expecta-tions of privacy. This application facilitated activity that ran counter to user privacy by

---

10   http://techcrunch.com/2009/01/14/facebook-blows-a-whopper-of-an-opportunity/

11   http://www.youtube.com/watch?v=XXd0UoxK-Ik

notifying people when a user removes a friend. We have reached out to the developer with suggested solutions. In the meantime, we are taking the necessary steps to assure the trust users have established on Facebook is maintained.«

Trotz der Einstellung der Kampagne durch Facebook kann man durchaus behaupten, dass die Kernaussage der Kampagne innerhalb weniger Tage untermauert wurde. Das Experiment war geglückt und der Beweis erbracht: Amerikaner lieben den Whopper mehr als ihre Freunde auf Facebook.

Tipp

Unter folgender Adresse findet man ein Video, das diese mit einem Cannes Lion ausgezeichnete Kampagne beschreibt: *http://www.youtube.com/watch?v=oOD_MYc6mOo*

17.7 STABILO – International Brand Page auf Basis eines Content-Management-Systems

Als mittelständisches Unternehmen ist STABILO mit seinen Stiften international vertreten. Dabei hat das Unternehmen in verschiedenen Märkten eine komplett unterschiedliche Marktpositionierung. Vom Marktführer bis hin zum Underdog. Dies wirkt sich natürlich auch auf die Größe des Marketingteams für das jeweilige Land aus. Mal besteht dies aus mehreren Personen, mal aus einer Person, welche mehrere Länder betreut. Eine Ausgangslage, welche sicher viele Unternehmen kennen, die zwar international tätig sind, aber eben nicht zu den großen Global Playern gehören.

Als sich STABILO entschieden hat, auf Facebook aktiv zu werden stand zuerst einmal eine Frage im Raum, die nach unserer Erfahrung ebenfalls viele Unternehmen betrifft. Sollen wir für jeden Markt eine einzelne Facebook-Seite machen? Hier sind dann zwar jeweils weit weniger Fans aktiv. Aber diese können landesspezifisch angesprochen werden. Oder sollen wir eine zentrale internationale Plattform schaffen? Hier wird die Power sämtlicher Fans gebündelt. Aber ist dabei auch eine regionale Ansprache möglich?

Die Antwort: Ja. Auch bei einer zentralen Seite ist eine regionale Ansprache möglich.

Bei STABILO wurde in folgenden zwei Stufen ein entsprechendes Vorgehen entwickelt.

Stufe 1: Unter *www.facebook.com/stabilo* haben wir eine internationale Brand Page entwickelt. Auf der Willkommensseite wurden die Nutzer auf Englisch empfangen. Zusätzlich fanden sie dort eine Box mit Sonderaktionen in verschiedenen Märkten. Sobald sie darauf klickten, wurden sie in ihrer Landessprache empfangen. Die Kommunikation via Timeline erfolgte hingegen in der jeweiligen Landessprache. Denn wie im Kapitel 8.14 *Statusmeldungen – Fortlaufende Kommunikation* beschrieben, können die einzelnen Postings regionalisiert werden, das heißt ein Nutzer aus Deutschland sieht nur Postings in Deutsch. Plus einige Postings in Englisch, welche an sämtliche Fans gerichtet sind. Ein Nutzer in Ungarn sieht nur Beiträge in Ungarisch. Ein Nutzer in Frankreich nur auf Französisch. Und so weiter. So konnte mit relativ einfachen Mitteln eine zentrale und internationale Anlaufstelle geschaffen werden. Diese konnte ganz einfach von den jeweiligen Mitarbeitern genutzt werden, welche die einzelnen Märkte betreuen, um landesspezifische Sonderaktionen durchzuführen und gleichzeitig von der internationalen Strahlkraft der Marke STABILO zu profitieren. Neben der zentralen International Brand Page wurden zusätzlich verschiedene Produktseiten auf Facebook gelaunched, zum Beispiel *www.facebook.com/point88*. Wobei diese jeweils eng mit der international Brand Page verknüpft sind.

Stufe 2: Dank der Umstellung von Facebook, wodurch Inhalte in extra Tabs nun verstärkt via iFrame eingebunden werden können und dabei technische Restriktionen entfallen, die bisher oftmals zu Problemen geführt haben (zum Beispiel Verwendung von Java Script), wurde die STABILO International Brand Page in ihrer Funktionalität erweitert. Die Inhalte werden nun nicht mehr statisch in die einzelnen Reiter integriert, sondern mithilfe eines Content-Management-Systems. Dies bietet folgende Vorteile:

• Die Inhalte der einzelnen Reiter können nun ganz einfach von den Mitarbeitern von STABILO bearbeitet und aktualisiert werden. Vorher war hierfür eine Agentur erforderlich.
• Das System ist mehrsprachig. Sowohl für die Mitarbeiter als auch die Besucher der Facebook-Seite.
• Das Ergebnis: Das System erkennt automatisch, aus welchem Land ein Nutzer stammt und blendet die Inhalte in der jeweiligen Landessprache ein. Nicht nur auf der Timeline, sondern auch auf sämtlichen selbst angelegten Reitern. Nur wenn keine Version in der jeweiligen Landessprache vorliegt, gelangt er auf die englischsprachigen Inhalte.
• Einzige Einschränkung: System-Elemente, wie das Profilbild oder der Info-Reiter können nicht mit einer automatischen Länderkennung versehen werden. Hier muss mit universellen Inhalten gearbeitet werden.

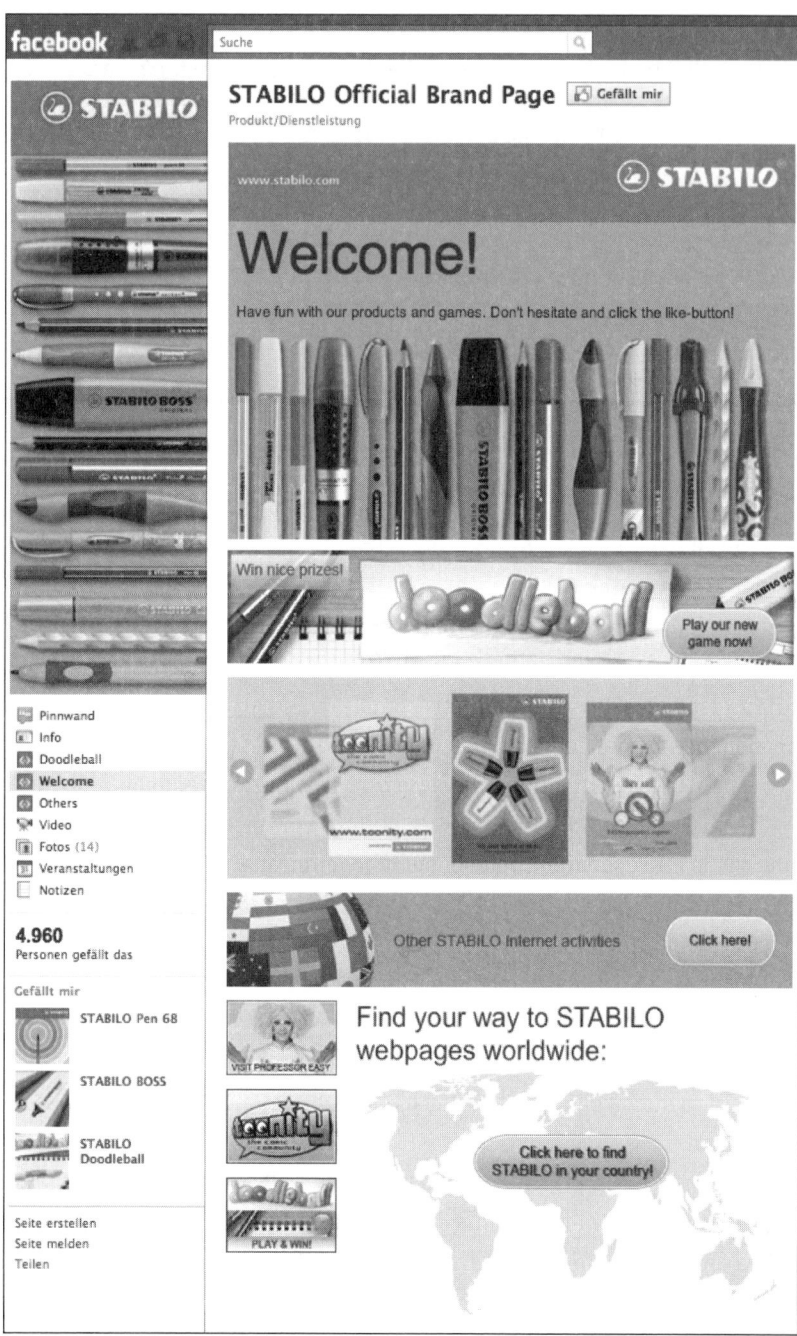

Abbildung 63: Screenshot der Landinpage der STABILO Official Brand Page während Stufe 1 – noch im alten Look & Feel und Facebook-Format.

• Sonderaktionen wie zum Beispiel Gewinnspiele, Votings, Foto-Galerien und dergleichen mehr können nun wesentlich einfacher und kostengünstiger eingesetzt werden. Denn diese beruhen nun immer öfter auf vorgefertigten Modulen.

Abbildung 64: Auf den neuen Reitern wird anhand der persönlichen Einstellungen des Nutzers erkannt, welche Sprache er spricht und ihm automatisch die entsprechende Version der Seite angezeigt. Dabei können sämtliche Inhalte via eines CMS von unterschiedlichen Mitarbeitern neu eingepflegt und bearbeitet werden.

17.8 Jugendbuch *Schattenauge* – Die Katzenmenschen erobern die Welt

Im März 2010 erschien ein neues Buch namens *Schattenauge* von Nina Blazon im Ravensburger-Buchverlag. Im Kern handelt es sich um einen Jugend-Fantasy-Roman, in dem zwei Personen durch ein gemeinsames Schicksal verbunden sind. Sie sind beide Katzenmenschen. Das sind Menschen mit besonderen Fähigkeiten, die ab einem gewissen Punkt außer Kontrolle geraten können und mitten unter uns »normalen« Menschen leben. Die männliche Hauptperson weiß bereits von diesem Schicksal, die weibliche hingegen noch nicht und befindet sich somit im Verlauf des Buches auf einer Art Suche nach sich selbst.

Die Zielgruppe des Buches sind Jugendliche zwischen 14 und 18 Jahren, hauptsächlich weibliche. Diese verbringen einen Großteil ihrer Tageszeit im Social Web. Daher war es naheliegend, eine Kampagne zu kreieren, die genau in diesem Umfeld für Gesprächsstoff sorgen sollte. Dabei sollten sowohl die Protagonisten des Buches persönlich erlebbar gemacht als auch das Thema des Buches aufgegriffen werden. Das Besondere an dieser Kampagne: Im Rahmen eines »Alternate Reality Games (ARG)« – hierbei handelt es sich um eine Art Spiel beziehungsweise Rätsel, in das die teilnehmenden Nutzer immer tiefer verstrickt werden – wurden Online-Komponenten mit Offline-Aktionen verbunden. Hierdurch sollte ein Spannungsbogen bis hin zum Launch des Buches und noch darüber hinaus erzeugt werden.

Hier eine Übersicht der wesentlichen Komponenten und des Ablaufs der Kampagne:

Persönliches Profil: Eine der beiden Hauptpersonen aus dem Buch, Zoe Valerian, hat ein persönliches Profil auf Facebook. Hierbei hat man sich für die weibliche Hauptperson entschieden, da diese ein höheres Identifikationspotenzial für die anvisierte Zielgruppe bietet. Mithilfe des Profils wurde circa zwei Monate vor Veröffentlichung des Buches gezielt ein persönlicher Freundeskreis mit Nutzern aufgebaut, welche sich für Bücher und den Bereich Fantasy interessieren.

Bei einer strengen Auslegung der Nutzungsbedingungen von Facebook wäre das persönliche Profil einer Romanfigur eigentlich als Verstoß anzusehen, der zu einer Sperrung des Profils führen könnte. In der Praxis toleriert Facebook solche Profile von »künstlichen Personen« jedoch zumindest bisher weitestgehend. Dies kann sich in Zukunft aber auch ändern. Sprich: Ein »persönliches Profil«, hinter dem sich keine »reale Person« verbirgt, sollte möglichst nicht das zentrale Element einer Kampagne auf Facebook bilden, sondern wenn überhaupt nur als Ergänzung dienen. In diesem Fall stand das persönliche Profil daher auch nicht langfristig im Mittelpunkt der Kampagne. Hinzu kommt, dass andere Bücher beziehungsweise Verlage bereits ähnlich verfahren und ein persönliches Profil für eine Romanfigur angelegt haben. Daher ist das Vorgehen von Ravensburger, sich in diesem Fall für ein persönliches Profil zu entscheiden, durchaus nachvollziehbar und wohl auch als relativ unkritisch zu betrachten.

ARG – Stufe 1: Der Startschuss der eigentlichen Kampagne war eng an den Inhalt des Buches angelehnt, den zu diesem Zeitpunkt natürlich noch niemand kannte. Hierbei hat Zoe einen Blackout und kann sich nicht mehr daran erinnern, was letzte Nacht passiert ist (diese Blackouts sind eine Eigenschaft der Katzenmenschen, die regelmäßig auftritt, sobald ihre Fähigkeiten außer Kontrolle geraten). Das Einzige, das ihr am nächsten Morgen auffällt, ist, dass sie ihr nagelneues iPhone verloren hat, das sie zu Weihnachten geschenkt bekommen hat. Und auf diesem iPhone befinden sich Inhalte, welche ihr helfen können, das Rätsel zu lösen, was letzte Nacht passiert ist. Mithilfe einiger bruchstückhafter Erinnerungen und ihrem Freundeskreis auf Facebook begann hiermit zuerst eine virtuelle und anschließend eine reale Schnitzeljagd. Diese fand im Wesentlichen auf der Pinnwand von Zoes Profil statt. Jeder Nutzer, der sich daran beteiligte, wurde hierdurch zu einer Art »Botschafter« der Kampagne. Denn die Kommentare erschienen auf dem eigenen Profil und somit auch in dem Newsfeed des eigenen Freundeskreises. Richtig. Stichwort »passive Viralität«. Das iPhone wurde an einem sicheren Platz offline versteckt und diente als zusätzliche Motivation, sich an der Aktion zu beteiligen. Denn wer das online gestellte Rätsel zuerst knacken und Zoe damit am besten weiterhelfen würde, würde zur Belohnung erfahren, wo sich das iPhone genau befand. Dieses durfte der Gewinner aus dem Versteck holen und behalten. Lediglich die darauf befindlichen Daten musste er auf Facebook hochladen. Dabei handelte es sich um ein Video, das als Grundlage für das nächste Rätsel diente.

ARG – Stufe 2: Auf dem Video sah man eine vermummte Gestalt, die ein unbekanntes Zeichen an eine Wand sprüht. Die zweite Stufe des Spiels bestand nun darin, herauszubekommen, was dieses Zeichen bedeutet. Während die Nutzer online versuchten, das Rätsel zu knacken, tauchte das Zeichen in zahlreichen deutschen Städten auf. Dieses wurde von einer Promotionagentur mit Kreidespray, das ganz einfach mit Wasser entfernt werden kann beziehungsweise nach dem nächsten Regen von ganz alleine verschwindet, im Umfeld diverser Schulen angebracht. Allerdings nicht im Umfeld irgendwelcher Schulen, sondern eben genau jener Schulen, welche die Nutzer besuchten, die sich am aktivsten an dem Spiel beteiligten. Denn diese Information hinterlegen viele Nutzer auf ihrem Profil. Schnell tauchte der erste Kommentar in der Form »Krass! Bei mir auf dem Weg zur Schule habe ich das Zeichen heute auch gesehen!« auf. Ein weiterer Baustein, um das Online-Spiel in die reale Offline-Welt der Zielgruppe zu integrieren. Die Nutzer wurden nun dazu aufgerufen, die Zeichen mit ihrem Handy zu fotografieren und die Bilder auf das Profil von Zoe hochzuladen. Denn neben den Zeichen befanden sich unterschiedliche Buchstaben. Daraus ergab sich natürlich das nächste Rätsel: Was bedeuten diese Zeichen? Sowohl alle Bilder, Uploads als auch die Vermutungen der Nutzer erhöhten wiederum die passive Viralität der Kampagne und trugen zur weiteren Verbreitung bei. Nachdem alle Buchstaben gefunden worden waren, knackte der erste Nutzer das Rätsel und gewann ebenfalls einen Preis. Das gesuchte Wort lautete »Panthera«. Wiederum ein Begriff aus dem Buch.

ARG – Stufe 3: Mithilfe des Begriffes »Panthera« konnte sich Zoe wieder daran erinnern, dass sie in der Nacht mit dem Blackout einen Jungen namens Gil kennengelernt hatte (die zweite Hauptperson aus dem Buch), der ihr irgendetwas über »Panthera« erzählt hatte. Auf dem iPhone befand sich die Nummer von Gil. Die Gewinnerin aus Stufe 1 wurde dazu aufgerufen, in dem iPhone nachzusehen und die Nummer an Zoe zu mailen. Doch Gil war nicht erreichbar und es ging nur die Mailbox dran, auf der eine Nachricht für Zoe platziert war. Diese Nachricht beinhaltete das nächste Rätsel. Sowohl die Telefonnummer von Gil als auch die Nachricht selber wurde auf Zoes Profil veröffentlicht. So konnten die Teilnehmer des Spiels entweder selber bei Gil anrufen oder sich die Nachricht als MP3 anhören. Die Lösung dieses Rätsels lautete »Katzenmenschen«.

Katzenmenschen-Facebook-Seite: Nach dieser Initialzündung in Form eines Alternate Reality Games wurde die eigentliche Kampagne nun auf eine Facebook-Seite verlagert. Hier gab es wiederum zahlreiche Rätsel, bei denen die Nutzer nun mehr darüber rausbekommen konnten, was sich hinter dem Phänomen Katzenmenschen verbirgt. Als Preise für die Teilnahme winkte den Gewinnern die Teilnahme an speziellen Katzenmenschen-Events, die in verschiedenen deutschen Großstädten durchgeführt wurden. Diese Events fanden in Verbindung mit dem Launch des Buches statt, bei welchem die Autorin und Vertreter der Presse innerhalb von Lesungen an speziellen Locations anwesend waren. Zu diesem Zeitpunkt wurde das Geheimnis gelüftet, was sich genau hinter der Kampagne verbirgt. Neben der Event-Lesung gab es noch spezielle Action-Events für die Gewinner des Facebook-Rätsels. Eine Gruppe nahm an einem Parcour-Workshop teil, bei dem sie lernten, sich wie Katzenmenschen elegant durch ein urbanes Umfeld zu bewegen. Eine andere Gruppe besuchte einen Stuntman-Workshop, bei dem sie zum Beispiel einen Sprung aus mehreren Metern Höhe machten. Der Bezug zum Buch wurde hierbei durch die Höhenangst hergestellt, unter der Zoe leidet. Bei diesen Events wurde also ein äußerst direkter Kontakt zwischen den Lese-Fans, dem Thema als auch der Autorin hergestellt. Für viele war das ein unvergessliches Erlebnis und die Feedbacks im Anschluss waren hervorragend. Selbstverständlich wurden diese Events auch mit Fotos und Videos dokumentiert, die wiederum auf der Katzenmenschen-Facebook-Seite veröffentlicht wurden. Dies schaffte weitere Begehrlichkeit, sich für eines der nächsten Katzenmenschen-Events zu qualifizieren, indem man das nächste Rätsel als einer der ersten Nutzer löste.

Katzenmenschen-Applikationen: Neben der Facebook-Seite gab es auch noch zwei Katzenmenschen-Applikationen auf Facebook. Eine bestand aus einer Art Quiz. Hierbei konnten die Nutzer feststellen, wie viel Katzenmensch in ihnen selber steckt. Denn eine der Kernaussagen des Buches ist, dass in jedem Menschen die Veranlagung zu einem Katzenmenschen liegt – dass jeder über besondere Fähigkeiten verfügt –, aber nur wenige diese so abrufen, dass dies zu einer Transformation zum Katzenmenschen führt. Bei der zweiten Applikation konnten die Nutzer testen, ob und wenn ja, wie viel Katzenmensch in bestimmten Freunden aus ihrem Facebook-Netzwerk steckt. Hierbei wählte der Nutzer einen seiner Freunde aus. In einer Datenbank waren zahlreiche lustige Sprüche hinterlegt, wie viel Katzenmensch in einer Person steckt und wie sich das äußert. Einer dieser Sprüche wurde mithilfe eines Zufallsgenerators ausgewählt und mit dem ausgewählten Freund in Verbindung gebracht. Die sorgte für jede Menge Spaß, den die Nutzer gerne mit ihren Freunden teilten. Denn das Ergebnis dieser Applikationen konnte natürlich jeweils auf dem eigenen Profil veröffentlicht und damit auch dem eigenen Netzwerk auf Facebook mitgeteilt werden.

Rezensions-Applikation: Nicht erst seit Amazon stellen Rezensionen einen äußerst kritischen Faktor für den Erfolg eines Buches dar. Daher war es naheliegend, die Facebook-Seite um die kostenlos verfügbare »Review«-Applikation zu erweitern, sodass Nutzer ihre Rezension zu dem Buch direkt auf Facebook abgeben konnten. Selbstverständlich wurde den Nutzern ein kleiner Mehrwert geboten, um möglichst zeitnah über möglichst viele Rezensionen zu verfügen. Unter allen Nutzern, die eine Rezension verfasst hatten, wurden kleine Preise verlost.

Abbildung 65: Die Applikation »Reviews« ermöglicht den Nutzern ihre Bewertung und Rezensionen zu dem Buch, direkt auf der Katzenmenschen-Facebook-Seite zu veröffentlichen.

Katzenmenschen-Word-Of-Mouth-Specials: Zusätzlich wurden noch diverse kleinere Katzenmenschen-Word-Of-Mouth-Specials umgesetzt. Beispielsweise wurde ein Event kreiert, das dazu einlud, sich an »Deutschlands größtem Schulstreich« zu beteiligen. Dieser war als eine Art Flashmob angelegt – also eine Aktion, bei der möglichst viele Menschen zusammenkommen und etwas Ungewöhnliches machen. In diesem Fall sollten die Teilnehmer die Pause dazu nutzen, um das Katzenmenschen-Logo an die Tafel in der eigenen Klasse zu malen. Unter allen Teilnehmern wurden verschiedene Preise verlost. Als Highlight winkte hier ein Apple iPad, das wenige Wochen nach der Aktion zum Verkauf bereitstand und zu diesem Zeitpunkt natürlich in aller Munde war.

Crowdsourcing-Aktion: Bei Crowdsourcing handelt es sich um ein Vorgehen, bei dem man sich die Kreativität der breiten Masse zunutze macht, indem man sie dazu einlädt, sich an bestimmten Prozessen zu beteiligen. Zum Beispiel indem sie ein Werbe-Video für ein Unternehmen produzieren, ein Design erstellen oder Ähnliches. Einerseits ist dies gut gedacht. Andererseits liegt die Teilnahmequote bei solchen Aktionen oftmals weit unter den Erwartungen der Unternehmen, weil nicht allzu viele Nutzer ohne Bezahlung oder vergleichbar relevante Mehrwerte wertvolle Ideen liefern möchten. Einer der wesentlichen Erfolgsfaktoren besteht also in dem Aufbau einer loyalen Community, welche sich nicht ausgenutzt vorkommt, sondern sich gerne aktiv an solchen Prozessen beteiligt. Genau dies war bei der Katzenmenschen-Facebook-Seite der Fall. Daher konnten die Nutzer bedenkenlos dazu aufgerufen werden, eigene Designs mit Bezug zu dem Thema Katzenmenschen zu entwickeln, um daraus T-Shirts zu erstellen. Das Ziel: ein Fanshop rund um das Buch – von Fans für Fans. Mögliche Einnahmen aus dem Shop werden einem wohltätigen Zweck gespendet. Das Ergebnis: Die Nutzer haben zahlreiche wirklich beeindruckende Motive erstellt und eingereicht. Jede dieser Einreichungen wurde wiederum von diversen anderen Nutzern in Form von Kommentaren gelobt. All diese Interaktionen führten dank der »passiven Viralität« wiederum zu einer weiteren Verbreitungswelle.

Die zentralen Erfolgsfaktoren dieser Kampagne lauten unserer Meinung nach wie folgt:

Geschickte Verknüpfung von Online- und Offline-Elementen. So faszinierend das Social Web auch ist, es wird die reale Welt niemals ersetzen. Und meist freuen sich Nutzer, wenn sie mit einer Kampagne oder den Personen hinter einer Facebook-Seite im »realen Leben« zusammentreffen. Diese Erfahrung haben auch schon diverse andere Projekte bestätigt.

Schaffung von Spannung. Eigentlich wissen die Nutzer, dass es sich um eine Art Spiel oder Rätsel handelt. Dennoch bleibt ein gewisser Hauch an Unsicherheit und Spannung bestehen: »Ist das nun real oder nicht?« Dies beflügelt die Fantasie der Zielgruppe und steigert somit die Motivation, sich voll auf ein Alternate Reality Game einzulassen.

Geschickte Nutzung von fertigen Applikationen und Facebook-Komponenten wie zum Beispiel dem Event-Feature. Mit diesen Komponenten konnten ohne allzu großen Aufwand die Reichweite der Kampagne gesteigert und zusätzliche Mehrwerte geschaffen werden.

Mit Leidenschaft bei der Sache! Die Kampagne wurde zu ihren Spitzenzeiten wirklich rund um die Uhr betreut. Auch spät abends oder am Wochenende erhielten die Nutzer in der Regel ein zeitnahes Feedback auf ihre Kommentare, Fragen und Anmerkungen. Dies wurde von der Zielgruppe sehr geschätzt, sodass eine äußerst loyale Community entstand, welche bei diversen Mitmachaktionen ein beeindruckendes Engagement an den Tag legte.

Abbildung 66: Im Rahmen einer Crowdsourcing Komponente erstellen Nutzer Produkte für einen Fanshop – von Fans für Fans – der direkt auf der Facebook-Seite eingebunden ist.

Das Erfolgsrezept lag in der geschickten Verknüpfung von Online- und Offline-Aktionen sowie der gezielten Nutzung der »passiven Viraltät« zur Stimulierung von Gesprächsstoff innerhalb der Zielgruppe. Außerdem belegte das Feedback der Nutzer eindeutig, dass es ein äußerst spannendes Erlebnis war, das Buch zu lesen, nachdem man schon mit einigen Personen daraus vertraut war. Einigen Lesern erschien es geradezu so, als ob Zoe bereits eine echte Freundin wäre, die sie durch das Buch begleitet. Eine tolle Sache. Sowohl für die Leser als auch die Autorin und den Verlag.

17.9 Skittles – Total süß im Social Web

Wenn Experten über erfolgreiche Unternehmen im Social Web sprechen, fällt früher oder später mit hoher Sicherheit der Name Skittles. Der Süßwaren-Hersteller hat schon sehr früh und intensiv auf das Social Web gesetzt. Bereits Anfang 2009 hat das Unternehmen seinen Internetauftritt komplett überarbeitet und in eine reine Social-Web-Präsenz verwandelt. Kern der Website war zu dieser Zeit eine Twitter-Suchseite, auf der sämtliche Tweets mit dem Begriff Skittles angezeigt wurden. Zusätzlich gab es eine kleine Navigation, die auf verschiedene Schaltstellen im Social Web verlinkte. Darunter auch auf die Skittles-Facebook-Seite. Diese hatte Anfang 2009 etwas mehr als 500.000 Fans. Nur ein Jahr später lag der Wert bei mehr als 4 Millionen Fans. Heute kann Skittles auf 21,5 Millionen Facebook-Fans verweisen. Wie kam es dazu und was macht das Unternehmen so erfolgreich?

Tipp

Neben unglaublich viel Lob bei der Einführung der reinen Social-Web-Website von Skittles Anfang 2009 gab es einen immer wieder geäußerten Kritikpunkt. Durch die automatische Veröffentlichung sämtlicher Tweets, welche den Begriff »Skittles« enthielten, wurden auch viele SPAM-Nachrichten auf Twitter und somit auch direkt unter *www.skittles.com* veröffentlicht. Um dies zu vermeiden, gibt es zum Beispiel Tools wie *www.twitdom.com/tidytweet/*. Diese ermöglichen eine manuelle Freigabe von Tweets, die Erstellung von Blacklists, bei denen Begriffe definiert werden, die zum Ausschluss einer Kurznachricht führen und so weiter. All dies hilft die Twitter-Nachrichten externer Nutzer in der eigenen Website einzubinden und dennoch eine gewisse Kontrolle zu behalten, dass diese Offenheit eines Unternehmens nicht missbraucht wird.

Abbildung 67: Screenshot der Facebook-Seite von Skittles. Auch hier wird automatisch erkannt, aus welchem Land ein Nutzer stammt und automatisch die entsprechende Sprachversion ausgespielt.

Hier eine Übersicht der wesentlichen Erfolgsfaktoren:

Tiefe Integration in die Unternehmenswebsite: Inzwischen verfügt Skittles über eine neue Website. Auch diese setzt voll und ganz auf das Social Web in Form von Facebook und Twitter. Sie bietet unzählige Inhalte wie Fotos oder Videos, welche die Nutzer mithilfe des Social Networks ihrer Wahl einfach mit Freunden teilen können. Diese wirklich äußerst tiefe Integration von Social-Web-Diensten in die eigene Internetpräsenz stellt ein sehr aussagekräftiges Statement dar: Die Marke Skittles wird nicht durch das Unternehmen definiert, sondern durch deren Kunden.

Diverse Word-Of-Mouth-Specials: Das eigentliche Salz in der Skittles-Social-Web-Suppe bilden clevere Word-Of-Mouth-Specials, mit deren Hilfe Fans aktiv in die Kommunikation eingebunden werden und breit gefächerter Gesprächsstoff entsteht. So hat das Unternehmen beispielsweise mit einer Aktion zum Valentinstag für Furore gesorgt. Die Idee: Liebesgrüße für eine eigentlich liebenswerte Person, die sich aber keiner sonderlichen Beliebtheit erfreut. Die Wahl fiel hierbei auf eine Politesse, die Strafzettel verteilt. Die Skittles-Fans wurden dazu aufgerufen, Liebessprüche für diese Person zu entwerfen. Das Ergebnis: Es wurden fast 52.000 Beiträge eingereicht. Und diese wurden der Politesse auch tatsächlich im Rahmen einer amüsanten Aktion übergeben. Das Ganze wurde in Form eines Videos dokumentiert und wiederum mit den Fans geteilt.

Geschickte Verknüpfung: Die unterschiedlichen Maßnahmen von Skittles werden sehr elegant miteinander kombiniert und plattformübergreifend umgesetzt. Auf der Microsite *www.shareskittles.com* hat das Unternehmen zum Beispiel einmal eine Sonderaktion mit dem Titel »Share The Rainbow, Taste The Rainbow« durchgeführt. Dabei können Nutzer auswählen, ob sie den Regenbogen in Form von Skittles lieber teilen oder lieber schmecken wollen.

Jeder, der den Regenbogen lieber teilen mag, wird dazu aufgerufen, ein Video zu drehen, in dem er Skittles egal wie zu seiner Linken aus dem Bild befördert. Wobei dieses Video ganz einfach mit der Webcam des eigenen Rechners aufgenommen werden kann, um die technische Eintrittsbarriere möglichst niedrig zu halten.

Jene Nutzer, welche den Rainbow lieber »tasten«, sprich schmecken wollen, werden dazu animiert, die Skittles von ihrem rechten Bildrand in das Video hereinzuführen und dann zu essen.

Diese YouTube-Videos werden anschließend miteinander kombiniert. Zuerst läuft ein Video von einem Nutzer, bei dem die Skittles auf der einen Seite aus dem Video herausfliegen. Dann folgt ein Video von einem anderen Nutzer, bei dem die Skittles auf der passenden Seite hereinfliegen – quasi so, als ob der andere Nutzer aus seinem Video sie dort hineingeworfen hat – und der Nutzer isst die Skittles.

Somit entsteht eine endlose Videoschleife mit Filmen unterschiedlicher Nutzer, die quasi miteinander verschmelzen.

Natürlich wurde diese Aktion auch auf einem extra Reiter in die Facebook-Seite integriert. Und man konnte die Inhalte der Microsite auf Facebook, Myspace oder Twitter mit dem eigenen Kontaktnetzwerk teilen.

Technik meets User: Prinzipiell verfügt Skittles über ein sehr gutes Verständnis, was technisch möglich und sinnvoll ist. Wobei der Clou darin besteht, dieses Wissen immer wieder geschickt mit den Wünschen der Nutzer zu kombinieren. Denn die tollsten technischen Anwendungen bringen nichts, wenn kaum ein User sie nutzt.

Fazit

Mit seinen Internetauftritten und der tiefen Integration des Social Webs geht Skittles seit geraumer Zeit immer wieder neue Wege und wagt Dinge, die zwar nie ganz neu, aber für eine vergleichbar bekannte Marke oft immer noch eher ungewöhnlich sind. Und genau dieser Mut wird von den Nutzern belohnt und führt zu einem beeindruckenden Erfolg im Social Web.

17.10 The Crème-Brûlée-Man – Nicht nur lecker, sondern auch Social

Dieses Beispiel ist kein Facebook-, sondern ein Twitter-Showcase. Wir finden es aber so charmant, dass wir es nichtsdestotrotz hier kurz erwähnen möchten. Außerdem hätte genau die gleiche Kampagne genauso gut oder unter Umständen sogar noch besser auf Facebook erfolgen können.

Kurz gesagt handelt es sich dabei um Folgendes: Curtis Kimball betreibt einen Crème-Brûlée-Cart in San Francisco. Mit einem kleinen Wagen bietet er keine Hotdogs, sondern eben Crème Brûlée im Straßenverkauf an. Dabei teilt er seinen Kunden per Twitter mit, wo sich sein Wagen aktuell befindet und welche besonderen Geschmacksrichtungen er heute anbietet, damit diese ihren nächsten Einkauf bei ihm besser planen können. Unter *www.twitter.com/cremebruleecart* verfügt Curtis inzwischen über mehr als 20.000 Follower, die sich gerne von ihm ihren Appetit wecken lassen.

Mit dieser Erfolgsgeschichte berichtete sogar die New York Times über einen »ganz gewöhnlichen Straßenhändler« am anderen Ende der Nation. [12] In diesem Bericht weist Curtis auch noch einmal ganz klar darauf hin, dass Social Media der zentrale Baustein im Erfolg seines Geschäftes sind. Das Bewundernswerte dabei ist, dass dies keinerlei finanzielle Investition erforderte. Einzig und alleine für die Einrichtung seines Twitter-Channels, was innerhalb weniger Minuten vollzogen ist, und die Veröffentlichung von diversen Statusmeldungen pro Tag muss er ein wenig Arbeitszeit opfern. Aber das scheint bestens investiert zu sein.

Wie gesagt, die Kampagne hätte unserer Meinung nach genauso auf Facebook erfolgen und dort eventuell sogar noch besser umgesetzt werden können. Hier mal die Gründe dafür beziehungsweise einige erste Ideen:

- Die Kampagne besteht im Wesentlichen aus Statusmeldungen. Diese können genauso gut auf Facebook verfasst und ebenso einfach veröffentlicht werden. Allerdings könnte es hier optisch ansprechender erfolgen. Zum Beispiel mit einem kleinen Foto der Crème Brûlée des Tages. Denn das Auge isst ja bekanntermaßen mit. Und da weckt eine Text-Bild-Kombination einfach mehr Appetit als 140 Zeichen auf Twitter.
- Fotos könnten aber auch noch weitere Einsatzmöglichkeiten bieten. Sei es, indem Curtis immer wieder mal Kunden fotografiert und deren Bilder auf seiner Facebook-Seite veröffentlicht – das Einverständnis der entsprechenden Kunden vorausgesetzt natürlich. Oder indem er seine Kunden dazu aufruft, Fotos mit ihren Crème-Brûlée-Genuss-

---

12 http://www.nytimes.com/2009/07/23/business/smallbusiness/23twitter.html

Abbildung 68: Screenshot des Twitter Profils »twitter.com/cremebruleecart« auf dem Curtis Kimball seine Kunden über den aktuellen Standort, die Sorten des Tages und sonstige Sonderaktionen informiert.

Momenten auf seiner Facebook-Seite zu veröffentlichen. Oder, oder, oder. Dank dem Service Twitpic gibt es zwar auch die Möglichkeit, Bilder auf dem eigenen Twitter-Feed zu veröffentlichen. Und mit Services wie Ustream, Justin.tv & Co. können auch Videos unkompliziert in Twitter-Kurznachrichten eingebettet werden. Aber im Vergleich zu Facebook sind die Möglichkeiten bei diesen Services begrenzt und vor allem weniger benutzerfreundlich.

- Twitter bietet weit weniger Voraussetzungen für »passive Viralität«. Natürlich trägt beispielsweise die Retweet-Funktion dazu bei, dass sich Nachrichten in Windeseile verbreiten – hierbei zitiert man mit einem simplen Klick die Nachrichten anderer Nutzer, um sie an das eigene Netzwerk weiterzuleiten. Eines der prominentesten Beispiele war wohl die Notlandung eines Flugzeuges auf dem Hudson River in New York. Auf Facebook können die Nutzer jedoch ganz einfach den »Gefällt mir«-Button anklicken oder den Beitrag kommentieren. Dies stellt wieder eine der Interaktionen dar, die auf dem eigenen Profil und damit auch im Newsfeed der Freunde erscheinen. Außerdem sehen die Nutzer direkt, wie viele Nutzer, wie auf ein Posting reagiert haben, da sämtliche Likes und Kommentare direkt unterhalb des Postings angezeigt werden. Unter dem Strich sind die Möglichkeiten von Facebook in diesem Bereich einfach wesentlich vielfältiger.
- Facebook verfügt weltweit über 825 Millionen täglich aktive Nutzer. Twitter hingegen »nur« über 140 Millionen aktive Nutzer. [13] Die Reichweite von Facebook ist also um ein Vielfaches größer als die von Twitter.
- Facebook würde die Möglichkeit bieten, die Reichweite der Facebook-Seite gezielt mit Pay-per-Click-Anzeigen auszubauen. Dank des Targeting könnte die Kampagne genau auf User in San Francisco ausgerichtet werden, sodass regionale Streuverluste vermieden werden.
- Mithilfe der kostenlosen »Review Applikation« könnten die Kunden ganz einfach aufgefordert werden, den Anbieter zu bewerten. Gerade bei einem Anbieter wie Curtis, der weniger über Kunden als über Fans verfügt, birgt das ein enormes Potenzial.
- Facebook könnte ganz einfach zu Marktforschungszwecken genutzt werden. Mithilfe der »Fragen«-Funktion können Umfragen ohne großen Aufwand erstellt werden. Wobei sich dieses Tool großer Beliebtheit erfreut und in der Regel eine große Viralität besitzt.
- Curtis könnte eine spezielle Sorte einführen: die Facebook-Crème-Brûlée des Tages. Dabei könnte er seine Fans fragen, welche Sorte sie sich für den morgigen Tag wünschen. Das aktiviert die Fans der Facebook-Seite, aber auch die Offline-Kunden, die nun auch mitbestimmen möchten, welche Sorte es morgen gibt, und daher ebenfalls Fan

---

13   http://blog.twitter.com/2012/03/twitter-turns-six.html

der Facebook-Seite werden. Teilweise erfolgt dieser Austausch auch über Twitter. Aber das ist weniger elegant und benutzerfreundlich – sowohl für Curtis als auch für seine Kunden.

Um eines klarzustellen: Dies hier soll kein »Anti-Twitter-Aufruf« sein. Wir sind selber große Twitter-Fans und nutzen die Plattform auch im Rahmen diverser Kampagnen – meist sogar in einem Zusammenspiel mit Facebook und anderen Plattformen. Dabei versuchen wir jeweils die Stärken der einzelnen Plattformen zu nutzen und möglichst geschickt miteinander zu kombinieren, um die Wirkung sämtlicher Maßnahmen zu erhöhen. Und nun kommt das »Aber«: In diesem Fall denken wir, wie gesagt, dass eine Facebook-Präsenz durchaus eine noch bessere Wirkung erzielen könnte. Denn sie bietet einfach weitreichendere Möglichkeiten, um die virale Verbreitung zu fördern, welche die Grundlage von Curtis' Erfolg bildet.

Fazit

Dieses Beispiel zeigt sehr schön, dass das Social Web auch oder insbesondere für kleine Unternehmen ein äußerst erfolgreiches Marketingwerkzeug darstellt. Denn selbst ohne große Investitionen kann hier eine fortlaufende, effiziente und gewinnbringende Kommunikation mit potenziellen und bestehenden Kunden aufgebaut werden.

17.11 nie wieder bohren. – Produkttester auf Facebook gesucht

Die »nie wieder bohren. AG« vertreibt ein Produkt, welches das Leben erheblich erleichtern und Ärger vermeiden kann. Wenn man zum Beispiel einen Haken an einer Wand anbringen möchte, erfolgt dies ganz einfach – und ohne Bohrmaschine.

Das mittelständische Unternehmen hat im Verlauf der Zeit immer wieder festgestellt, dass viele Menschen begeistert sind, sobald sie das Produkt einmal getestet haben. Daraufhin hatte das Unternehmen überlegt eine Kampagne bei einem Anbieter durchzuführen, der eine Online-Plattform mit mehreren Hunderttausend Nutzern aufgebaut hat, welche als Produkttester genutzt werden können. Ihre Erfahrungen teilen die Tester anschließend in einem Projekt-Blog mit. Doch der Kunden hat dabei zwei Bedenken:

Die Kosten bei dem entsprechenden Anbieter für Planung und Durchführung der Aktion mit 2.500 Testern lag im oberen fünfstelligen Bereich. Dies kam dem Unternehmen relativ teuer vor.

Auch wenn der Anbieter seine Plattform als Word-of-Mouth-Angebot vermarktet, hatte der Kunde das Gefühl, dass die Verbreitung via Mundpropaganda doch relativ begrenzt ist. Denn der Großteil spielt sich entweder offline oder im Rahmen eines Projekt-Blogs ab. Hier halten sich jedoch nur Personen auf, welche per se in das Projekt involviert sind. Das persönliche Netzwerk der Tester im Social Web bleibt hingegen weitestgehend außen vor.

Nach Ablauf der Aktion sind die Produkttester für das Unternehmen weitestgehend nutzlos. Denn es besteht kaum eine Möglichkeit, eine fortlaufende Kommunikation mit diesen aufzubauen und den Adressstamm für weitere Aktionen zu verwenden.

Aufgrund dieser und weiterer Gründe kam das Unternehmen auf uns zu, ob wir nicht eine alternative Idee haben. Und die hatten wir. Dabei haben wir den Prozess zur Gewinnung der Produkttester und Durchführung der Aktion via Facebook abgebildet. Hier eine Übersicht der wesentlichen Elemente:

Facebook-Seite: Unter *www.facebook.com/niewiederbohren* bildet sie zentralen Dreh- und Angelpunkt der Kampagne. Auf der Timeline wie auch auf dem Reiter »Willkommen« findet der Nutzer eine Einladung, sich als Produkttester zu bewerben, ein kurzes Video, welches die Vorteile des Produktes auf lustige Art und Weise zeigt, weiterführende Links (weitere Informationen zum Unternehmen und den Produkten sowie eine Verlinkung in den Online-Shop) und eine kurze Anleitung, wie einfach das Produkt zu benutzen ist.

Promotion der Aktion: Via Facebook-Pay-per-Click-Anzeigen wurden gezielt Nutzer angesprochen, welche in zur Kernzielgruppe von »nie wieder bohren.« zählen. Somit konnte mit überschaubarem Aufwand eine sehr gute initiale Reichweite aufgebaut werden. Zusätzlich haben auch die Nutzer erheblich zu der Verbreitung der Aktion beigetragen. Denn diese waren dermaßen von der Aktion begeistert, dass sie diese oftmals auch an ihre Freunde weiterempfohlen, Beiträge auf der Timeline hinterlassen oder auf anderem Wege auf die Aktion aufmerksam gemacht haben. Zu guter Letzt wurde die Aktion auch auf der Unternehmenswebsite *www.niewiederbohren.de* in Form eines Banners auf der Startseite und Integration des Social Plug-ins »Like Box« promotet.

Anmeldung als Produkttester: Via Online-Formular können sich Nutzer direkt auf Facebook als Produkttester bewerben. Dabei müssen sie verschiedene Fragen beantworten und beschreiben, warum sie als Produkttester geeignet sind. Außerdem wurde abgefragt, ob die Nutzer bereit sind, einen Testbericht zu verfassen und diesen auf Facebook zu veröffentlichen. Auf Basis dieser Informationen wurden die Produkttester ausgewählt. Denn das

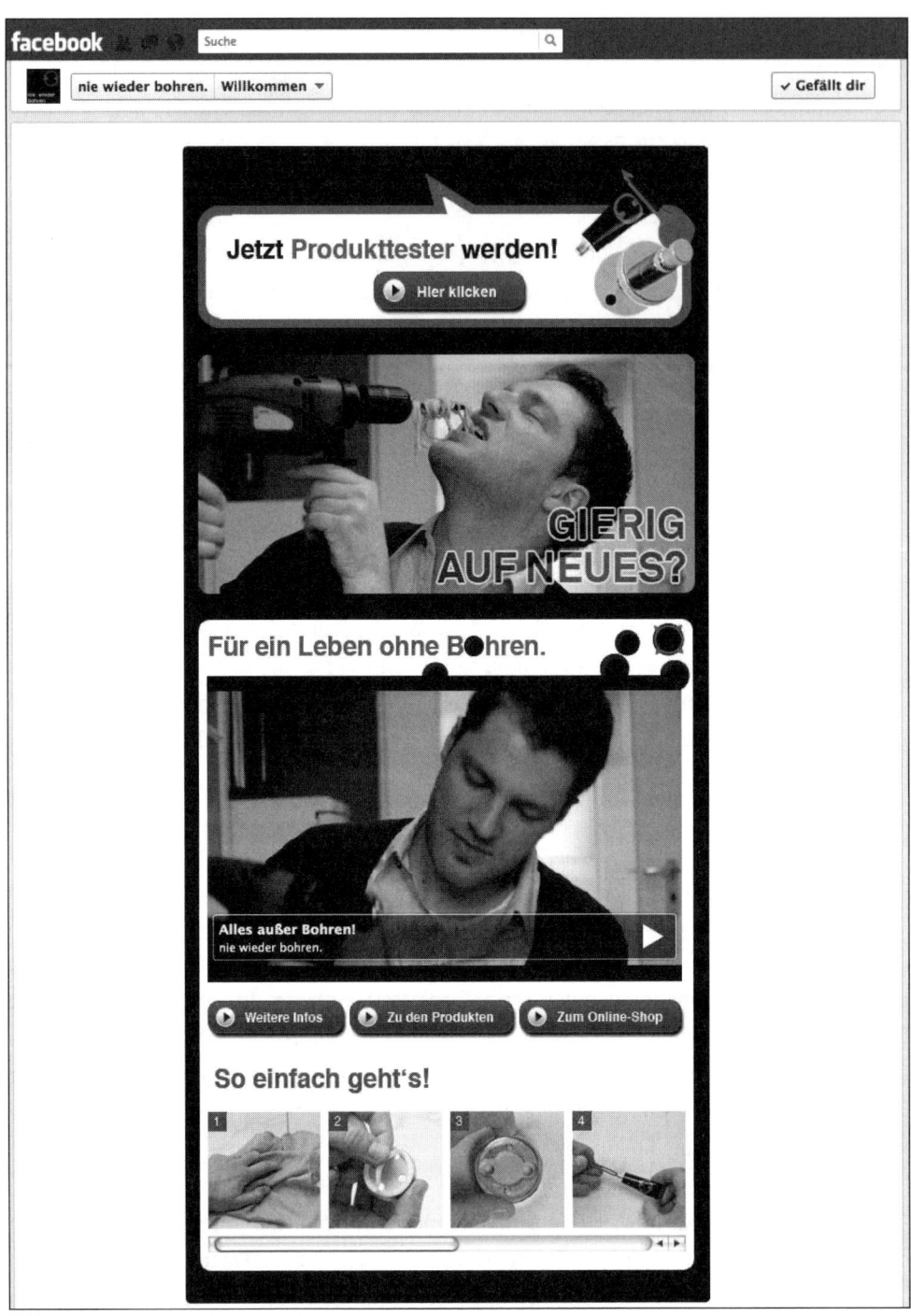

Abbildung 69: Screenshot des Reiters »Willkommen« der Facebook-Seite von nie wieder bohren.

Abbildung 70: Screenshot der Pinnwand der Facebook-Seite von nie wieder bohren. mit Postings von Fans, welche sich freuen, dass sie als Produkttester ausgewählt wurden. Dank »passiver Viralität« führt dies wieder um zu einer weiteren Verbreitung der Aktion.

Unternehmen wollte natürlich möglichst qualifizierte Tester gewinnen und nicht jene Nutzer, die einfach nur mitmachen, weil es etwas umsonst gibt. Der eigentliche Clou bestand jedoch darin, dass die Nutzer zuerst den »Gefällt mir«-Button anklicken und sich somit mit der Facebook-Seite vernetzen mussten, bevor sie sich als Tester bewerben konnten.

Versand an die Produkttester: Die ausgewählten Tester erhielten eine E-Mail und wenige Tage später ein Paket mit dem Produkt. In dem Begleitschreiben erhielten die Nutzer noch einmal einen Hinweis, wie und wo sie ihren Testbericht am besten auf Facebook veröffentlichen können. Wobei dies nicht zwingend erforderlich war, aber die Nutzer in diesem Fall natürlich eher dazu geneigt sind eine vergleichbare »Einladung« anzunehmen, weil bereits eine gewisse Verbundenheit zu dem Unternehmen besteht.

Veröffentlichung Testberichte: Nach dem Ausprobieren haben die Nutzer ihre Testberichte dann einfach auf der Timeline der Facebook-Seite von »nie wieder bohren.« veröffentlicht, inklusive Foto und Videomaterial. Dies führte natürlich wiederum zu einer weiteren Verbreitung. Wobei Produktempfehlungen von Freunden aufgrund der hohen Glaubwürdigkeit einen sehr hohen Stellenwert genießen und wohl zu den effektivsten Marketinginstrumenten überhaupt zählen.

Fazit

Bitte nicht falsch verstehen. Insbesondere die großen Anbieter im Bereich WOM-Plattformen und Produkttester machen in der Regel einen super Job und bieten einen großartigen Service. Vergleichbare Kampagnen auf Facebook werden diese Angebote also nicht verdrängen, können aber von Fall zu Fall durchaus eine attraktive Ergänzung oder Alternative darstellen.

17.12 Royal Caribbean International – Social Web goes Crossmedia

Royal Caribbean zählt zu den weltweit führenden Anbietern im Bereich Kreuzfahrten – und das nicht nur in der Karibik, sondern weltweit. Mit der »Allure of the Seas« verfügt das Unternehmen aktuell sogar über das weltweit größte Kreuzfahrtschiff. Die Branche hat generell ein Problem: Bei Kreuzfahrten denken viele Menschen an langweilige Veranstaltungen, viele Rentner, wenig Platz, und so weiter. Doch die Realität sieht ganz anders aus. Denn die modernen Kreuzfahrtschiffe bieten jede Menge Attraktionen, Platz und ziehen im Fall von Royal Caribbean International auch stark ein junges und internationales Publikum an.

All dies sollte nun auch im Social Web kommuniziert werden. Sowohl via Facebook als auch über YouTube, Flickr und Twitter. Auch bei dieser Kampagne sind wir hierbei in verschiedenen Stufen vorgegangen:

Stufe 1: Im ersten Schritt wurden die Social Web-Accounts optisch und inhaltlich überarbeitet. Der Standard YouTube Channel wurde in einen Brand Channel umgebaut, der optisch und technisch bessere Möglichkeiten bietet. Der Flickr und Twitter Kanal ebenso. Und natürlich wurde auch die Facebook-Seite unter *www.facebook.com/RoyalCaribbeanDE* intensiv überarbeitet. Dabei wurde auch hier eine Willkommensseite programmiert, welche das Unternehmen kurz vorstellt, die Mehrwerte aufzeigt, wenn man sich via »Gefällt mir« fest mit der Seite vernetzt, und aktuelle Sonderaktionen vorstellt. Zusätzlich wurden sämtliche Social Web-Accounts untereinander verlinkt.

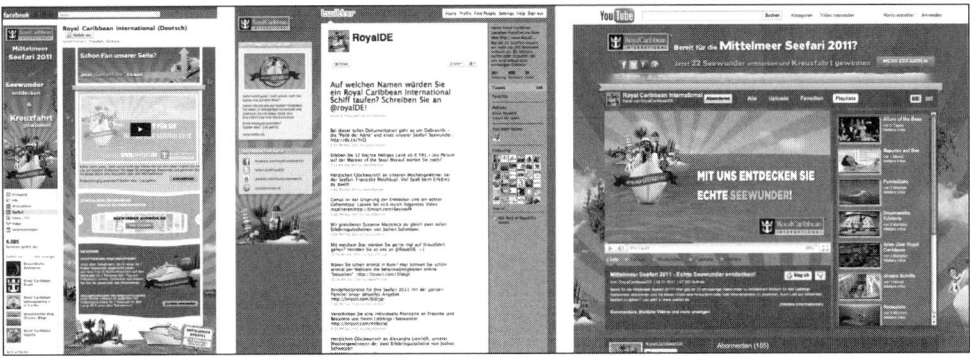

Abbildung 71: Verschiedene Social Web-Accounts in einem einheitlichen Look and Feel und voller Ausnutzung der optischen und technischen Möglichkeiten der jeweiligen Plattform (Facebook, Twitter, YouTube).

Stufe 2: Anschließend wurde die fortlaufende Kommunikation optimiert und intensiviert. Dies erfolgte durch die regelmäßige Veröffentlichung von Bildern, Videos und Reiseberichten auf der Timeline. Teilweise stammten die Inhalte von Royal Caribbean International selbst, teilweise aber auch von den Nutzern. Hierbei haben Unternehmen im Bereich Touristik gegenüber anderen Branchen einen großen Vorteil. Sie haben ein extrem attraktives Produkt. Den Menschen macht es Spaß einige Minuten am Tag eine Art »Bildschirmurlaub« zu erleben. Außerdem produzieren sie in diesem Bereich jede Menge Content, den sie äußerst gerne mit anderen Menschen teilen. Nicht umsonst zählen Urlaubsfotos zu jenen Inhalten, die Menschen am meisten posten, aber auch bewerten und kommentieren. Daher ließ es nicht lange auf sich warten, bis auch die Nutzer selber aktiv in das Geschehen auf der Facebook-Seite eingriffen. Sei es, indem sie Inhalte bewerteten und kommentierten, die von Royal Caribbean International selber veröffentlicht wurden, eigene Bilder von ihrer Kreuzfahrt hochluden oder mit den Inhalten anderer Nutzer interagierten. So wurde aus einer relativ statischen Kommunikation schnell ein recht buntes Treiben.

Stufe 3: Zum Launch der »Allure of the Seas« startete das Unternehmen eine Kampagne namens »Reporter auf See«. Dabei konnten sich Familien mit einem kurzen Video bewerben. Der Preis: Eine Woche für die ganze Familie bei der Jungfernfahrt des größten Kreuzfahrtschiffes der Welt. Von dort sollte die Familie dann im Gegenzug in Form kurzer Videos ein wenig von ihren Erlebnissen auf dem Schiff berichten. Die Aktion wurde zwar auf einer Microsite durchgeführt, aber intensiv auf Facebook begleitet. Sei es mit einem entsprechenden Bereich auf der Willkommensseite, einen Hinweis auf dem Profilbild und regelmäßigen Postings auf der Timeline. Zusätzlich wurden begleitend Pay-per-Click-Anzeigen auf Facebook geschaltet, um gezielt Nutzer anzusprechen, für welche diese Aktion interessant sein könnte.

Stufe 4: Als erste große Sonderaktion mit stärkerer Social Web-Komponente hatten wir eine Kampagne Namens »Seefari« entwickelt. Dabei wurden das Abenteuer-Feeling einer Safari mit der See kombiniert. Die Nutzer sollten hierbei spielerisch lernen, dass die Schiffe zahlreiche Attraktionen bieten und man sich nicht von dem Namen des Unternehmens täuschen lassen soll. Ebenfalls erfahren die Nutzer parallel, dass der Anbieter nicht nur Kreuzfahrten in der Karibik anbietet, sondern auch über die größte Mittelmeerflotte verfügt. Dabei haben wir 22 potenzielle Seewunder zur Auswahl gestellt. Diese umfassten sowohl Attraktionen an Board als auch diverse Destinationen im Mittelmeer, welche das Unternehmen ansteuert. Unter *www.seefari.de* konnten die Nutzer für ihr Lieblings-Seewunder abstimmen und sich anschließend in ein lustiges Postkartenmotiv bei dem entsprechenden Seewunder einbauen. Das Ergebnis konnten sie dann via Share Funktion mit ihrem persönlichen Netzwerk auf Facebook, Twitter oder via E-Mail teilen. Das Ziel: Aus allen Attraktionen und Destinationen wurden jene mit den meisten Stimmen ausgewählt. In Anlehnung an die »sieben Weltwunder« aus der Antike ergaben diese dann »die sieben Seewunder«. Unter allen Teilnehmern an der Aktion wurde wiederum eine Kreuzfahrt verlost.

Felix Holzapfel
Eine kleine Seefari... Wäre jetzt genau das Richtige für mich!;)

Viele Grüße von meiner Mittelmeer Seefari 2011
www.seefari.de

Hier seht Ihr mein Lieblings-Seewunder. Auch Lust mit Royal Caribbean International auf Mittelmeer Seefari zu gehen? Jetzt 22 einzigartige Seewunder entdecken und mit etwas Glück eine Kreuzfahrt oder tolle Wochenpreise gewinnen. Los geht´s! www.seefari.de

10. März um 22:16 · Teilen

2 Personen gefällt das.

Abbildung 72: Posting auf der Timeline, das nach dem Sharen einer Seewunder-Postkarte auf dem persönlichen Profil veröffentlicht wurde.

Das interessante bei dieser Kampagne war, dass eine Idee, die ursprünglich für das Social Web entwickelt wurde, zur Lead-Kampagne des Kunden herangereift ist. Denn Royal Caribbean International hat die Seefari sowohl in Mailings, Anzeigen als auch tief in den eigenen Katalog integriert. Normalerweise ist dies leider oft andersherum. Da versuchen Unternehmen, ihre klassische Lead-Kampagne irgendwie ins Social Web zu verlängern. Aber diese Kampagne hat gezeigt, dass dieser Weg durchaus der bessere sein kann. Denn so wurde bereits bei der Planung der Kampagne darauf geachtet, dass diese bestmöglich im Social Web gespielt werden kann.

Fazit

Ein einheitliches Erscheinungsbild im Social Web, der damit einhergehende professionellere Gesamteindruck aufseiten der Nutzer, hat im Falle von Royal Caribbean eindrucksvoll gezeigt, wie ein Unternehmen ohne großen Budenzauber das Social Web für sich erobern kann. Dies hat den erforderlichen Mut heranreifen lassen, die Welt einmal auf den Kopf zu stellen und eine Kampagne, die ursprünglich für das Social Web geplant war, zur Lead-Kampagen des gesamten Unternehmens zu machen.

17.13 Staintalk – Fleckenfrei dank dem Social Web

Das Unternehmen Carbona ist die amerikanische Tochter eines mittelständischen deutschen Unternehmens. Hierzulande erfreut sich eines der Kernprodukte dieses Anbieters großer Beliebt- und Bekanntheit. Dr. Beckmanns Fleckenteufel. In den USA wird dieses Produkt unter dem Label »Staindevil« vermarktet. Die Marktpositionierung ist hier jedoch vollkommen anders. Man zählt eben nicht zu den Marktführern, sondern muss sich die erforderliche Markenbekanntheit in diesem Segment erst einmal hart erarbeiten. Und das alles – wie so oft – ohne ein all zu großes Budget. Dabei sind wir wie folgt vorgegangen:

Schritt 1: Im ersten Schritt wurde eine Social-Media-Story entwickelt, welche eine langfristige Bindung an die Marke innerhalb der Zielgruppe ermöglicht und eine möglichst charmante Brücke zu dem Produkt schlägt. Das Ergebnis: Staintalk – Eine zentrale Anlaufstelle für Menschen, die sich zu Flecken austauschen möchten beziehungsweise müssen.

Schritt 2: Anschließend wurde diese Positionierung auf verschiedene Social Web-Plattformen wie Facebook *(www.facebook.com/staintalk)* und Twitter *(www.twitter.com/staintalk)* adaptiert und eine entsprechende Microsite erstellt *(www.staintalk.com)*.

Schritt 3: Nun bestand die Aufgabe darin, in möglichst kurzer Zeit, möglichst viel Aufmerksamkeit und Gesprächsstoff zu generieren sowie eine initiale Fanbase im Social Web aufzubauen. Wie lernt man ein Produkt am besten kennen? Richtig. In dem man es ausprobiert. Daher haben wir auf Facebook und Twitter eine entsprechende Give-away-Aktion mit kostenlosen Samples durchgeführt. Das Ergebnis: Innerhalb von 24 Stunden haben sich knapp 20.000 Nutzer in eine Mailingliste eingetragen, um eine kostenlose Produktprobe zu erhalten. Zusätzlich haben viele dieser Nutzer freiwillig einen Online-Fragebogen ausgefüllt, in dem sie Informationen zu dem Produkt eintragen konnten, Testberichte, und Fragen zu Namen und Claim der Produkte beantworten konnten. Das Mediabudget der Aktion? Null Euro! Die Verbreitung erfolgte ausschließlich viral via Facebook, Twitter, Blogs und Websites. Wobei man hier offen sagen muss, dass dieser Erfolg sicher auch der etwas anderen Sampling und Couponing Kultur in den USA geschuldet ist.

Schritt 4: Der Erfolg der ersten Aktion führte dazu, dass eine weitere Aktion umgesetzt wurde, bei der Nutzer eine kostenlose Produktprobe erhalten konnten. Dieses Mal war jedoch ein etwas höheres Involvement gefragt. Titel der Aktion Stainart – also Fleckenkunst. Dabei mussten die Nutzer Bilder von Flecken auf der Microsite *www.staintalk.com* hochladen. Bei der Aktion wurden mehr als 1.500 Bilder hochgeladen – davon mehr als 600 in den ersten sechs Stunden. Auch hier lag das Mediabudget bei null Euro und die Verbreitung erfolgte komplett viral. Die besten Bilder wurden auf Facebook veröffentlicht. Zusätzlich fand auf der Microsite ein Voting statt. Das Bild, welches dort die meisten »Likes« erhielt, gewann einen extra Preis. Außerdem wurde diese Aktion mit einer Cause Marketing Komponente versehen. Passend zur Fußball WM hat Carbona für jedes hochgeladene Bild eine Spende an unsere Stiftung *UbuntuNow.org* gezahlt, welche für ein Förderprogramm von Jugendlichen in Südafrika verwendet wurde. Zu guter Letzt wurden die Nutzer auch hier wieder dazu aufgerufen, an einer Online-Umfrage teilzunehmen. Dieses Mal wurden Fragen zur Verpackung, dem Pricing und einigen demografischen Faktoren gestellt (Alter, Beziehungsstatus, Anzahl Mitglieder im Haushalt usw.).

Schritt 5: Nach zwei Sampling-Aktionen war nun ein etwas anderes Word-Of-Mouth-Special gefragt. Unsere Idee: Achtung es gibt eine Krankheit, von der viele Menschen betroffen sind. Oftmals ohne, dass sie es selber merken. Der Name der Krankheit: Stainblindness. Also Fleckenblindheit. Unter *www.stainblindness.com* haben wir eine Online-Klinik eröffnet, bei der die Nutzer Hilfe erhalten. Dabei wurde die Krankheit und ihre Symptome, in Form von drei kurzen Videos beschrieben (vom Chefarzt der Klinik, einem Kind, das betroffen ist, und dessen Mutter, die den Verlauf der Krankheit bei ihrem Sohn und ihren Umgang damit schildert). Auf der Microsite konnten die Nutzer ein Attest ausdrucken und ein Erste Hilfe Kit beantragen. Die Verknüpfung zu Facebook bestand hier einerseits in der Verwendung von Social Plug-ins auf der Kampagnen-Seite als auch der Bekanntmachung der Aktion. Denn wie du wahrscheinlich schon vollkommen richtig errätst, stand auch hier keinerlei Mediabudget zur Verfügung.

Schritt 6: Auch wenn sich die Distribution des Produktes schon erheblich verbessert hat und es inzwischen bei verschiedenen Märkten wie Walmart, Ralphs, Albertsons oder Safeway erhältlich ist, gibt es dennoch keine flächendeckende Abdeckung im ganzen Land. Daher wurde nun der Online-Store auf *www.carbona.com* einem Update unterzogen, um eine verbesserte Online-Distribution anbieten zu können. Dieser Shop wurde auch in einem extra Reiter in die Facebook-Seite integriert.

Zum Auftakt wurde hier eine »Buy One Get One Free«-Aktion durchgeführt. Der dafür erforderliche Coupon war nur für die Nutzer zugänglich, welche sich via Klick auf »Gefällt mir« fest mit der Seite vernetzt haben. Unter allen Teilnehmern der Aktion wurde zusätzlich noch ein iPad2 verlost. Das Ergebnis: Innerhalb von einer Woche 2.200 neue Fans auf Facebook und eine Steigerung des Umsatzes im Online-Store um über 41 Prozent. Die Frage zum Thema Mediabudget bei der Aktion brauchen wir wohl kaum noch zu beantworten.

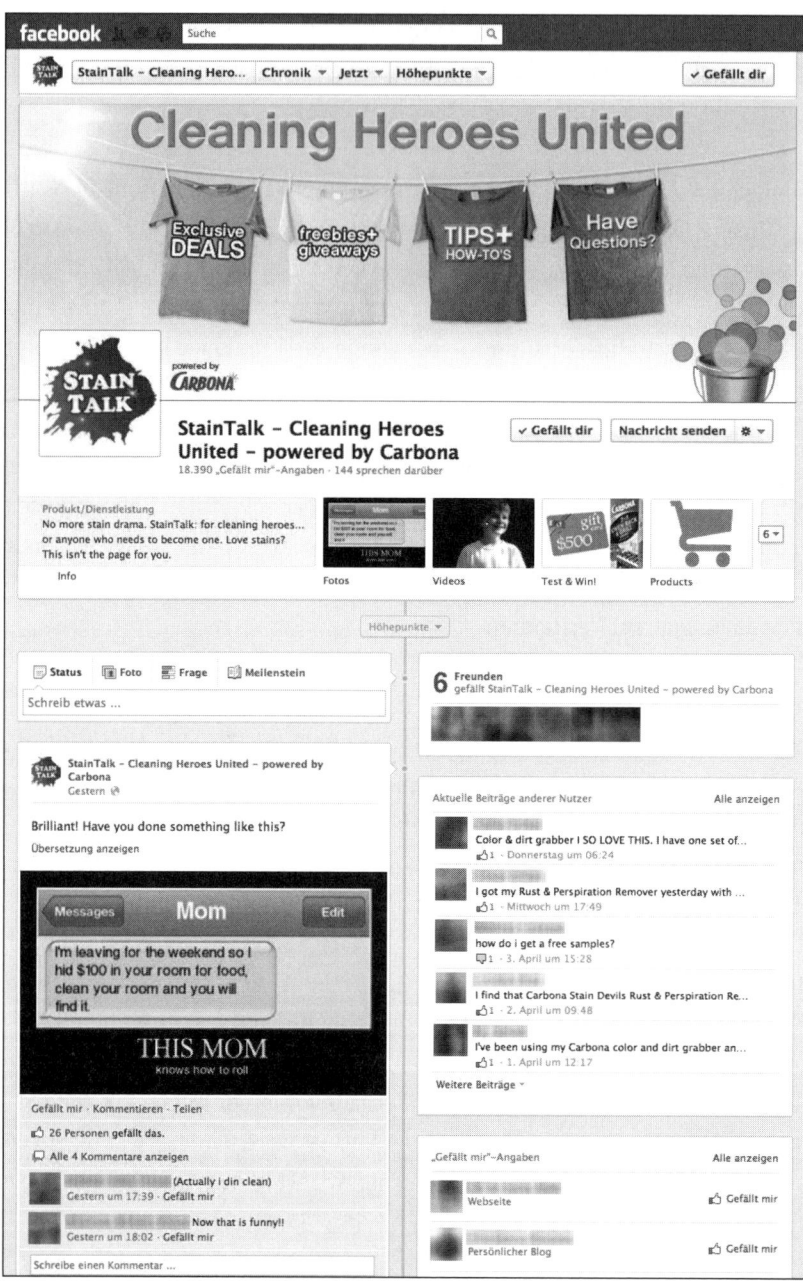

Abbildung 73: Timeline der Facebook-Seite »Staintalk« von Carbona. Hier finden die Nutzer auf den ersten Blick Tipps, Fotos, Videos, eine Produkttest-Aktion und Zugang zu einem Online-Shop, der direkt auf der Facebook-Seite eingebettet ist.

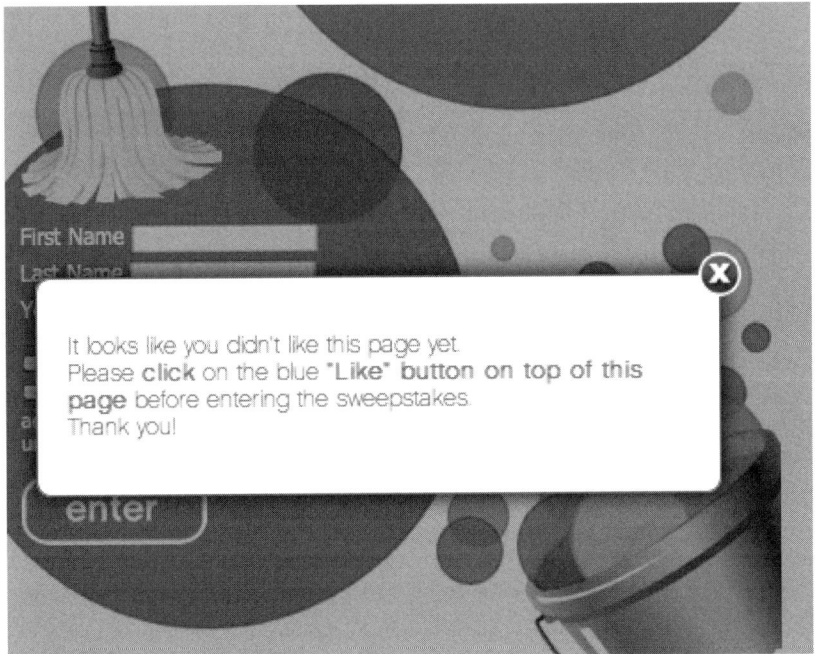

Abbildung 74: Wenn ein Nutzer an der Couponing-Aktion auf der Facebook-Seite teilnehmen wollte, aber noch kein Fan der Seite war, erhielt er nach Klick auf den »Teilnehmen«-Button folgende Ansicht. Diese wies ihn noch einmal darauf hin, dass er sich erst via Klick auf »Gefällt mir« mit der Seite vernetzen muss, bevor er das Angebot in Anspruch nehmen kann.

Fazit

Steter Tropfen höhlt den Stein. Dank zahlreicher Specials und kontinuierlicher Aufbauarbeit konnte rund um ein weitestgehend unbekanntes Produkt eine Fan-Community aufgebaut werden. Und das alles ohne den Einsatz eines einzigen Euros im Bereich Media. Das ist ungewöhnlich, aber wahr. Wobei wir unseren Kunden in der Regel davon abraten sich alleine auf eine virale Verbreitung zu verlassen. Und das nicht, weil wir damit mehr Geld verdienen würden. Ganz im Gegenteil! Media ist für Agenturen in dem Umfeld weitestgehend ein durchlaufender Posten. Sprich: Mit anderen Leistungen verdienen wir mehr Geld. Aber der Einsatz von begleitender Media hilft, die Verbreitung und damit den Erfolg einer Aktion in der Regel noch mal erheblich zu steigern. Und auch bei diesem Projekt wäre das Wachstum durch den Einsatz von beispielsweise Facebook-Pay-per-Click-Anzeigen wahrscheinlich noch schneller verlaufen.

17.14 Vitaminwater – Facebook-Crowdsourcing and more

Der Name ist Programm: Bei Vitaminwater handelt es sich um ein vitaminhaltiges Erfrischungsgetränk. Im Bereich Social Web kann dieser Anbieter durchaus als echter Vorreiter bezeichnet werden. Denn die Marke, welche zur Gruppe von Coca Cola gehört, nutzt die Möglichkeiten des Social Web nicht nur für die Markenkommunikation, sondern beginnt bereits bei der Produktentwicklung damit, die Nutzer aktiv einzubinden. Aber Schritt für Schritt: Hier eine kurze Übersicht der wesentlichen Bausteine der Facebook-Seite *www.facebook.com/vitaminwater*, bevor wir anschließend spezielle Aktionen im Social Web beschreiben, mit denen das Unternehmen äußerst erfolgreich ist.

Landingpage »Home«: Auf dieser Seite wird kurz das Produkt Vitaminwater beschrieben. Das Besondere dabei: Die Landingpage fungierte für geraume Zeit zeitgleich als Homepage der Markenwebsite. Richtig. Wenn man *www.vitaminwater.com* in die Adresszeile seines Browser eingab, gelangte man auf die Facebook-Seite.

Timeline: Hier werden Nachrichten rund um das Produkt, Marketingmaßnahmen und Ähnliches gepostet. Zwischendrin tauchen immer einmal wieder themenfremde Postings auf, um die Inhalte der Seite aufzulockern. Hinzu kommt, dass die Marke im Bereich Sport-Sponsoring aktiv ist. Auch dieser Bereich bietet natürlich immer wieder Möglichkeiten für Beiträge, in denen die Marke beziehungsweise Produkt nicht immer zwingend im Mittelpunkt steht. Beeindruckend ist die gewöhnlich relativ hohe Anzahl an Interaktionen der Fans der Vitaminwater-Facebook-Seite. Mehrere Hundert Reaktionen sind selbst bei relativ banalen Einträgen auf der Timeline keine Seltenheit.

Info: Auf diesem Standardreiter befinden sich URLs zu anderen Auftritten der Marke, wie Twitter oder Myspace, sowie der Link zur Markenwebsite. Hinzu kommt ein kurzer Überblick der verschiedenen Geschmacksrichtungen. Interessant ist aber vor allem ein Satz: »This page is not advertisement and is provided for entertainment purposes only.« Übersetzt: »Diese Seite ist keine Werbung, sondern wird ausschließlich zu Unterhaltungszwecken zur Verfügung gestellt.« Und genau diese Faustregel hat zu dem Erfolg von Vitaminwater im Social Web geführt.

Home: Dabei handelt es sich um die Landingpage der Facebook-Seite von Vitaminwater. Hier werden neue Produkt vorgestellt, auf aktuelle Highlights hingewiesen und diverse Brücken zu weiteren Inhalten auf einer externen Website und anderen Plattformen im Social Web geschlagen. Zusätzlich findet der Nutzer am unteren Ende ein Auswahl-Menü, um in seine Länderversion zu wechseln.

X Games: Bei den X Games handelt es sich um eine Extremsport Veranstaltungen, die im Sommer und im Winter stattfindet. Die Disziplinen reichen von Freeskiing, Freestyle Motorcross, Snowboard, Schneemobil bis zu BMX, Skateboard, Motorsport und Inlineskating. Als offizieller Sponsor ist Vitaminwater mit einem eigenen Team auf der Veranstaltung vertreten. Die Informationen zu der Veranstaltung und den Mitgliedern des Teams werden hier optisch und technisch ansprechend aufbereitet.

Veranstaltungen: Eine Übersicht der Veranstaltungen in den nächsten Wochen. Sei es in einem Skatepark oder bei den Detroit Music Awards.

Umfragen: Hier stellt Vitaminwater seinen Fans verschiedene Fragen, zum Beispiel »Welche der folgenden Geschmacksrichtungen würdest du gerne einmal probieren?« oder »Bist du aktuell gut in Form?«.

Bereits bei der Beschreibung der Inhalte der Facebook-Seite von Vitaminwater haben wir Komponenten beschrieben, welche zu dem Erfolg des Unternehmens auf Facebook beigetragen haben. Hier noch einige weitere Faktoren:

Mut: Die Marke ist immer wieder bereit neue Wege zu gehen. Beispielsweise machte Vitaminwater bereits im 2009 während des NCAA-College-Basketball-Turniers von sich reden. Damals schaltete Vitaminwater als eines der ersten Unternehmen einen TV-Spot, in dem nicht die Website von Vitaminwater, sondern die Vanitiy URL *facebook.com/vitaminwater* beworben wurde. So etwas sorgt für Aufsehen und positiven Gesprächsstoff innerhalb der Facebook-Community.

Regelmäßige Kommunikation: Vitaminwater pflegt mithilfe von Facebook eine regelmäßige Kommunikation mit seinen Fans. Dies bildet die Grundlage für die zahlreichen Interaktionen auf der Timeline des Unternehmens.

Kleine Word-Of-Mouth-Specials: Vitaminwater führt nicht nur große, aufmerksamkeitsstarke Sonderaktionen durch. Auch die regelmäßige Kommunikation wird immer einmal wieder durch kleine Specials aufgelockert, zum Beispiel in Form von Umfragen, die mithilfe der Applikation »Poll« erstellt werden, die jedem Facebook-Nutzer kostenlos zur Verfügung steht.

Große Word-Of-Mouth-Specials: Zusätzlich sorgt die Marke immer wieder mit größeren Sonderaktionen für Aufsehen.

Abbildung 75: Screenshot der Applikation »Flavorcreator« von Vitaminwater, mit deren Hilfe Nutzer sich an der Entwicklung einer neuen Getränkesorte beteiligen konnten.

Crowdsourcing: Eine dieser Sonderaktionen hat für besonders viel Aufmerksamkeit gesorgt. Im Rahmen des Word-Of-Mouth-Specials »flavorcreator« wurden die Fans der Vitaminwater-Facebook-Seite dazu aufgerufen, sich an der Erstellung einer neuen Sorte von Vitaminwater zu beteiligen. Dies umfasste die Auswahl der Geschmacksrichtung und enthaltenen Vitamine sowie die Gestaltung des Flaschenlabels für das neue Getränk. Dem Gewinner des Design-Contests winkte ein Geldpreis in Höhe von 5.000 Dollar. Bei dieser Aktion kreierten die Facebook-Fans von Vitaminwater also gemeinsam ihr eigenes Produkt. Der Name des Getränks: Connect. Die Kampagne sorgte nicht nur für unglaublich viel Gesprächsstoff innerhalb des Social Webs. Auch zahlreiche klassische Medien berichteten über die Aktion.

Zu guter Letzt noch eine Anmerkung zu den Ergebnissen der Bemühungen von Vitaminwater auf Facebook. Im März 2009 verfügte die Facebook-Seite von Vitaminwater über circa 50.000 Fans. Ein Jahr später im März 2010 lag dieser Wert bei etwas über 1,3 Millionen Fans. Aktuell im März 2011 ist diese Zahl auf knapp 2,2 Millionen Fans angestiegen. »Not too bad«, wie das Management von Vitaminwater wahrscheinlich sagen würde.

Fazit

Der Erfolg von Vitaminwater beruht unserer Meinung nach auf zwei wesentlichen Faktoren. Erstens: Dem Mut, neue Wege zu gehen. Zweitens: die aktive Einbindung der Fans. Sei es in Form kleinerer Aktionen, größerer Specials bis hin zu besagtem Crowdsourcing-Projekt, bei dem die Nutzer geschickt in die Entwicklung eines neuen Produkts eingebunden wurden. Wobei man hierbei sagen muss: Vorsicht! Crowdsourcing kann eine tolle Sache sein. Aber es funktioniert nicht bei jedem Produkt und jeder Kampagne. Es gibt auch diverse Beispiele, bei denen der Schuss schwer nach hinten losging, als Unternehmen versucht haben, die Kreativität der breiten Masse für ihr eigene Marke zu nutzen.

Ein prominentes Beispiel: Chevrolet. Zur Markteinführung des Tahoe, eines großen Geländewagens (SUV) in den USA hat das Unternehmen dazu aufgerufen, eigene Werbevideos für das neue Fahrzeug zu kreieren und auf YouTube zu veröffentlichen. Dies haben sich einige Umweltaktivisten zu Herzen genommen und den hohen Benzinverbrauch des Wagens thematisiert. Dies war sicherlich nicht die Form der Werbung, welche sich das Unternehmen gewünscht hatte. Dies verdeutlich, dass eine Crowdsourcing-Kampagne ein beeindruckendes Werkzeug sein kann, dass sowohl Unternehmen als auch den Konsumenten tolle Mehrwerte bietet. Dies erfordert jedoch ein passendes Produkt sowie ein gut durchdachtes Konzept. Falsch umgesetzt kann Crowdsourcing durchaus auch kontraproduktive Ergebnisse erzielen oder sogar einen Super-GAU im Marketing erzeugen.

17.12 TOM BIHN – So hat man seine Kunden im Social Web in der Tasche

Bei TOM BIHN handelt es sich um ein kleines Unternehmen aus den USA, bei dem 22 Mitarbeiter beschäftigt sind und das sich seit circa zwanzig Jahren auf die Produktion von Taschen spezialisiert hat. Das Angebot reicht von Laptoptaschen über Rücksäcke bis hin zu Umhängetaschen, Reisetaschen und so weiter. Das Unternehmen hat einen Offline-Showroom in Seattle, der einmal im Monat geöffnet ist. Ansonsten erfolgt der Vertrieb der Produkte weitestgehend online. Eines der wichtigsten Marketingtools des Unternehmens: Fortlaufende Kommunikation mit den Kunden im Social Web. Dies findet auf den unterschiedlichsten Plattformen statt. Sei es im Corporate Weblog, auf YouTube, Twitter, Flickr oder eben auch auf Facebook unter *www.facebook.com/TOMBIHN*. Die Auftritte des Unternehmens im Social Web werden von einer Mitarbeiterin namens Darcy Gray betreut. In einem Interview auf *mashable.com* [14] hat diese einen Satz gesagt, den wir an dieser Stelle gerne zitieren möchten, da er eine Grundeinstellung schildert, die äußerst hilfreich ist, um erfolgreich im Social Web zu agieren: »Jedes Mal, wenn ein Unternehmen zusätzliche Wege erhält, um direkt mit den eigenen Kunden zu kommunizieren, ist das eine der besten Voraussetzungen für weiteres Wachstum.« Dabei werden Hinweise von Kunden teilweise sogar in die Entwicklung neuer Produkte integriert. Diese Tipps geben die Kunden dem Unternehmen im Social Web sehr gerne – und das umsonst, ohne kostspielige Marktforschung oder dergleichen. Hierzu sagt Darcy Gray Folgendes: »Wir sind nach wie vor immer noch das Unternehmen, das wir schon immer waren, und machen Dinge, die wir schon immer getan haben. Die einzige Veränderung besteht darin, dass wir dank des Social Webs nun noch näher am Puls unserer Kunden sind.«

Hier einige Punkte, auf die wir bei der Facebook-Seite von TOM BIHN hinweisen möchten:

Kompaktheit: Zumindest bisher kann man die Facebook-Seite als äußerst kompakt bezeichnen. Sie besteht ausschließlich aus den vorgegebenen Standardreitern.

Interaktion mit Kunden: Was die Seite auszeichnet, ist die direkte Kommunikation mit den Kunden. Fragen der Kunden wie »Wann ist der Showroom das nächste Mal geöffnet?« oder Mitteilungen wie »Meine neue Tasche ist gerade angekommen. Sieht klasse aus! Vielen Dank!« werden nun oftmals nicht mehr privat via E-Mail zwischen dem Kunden und TOM BIHN besprochen, sondern erscheinen vollkommen öffentlich auf der Timeline der Facebook-Seite des Unternehmens. Dies hat zwei Vorteile: erstens das immer wieder erwähnte Stichwort »passive Viralität«. Nur wenige der Kunden hätten bei einer solchen Frage- oder Dankes-Mail ihren kompletten Freundeskreis in die E-Mail-Kommunikation eingebunden. Zweitens hat TOM BIHN somit die Möglichkeit, ganz öffentlich zu zeigen, welch großartigen Kundenservice das Unternehmen bietet, indem es eingehende Fragen zeitnah und kompetent beantwortet.

Fortlaufende Kommunikation: Zu guter Letzt nutzt TOM BIHN seine Facebook-Seite, um über neue Produkte, die Öffnungszeiten des Showrooms und so weiter zu berichten. Somit bleiben die Fans beziehungsweise Kunden ganz einfach ständig up to date. Und das nicht mit einer oftmals störenden E-Mail, sondern komfortabel in ihrem gewohnten Umfeld auf Facebook, wo sie selber festgelegt haben, dass sie diese Neuigkeiten gerne erhalten möchten. Ganz davon abgesehen, dass anders als beispielsweise bei einem Newsletter auf

---

14   http://mashable.com/2010/02/04/social-media-helps-small-business/

Abbildung 76: Screenshot der Facebook-Fan-Seite von TOM BIHN.

Facebook wiederum die »passive Viralität« zum Tragen kommt, sobald ein Nutzer mit den Inhalten interagiert. Zum Beispiel in Form einer Bewertung oder eines Kommentars.

Integration in die Unternehmenswebsite: Dies ist einer der wenigen Bereiche, in dem der Auftritt des Unternehmens im Social Web eventuell noch optimiert werden könnte. Denn auf der Unternehmenswebsite *www.tombihn.com* muss man zuerst den Blog auf-suchen, um auf die Aktivitäten des Unternehmens im Social Web aufmerksam zu werden. Außerdem könnten unter Umständen auch an anderen Stellen der Website weitere Inter-aktionsmöglichkeiten eingebunden werden. Zum Beispiel zur Bewertung der Produkte in Form von einem Rating oder Kommentaren, die via Facebook Connect mit dem eigenen Netzwerk geteilt werden können. Hinzu kommen die bereits beschriebenen Möglichkeiten in den Bereichen Presales, Sales und Postsales.

Fazit

TOM BIHN ist ein tolles Beispiel, das zeigt, dass man im Social Web auch mit kleinem Budget und entsprechender Leidenschaft im Hinblick auf sein eigenes Unternehmen und die Produkte tolle Ergebnisse erzielen kann. Dabei geht es nicht einmal zwingend darum, Unmengen von Fans zu ge-winnen, sondern schlichtweg darum, die Kommunikation mit bestehenden Kunden zu optimieren. Denn mittel- und langfristig hilft dieses Vorgehen dann auch, den Kundenstamm kontinuierlich weiter auszubauen.

17.13 Rita's Italian Ice – Richtig cool im Social Web

Die Erfolgsgeschichte von »Rita's Italian Ice« begann im Jahr 1984 in Philadelphia. Inzwi-schen betreibt der Franchise-Anbieter 560 Ladengeschäfte in 18 Bundesstaaten der USA. Wobei das Unternehmen nicht nur offline erfolgreich ist, sondern es inzwischen auch bes-tens versteht, seine Kunden im Social Web für sich zu begeistern.

Hier eine Übersicht der wesentlichen Bausteine:

Facebook-Seite: Unter *www.facebook.com/RitasItalianIceCompany* finden die Nutzer unterschiedlichste Inhalte. Auf dem Reiter »Birthday Club« kann man sich registrieren, um das ganze Jahr über Sonderaktionen informiert zu werden und an seinem Geburtstag ein Special zu erhalten. Der »Store Locator« ermöglicht, ein Geschäft in der Nähe zu suchen. Im Bereich »What's new« weist auf aktuelle Aktionen hin. Und unter »Own a Rita's« finden Interessenten erste Informationen zum Franchise-Konzept des Unternehmens.

Weitere Social-Media-Accounts: Neben Facebook ist das Unternehmen auch auf Twitter, Myspace und YouTube mit einer eigenen Präsenz vertreten. Selbstverständlich sind die Accounts geschickt miteinander vernetzt.

Unternehmenswebsite: Hier finden die Besucher nicht nur Informationen rund um das Unternehmen und die Produkte. Auch die Auftritte im Social Web sind sehr präsent eingebunden. So können die Besucher ganz einfach auch auf Facebook und Co. mit Rita's Italian Ice kommunizieren und beispielsweise fortlaufend über aktuelle Sonderaktionen informiert werden – ohne dass sie dafür jedes Mal aktiv werden müssen.

Word-Of-Mouth-Special: Der eigentliche Durchbruch wurde mit einer Sonderaktion erzielt, die gemeinsam mit einem Hersteller von Marshmallows namens PEEPS durchgeführt wurde. Zum Frühlingsanfang am 20. März verschenkt Rita's Italian Ice 1,4 Millionen Eisbecher an seine Kunden. Diese Aktion wird bereits seit 17 Jahren durchgeführt. Doch im Jahr 2010 gab es erstmals eine wesentliche Neuerung: Jedem Kunden wurde mitgeteilt, dass zeitgleich ein ganz spezielles Gewinnspiel auf der Facebook-Seite des Unternehmens stattfindet. Der Preis: Ein Jahr kostenlos Eis essen. Zusätzlich wurden weitere Preise wie Geschenkkörbe, Coupons und T-Shirts ausgelobt. Auf der Facebook-Seite konnten die Nutzer nicht nur an dem Gewinnspiel teilnehmen und diese Information mit ihren Freunden teilen, sondern auch noch eine »PEEPS-o-nality« kreieren. Dabei handelte sich um diverse PEEPS-Karikaturen, die man auswählen und auf seinem Profil veröffentlichen konnte. Dank dieser Maßnahme konnte Rita's eine Million Besucher auf seiner Facebook-Seite begrüßen. Das Ergebnis: mehr als 210.000 Fans auf der Facebook-Seite, die zu dieser Zeit zu den schnellstwachsenden Facebook-Seiten weltweit zählte. Seither hat sich dieser Wert auf 639.786 Fans gesteigert.

Warum war die Kampagne so erfolgreich? Hier unsere Meinung:

Gute Story: Ein Jahr kostenlos Eis essen ... Das ist eine Geschichte, die man mit seinen Freunden teilt und an Personen weiterleitet, die gerne Eis essen. Und davon gibt es nun einmal jede Menge.

Einfaches Teilen: Nicht nur die Geschichte an sich lud dazu ein, sie mit anderen Nutzer zu teilen, sondern auch die technischen Voraussetzungen. Es wurden verschiedene Möglichkeiten zur Interaktion angeboten, die via Facebook ganz einfach für Gesprächsstoff innerhalb des eigenen Netzwerkes sorgen konnten.

Abbildung 77: Gewinnspielreiter auf der Facebook-Seite von Rita's Italian Ice zu einem Gewinnspiel, bei dem die Teilnehmer ein Jahr kostenlose Eiscreme gewinnen konnten (Bildquelle: *www.insidefacebook.com*).

Crossmedia: Die erhöhte Frequenz in den Ladenlokalen, die mit der jährlichen Sonderaktion zum Frühlingsanfang erzielt wurde, hat das Unternehmen geschickt in das Social Web verlängert. Und das mit Erfolg! Somit wurden aus einmaligen Besuchern langfristige Fans.

Engagement: Seit vergangenem Jahr beschäftigt das Unternehmen einen »Social Networking Coordinator«, der sich darauf konzentriert, dem Unternehmen eine bestmögliche Präsenz im Social Web zu schaffen. Mit diesem extra Mitarbeiter unterstreicht das Unternehmen, dass sein Engagement wirklich ernst gemeint und langfristig angelegt ist. Das Social Web stellt einen zentralen Baustein im Marketingmix dar.

Fazit

Der Effekt einer Offline-Sonderaktion wurde bestmöglich für den Auftritt im Social Web genutzt. Im Mittelpunkt der Maßnahmen stand dabei sowohl der Kunde als auch das Produkt. Auf kostspielige Marketinggimmicks wurde weitestgehend verzichtet. Es reichte vollkommen aus, ein ungewöhnliches Gewinnspiel durchzuführen, dessen Hauptgewinn das Unternehmen letztendlich finanziell nicht einmal allzu viel kostet. Dennoch konnte eine große, loyale und vor allem aktive Fanbase auf Facebook aufgebaut werden. Diese Maßnahmen werden mit umfangreichem Engagement und Interaktionen seitens der Fans belohnt, welche dank der »passiven Viralität« zur weiteren Steigerung des Bekanntheitsgrads von Rita's Italian Ice beitragen.

17.14 Zähne: zeigen – Aufbau einer Community rund um Mundhygiene

Mundhygiene, Prophylaxe, Karies, Mundgeruch und dergleichen mehr gelten nicht unbedingt als »sexy Thema«. Bei diesem Projekt bestand die Aufgabe also zuerst einmal in der Entwicklung einer Social-Media-Story, welche gut teilbar ist. Der Kunde, die Gaba GmbH, hat verschiedene Marken im Portfolio, unter anderem Aronal und Elmex oder Meridol. Doch auf der Facebook-Seite sollten nicht die Marken, sondern die Indikationen im Vordergrund stehen. Das Ergebnis: Wir haben die Seite unter dem Titel »Zähne: zeigen« gelaunched. Damit haben wir das Thema auf ein breites Fundament gestellt, das unterschiedlichste Themen und Sonderaktionen rund um das Angebot des Kunden ermöglicht. Zum Aufbau einer initialen Fanbase sind wir dabei wie folgt vorgegangen:

Schritt 1: Aufbau einer Facebook-Seite unter *www.facebook.com/zaehnezeigen*. Neben einer Willkommensseite bietet diese weiterführende Informationen rund um die Problemfelder in Form von extra Reitern.

Schritt 2: Durchführung eines relativ simplen Gewinnspiels. Dabei konnten die Nutzer einen iPod Nano sowie Zahnpflege-Sets gewinnen. Der Clou bei dieser Aktion bestand in den folgenden beiden Faktoren: Erstens mussten die Nutzer sich zuerst via Klick auf den »Gefällt mir«-Button mit der Seite vernetzen. Erst dann konnten sie am Gewinnspiel teilnehmen. Zweitens mussten zuerst 1.000 Nutzer an dem Gewinnspiel teilnehmen, bevor die Verlosung stattfand. Dies hat dazu geführt, dass die Teilnehmer die Aktion sehr aktiv an ihr Netzwerk empfohlen haben. Ein Großteil der ersten 1.000 Fans kam in diesem Fall also nicht über Media, sondern Empfehlungen seitens der Nutzer.

Schritt 3: Anschließend wurde ein weiteres Gewinnspiel durchgeführt. Dieses Mal war jedoch ein höheres Engagement seitens der Nutzer gefragt. Über einen entsprechenden Gewinnspielreiter mussten sie nämlich ein Bild hochladen, auf dem sie oder eine andere Person »Zähne zeigt«. Wobei viele Nutzer das Bild nicht nur via Gewinnspielformular hochgeladen, sondern zusätzlich auch auf der Timeline des Unternehmens veröffentlicht haben. Ein toller Nebeneffekt, da dies natürlich zu einer weiteren Verbreitung der Aktion beigetragen hat. Wobei man hier stets vorsichtig sein muss. Denn die Nutzungsrichtlinien von Facebook untersagen, dass ein Gewinnspiel nur in einem extra Reiter, nicht aber auf der Timeline stattfinden darf, das heißt, die zusätzliche Veröffentlichung der Bilder auf der Timeline muss freiwillig erfolgen und darf nicht Teil des Gewinnspiels sein. Auch wenn man die Nutzer natürlich gerne darauf hinweisen darf, dass man sich freuen würde, wenn sie das Bild zusätzlich auf der Timeline veröffentlichen, damit es auch andere Nutzer sehen können – zum Beispiel im Rahmen der Bestätigungs-E-Mail bei der Teilnahme an dem Gewinnspiel. Für das höhere Engagement winkte natürlich auch ein etwas größerer Preis in Form einer Digitalkamera. Auch dieses Gewinnspiel war natürlich wiederum nur für Fans der Seite zugänglich.

Das Ergebnis: Innerhalb von knapp zwei Monaten konnten 1.800 Fans für die Facebook-Seite gewonnen werden. Und das ohne Einsatz eines großen Mediabudgets, auch wenn die Aktionen jeweils mit einer überschaubaren Pay-per-Click-Kampagne auf Facebook begleitet wurden.

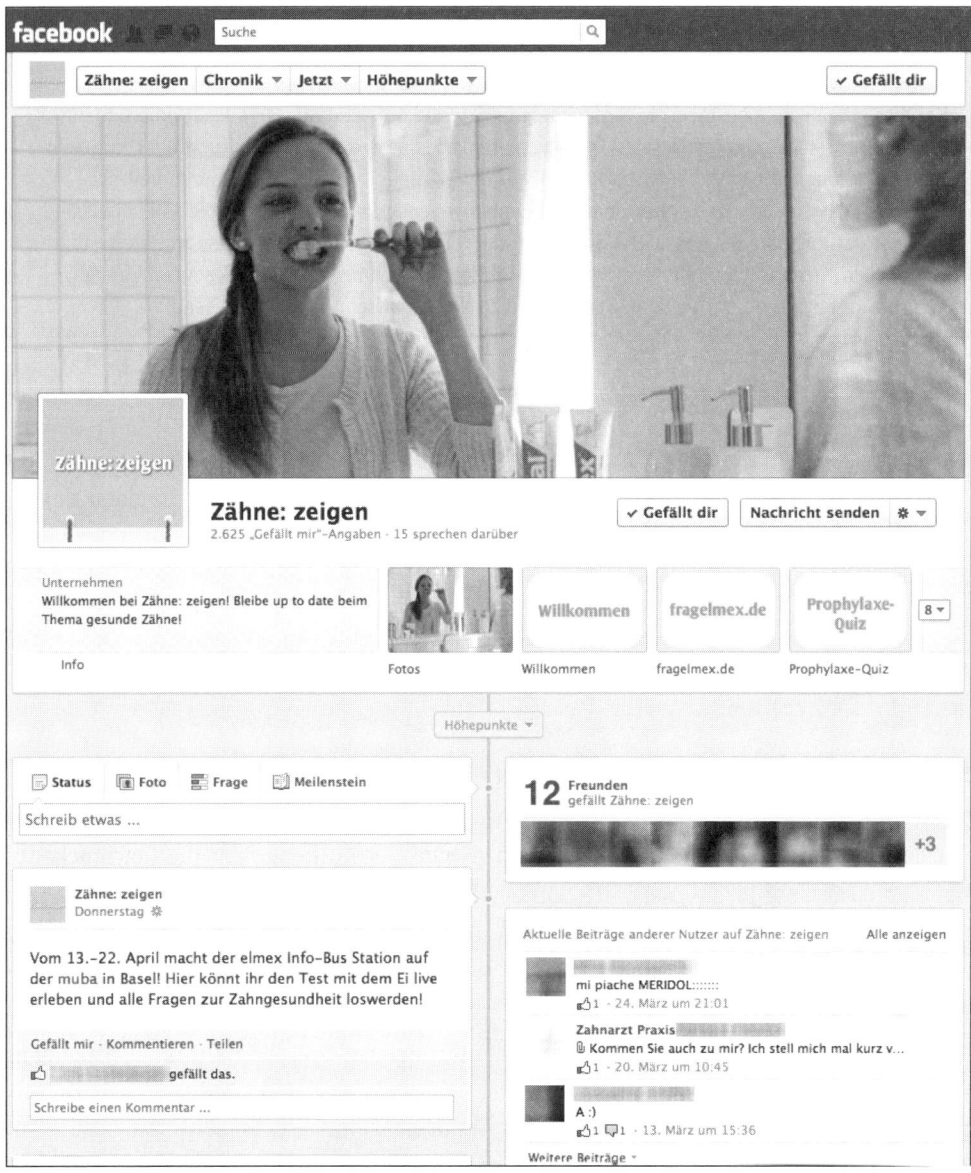

Abbildung 78: Timeline der Facebook-Seite »Zähne: zeigen«. In der Navigation finden die Nutzer direkten Zugriff auf die weiteren Inhalte der Seite. Unter *fragelmex.de* können sie Fragen direkt an Experten richten. Unter Prophy-laxe-Quiz können sie ihr Wissen zu diesem Thema testen und an einem Gewinnspiel teilnehmen.

Bei dieser Kampagne bestand die Herausforderung zuerst einmal darin, eine Positionierung zu erarbeiten, welche ein »schwieriges Thema« so verpackt, dass es teilbar wird und die Leute keine Hemmungen haben, sich öffentlich via Klick auf den »Gefällt mir«-Button damit zu verlinken. Außerdem zeigt auch diese Aktion, dass eine entsprechende Planung und Konzeption vorausgesetzt, selbst einfache Gewinnspiele ein sehr gutes Werkzeug darstellen, um eine initiale Fanbase aufzubauen. Insbesondere die Verbindung von Aktionen/Gewinnspielen mit der Anzahl an Teilnehmern oder Fans einer Facebook-Seite erzielt in der Regel sehr gute Ergebnisse.

17.15 Domino's Pizza UK and Ireland – Werde unser Superfan

Die Länderseite von Domino's Pizza in UK und Irland ist ebenfalls einen Besuch wert. Unter *www.facebook.com/DominosPizza* finden Nutzer immer wieder spannende Sonderaktionen. Hier einige Beispiele vergangener Aktionen:

Fan of the Week: Nutzer werden dazu eingeladen, ein Foto auf der Timeline der Facebook-Seite zu veröffentlichen. Der Gewinner wird als Fan der Woche in das Profilbild der Seite eingebunden.

Superfans: Einen Schritt weiter geht die Aktion Superfans. Hier wurden jene Fans gesucht, welche am meisten Nutzer aus ihrem Freundeskreis dazu animieren können, ebenfalls Fan der Seite zu werden. Je mehr Freunde man gewann, desto höher war die Gewinnchance auf eine kostenlose Pizza. Zusätzlich wurden die Nutzer jede Woche als Pizza King & Pizza Queen gekürt. Das aktuelle Ranking war jeweils für alle Nutzer einsehbar. Nach Abschluss der Woche wurde der Zähler wieder auf Null gesetzt und die Aktion ging von vorne los.

Oven Temperature: Die Fans der Seite erhielten diverse Specials in Form von Coupons und Preisnachlässen. Wenn entsprechend viel neue Fans gewonnen wurden, erhielten die Fans das nächste Special. Der aktuelle Zählerstand wurde in Form eines Thermometers angezeigt, sodass die Nutzer stets sehen konnten, wie viele neue Fans noch fehlten, bis das nächste Special verfügbar war.

Offers: Unter diesem Reiter erhalten die Nutzer Zugang zu speziellen Sonderangeboten. Fans only, versteht sich.

Spanish Sizzler: Hier wurde ein neues, limitiertes Produkt angepriesen und die Nutzer dazu animiert, dies möglichst umgehend zu bestellen, bevor es nicht mehr verfügbar ist. Von hieraus gelangte der Nutzer direkt in den Online-Shop, wo er die Pizza komfortabel direkt vom PC aus bestellen konnte.

Abbildung 79: Links Screenshot der Aktion »Oven Temperature«, rechts Screenshot der Aktion »Pizza King & Pizza Queen«.

Fazit

Diese Seite bietet ihren Fans diverse Mehrwerte. Unterschiedliche Sonderaktionen regen immer wieder zusätzliche Interaktionen an, welche zur weiteren Verbreitung der Seite beitragen. Dabei nutzt Domino's Pizza geschickt verschiedene Mechanismen, um die Nutzer zu weiteren Aktivitäten anzutreiben und ihr eigenes Netzwerk mit auf der Seite einzubringen. Dabei dient die Seite dank Coupons und direkter Anbindung an den Online-Shop gleichzeitig auch ganz klar als Werkzeug im Bereich Verkaufsförderung.

17.16 Edding – Wall of Fame

Wer kennt sich nicht, die Kritzeleien auf Schultischen und Klo-Wänden. Aber das ist doch verboten? Nicht bei Edding! In Anlehnung an einen Begriff aus der Graffiti-Szene – in der sich das Produkt ganz nebenbei auch großer Beliebtheit erfreut – hat das Unternehmen eine Applikation namens »Wall of Fame« ins Leben gerufen. Hier kann sich jeder austoben – ganz einfach und vollkommen legal. Wie das Ganze funktioniert? Hier eine kleine Anleitung:

Schritt 1: Der Nutzer besucht die Seite *www. wall-of-fame.com*. Während diese im Hintergrund geladen wird, erfährt der Nutzer, worum es sich dabei handelt. Sobald der Ladevorgang abgeschlossen ist, erscheint eine Schaltfläche mit der Aufschrift »Start«.

Schritt 2: Man landet auf der »Wall of Fame«. Es stehen verschiedene Stifte von Edding zur Auswahl, mit denen man sich selber austoben kann. Der Clou: Jeder Stift kann immer nur von einem Nutzer verwendet werden. Ist der Stift gerade im Einsatz, wird er farblich entsprechend markiert. Je nach Tageszeit sind zu Beginn sogar oftmals sämtliche acht Stifte im Einsatz. In diesem Fall kann man zusehen, welcher Nutzer gerade was, mit welchem Stift zeichnet und dies in Realtime kommentieren.

Schritt 3: Sobald man einen Stift ergattert hat, kann man sich entweder via Facebook-Connect und seinem Profil authentifizieren oder man gibt einen Nickname ein. Somit weiß die Applikation und die anderen Nutzer, mit wem sie es zu tun haben.

Schritt 4: Nun kommt der schwierigste Teil. Das Finden eines Platzes, der noch einigermaßen frei ist, damit man sich dort verewigen kann. Sobald man diesen gefunden hat, kann man dann auch loslegen.

Schritt 5: Fertig? Dann wird das fertige Werk gespeichert und man kann es via E-Mail, Twitter oder Facebook mit dem eigenen Netzwerk teilen und diese somit einladen, sich selber auf der Wall of Fame zu verewigen. Zusätzlich besteht die Möglichkeit, das Bild lokal zu speichern.

Neben diesen Funktionen bietet die Seite natürlich noch den obligatorischen »Like«-Button. Via Klick gelangt der Nutzer hier auf die Seite der Applikation auf Facebook. Außerdem findet der Nutzer auf der linken Seite noch eine kleine Navigation mit verschiedenen Funktionen. Beispielsweise kann er hier mit Klick auf ein Kamera-Symbol einen Screenshot eines Ausschnittes der »Wall of Fame« machen und auch diesen mit seinen Freunden teilen.

Abbildung 80: Screenshot der Anwendung unter *www.wall-of-fame.de* nach der Fertigstellung einer Zeichnung. Hier findet der Nutzer verschiedene Möglichkeiten, das fertige Werk mit seinem persönlichen Netzwerk zu teilen. Links hat er eine Navigation mit Zoom-Funktion, Erstellung eines Screenshots, den er mit Freunden teilen kann und eine Übersicht sämtlicher Stifte und ob diese gerade verfügbar sind oder von anderen Benutzern verwendet werden.

Fazit

Den Mittelpunkt dieses Showcase bilden weniger der Aufbau einer Facebook-Seite oder initialen Fanbase. Die Funktionen von Facebook werden eher subtil in die Anwendung integriert, um für eine größtmögliche Viralität zu sorgen. Im Vordergrund steht eher die Spaßkomponente, mit der die Nutzer das Produkt spielerisch entdecken, und der Reiz des Verbotenen.

17.17 Sony – Know your Enemies

Auch der Unterhaltungskonzern Sony weiß immer wieder mit ungewöhnlichen Aktionen für Aufmerksamkeit im Social Web zu sorgen. Natürlich verfügt das Unternehmen über zahlreiche Produkte mit hohem Unterhaltungsfaktor und spricht eine verspielte Zielgruppe an. Beste Voraussetzungen also für Kampagnen mit entsprechender Durchschlagskraft in diesem Umfeld.

Als Showcase haben wir uns eine Applikation herausgesucht, die zum Launch des Playstation-Spiels »Killzone« entwickelt wurde. Titel der Applikation »Know your Enemie«. Obwohl diese Applikation technisch relativ anspruchsvoll ist, können Nutzer sie ganz einfach bedienen. Hierbei gehen sie wie folgt vor:

Schritt 1: Unter *http://apps.facebook.com/knowyourenemy/* gelangen die Nutzer zu der Applikation. Dort finden sie eine kurze Beschreibung, was sich hinter dem Spiel und der Applikation verbirgt. »Welche deiner Freunde sind deine Feinde? Willkommen bei Killzone 3, dem ultimativen Entschlossenheitstest. Erlebe Schlachten in einer fremden Welt unter fast unmöglichen Bedingungen. Die Hoffnung der Menschheit lastet auf deinen Schultern. Du brauchst Freunde, Kameraden, auf die du dich im Durcheinander der Schlacht verlassen kannst. Jedoch könnten diejenigen, die an deiner Seite kämpfen, dunkle Geheimnisse in sich tragen. Dieser ISA-Peilsender trennt den Freund vom Feind« … Lange Rede, kurzer Sinn: Die Applikation analysiert das persönliche Netzwerk und enttarnt die darin enthaltenen Feind.

Schritt 2: Durch den Klick auf die Schaltfläche »Feinde finden« beginnt die Applikation mit der Analyse des persönlichen Netzwerks. Natürlich nicht, bevor der Nutzer nicht zugestimmt hat, dass die Anwendung auf seine persönlichen Daten zugreifen darf.

Schritt 3: Auf Grundlage unterschiedlichster Interaktionen seitens der Freunde unterteilt die Applikation diese in folgende Kategorien:

Ultimativer Feind: Diese Person hat auf deiner Timeline die meisten Beleidigungen, Schimpfwörter und negativen Posts hinterlassen.

Helghast-Infiltrator: Ist auf den meisten Fotos mit dir zu sehen.

Helghast-Taktiker: Diese Person hat am meisten mit deiner Timeline interagiert.

Abbildung 81: Screenshot der Applikation »Know your Enemie« zur Promotion des Spiels Killzone von Sony, nachdem man auf den Button »Teile es diesem Freund mit« geklickt hat.

Helghast-Feldsanitäter: Hat zu den unterschiedlichsten Zeiten Status Updates auf Facebook gepostet.

Helghast-Ingenieur: Hat am häufigsten von einem mobilen Gerät aus auf Facebook gepostet.

Helghast-Scharfschütze: Hat dich auf den meisten Fotos markiert (in meinem Fall ist das mein eigner Bruder ;)

ISA-Koop-Partner: Hat am häufigsten »Gefällt mir« auf deiner Timeline angeklickt.

Ganz klar. Vor diesen Nutzern sollte man sich in Acht nehmen. Neben der Beschreibung der einzelnen Kategorien findet man außerdem jeweils noch ein kurzes Video dazu. Dies zeigt einen kurzen Ausschnitt aus dem Spiel, in welchen der eigene Name und der des Freundes beziehungsweise nun Feindes integriert werden. Außerdem hat man natürlich die Möglichkeit, den Freund darüber zu informieren, dass er als Feind entlarvt wurde. Wie das? Via Klick auf die Schaltfläche »Teile es diesem Freund mit« kann man ein entsprechendes Posting auf seiner Timeline hinterlassen. Die Antwort darauf lässt in der Regel nicht lange auf sich warten und trägt wiederum zu einer weiteren Verbreitung des Spiels bei.

Fazit
Trotz der technisch relativ anspruchsvollen Programmierung dieser Applikation ist sie für den Nutzer sehr einfach zu bedienen. Dabei sind Spielspaß und Unterhaltung garantiert. All dies bildet eine sehr gute Grundlage für eine breit gefächerte virale Verbreitung der Applikation.

17.18 Nokia – Deine Facebook-Freunde als Ansage auf dem Navi

Nahezu jedes handelsübliche Mobiltelefon, das etwas auf sich hält, verfügt heute über eine Navigationssoftware. So auch die neuen Telefone auf dem Hause Nokia. Doch mit einer Applikation Namens »Own Voice For Ovi Maps« bietet Nokia zusätzlich eine nette Spielerei am Rande. Diese ermöglicht Navigationsgerätes anzupassen, sodass nicht mehr eine anonyme Stimme die Anweisungen erteilt, sondern die der eigenen Freunde. Und genau diese Funktion wurde zusätzlich auch als Facebook-Applikation umgesetzt.

Schritt 1: Zuerst einmal erteilt der Nutzer der Applikation die Erlaubnis, auf die eigenen persönlichen Daten zugreifen zu dürfen. Anschließend wählt er die Länderversion aus, welche für ihn infrage kommt. Daraufhin gelangt man auf eine Seite, welche den

Abbildung 82: Screenshot der Applikation »Own Voice For Ovi Maps«, mit der man seine Freunde einladen kann Ansagen für das eigene Navigationsgerät zu machen, damit diese nicht mehr von einer anonymen Stimme erfolgen, sondern von Menschen, die einem am Herzen liegen.

grundsätzlichen Ablauf und die Funktionen der Anwendung erklärt. Zum Appetitanregen und für einen persönlichen Touch werden hier schon einmal erste Profilbilder der eigenen Freunde eingebunden.

Schritt 2: Man gibt dem Stimmenpaket einen Namen und legt fest, ob die Messung in Kilometern oder Meilen erfolgen soll. Anschließend kann man bis zu elf seiner Freunde einladen, damit diese die Aufnahmen für das Navigationsgerät tätigen. Wobei dies nicht nur auf die Facebook-Freunde begrenzt ist, sondern auch weitere Nutzer außerhalb der Plattform eingeladen werden können.

Schritt 3: Sobald sämtliche Aufnahmen getätigt wurden, kann man das Stimmpaket herunterladen und auf seinem Mobiltelefon installieren.

Solch eine Applikation bietet nicht nur einen lustigen Mehrwert, sondern weckt natürlich auch den Entdeckerdrang und Spieltrieb. Damit entfaltet die Applikation an sich schon mal eine gewisse Viralität. Wobei diese durch die Integration verschiedener Social Plug-ins und Like-Funktionen eventuell sogar noch hätte weiter gesteigert werden können.

Fazit

Bei unseren Tests hat die Applikation leider nicht immer reibungslos funktioniert. Mag sein, dass dies an temporären Störungen gelegen hat oder die Applikation technisch doch zu komplex und damit leichter anfällig für Fehler ist. Auch den Prozess innerhalb der Applikation finden wir nicht zu 100 Prozent optimal. Aber die Grund-Idee finden wir dermaßen gelungen, dass wir die Applikation trotzdem zu den Showcases in unserem Buch aufgenommen haben.

17.19 conceptbakery – aus dem Nähkästchen geplaudert

Natürlich verfügen wir als Agentur mit Spezialisierung auf alternative Marketingstrategien und Social Media selber auch über eine Facebook-Seite für conceptbakery. Wir haben hier zwar auch schon einige Showcases von Kampagnen vorgestellt, die von uns kreiert und auch umgesetzt wurden. Aber dabei muss man natürlich immer ein wenig aufpassen, dass man keine Interna des Kunden verrät, und sich auf Informationen beschränken, die für jedermann öffentlich einsehbar sind. Das Problem haben wir in diesem Fall nicht, sodass wir die Gelegenheit nicht ungenutzt lassen wollen, ein wenig aus unserem eigenen Nähkästchen zu plaudern.

Im ersten Schritt mussten wir definieren, wie wir uns positionieren und was wir genau kommunizieren wollen:

Unsere Social-Media-Story: Man kann durchaus sagen, dass wir selber die gleiche Medizin nehmen, die wir auch unseren Kunden empfehlen ;) Sprich: Sinn und Zweck unserer Facebook-Seite ist nicht, darüber zu berichten, was wir für eine tolle Agentur sind, welche großartigen Projekte wir gerade umsetzen oder uns in anderer Form selbst zu beweihräuchern. Im Mittelpunkt steht der Gedanke, eine Anlaufstelle für sämtliche Personen zu schaffen, die sich für alternative Marketingstrategien, Guerilla-, Viral- und Social-Media-Marketing interessieren.

Inhalte: Die Fans erhalten auf unserer Facebook-Seite Informationen zu aktuellen Kampagnen rund um die Welt, neuen technischen Möglichkeiten, Experten-Statements, Interviews und vieles mehr. Das Praktische an dieser Strategie ist, dass wir gar keine zusätzlichen Inhalte erstellen müssen. Denn Teil unseres Tagesgeschäftes ist es, ständig up to date zu bleiben, was sich in den für uns relevanten Bereichen tut, um den bereits in diesem Buch beschriebenen hyperdynamischen Entwicklungen nicht hinterherzuhinken, sondern diese zu kennen oder bestenfalls sogar mit zu gestalten, das heißt, die entsprechenden Informationen erhalten wir ohnehin im Rahmen unserer täglichen Lektüre. Der minimale Mehraufwand besteht darin, die Informationen nicht nur intern an einige Kollegen weiterzuleiten, sondern diese zusätzlich in Form eines Beitrages auf unserer Facebook-Seite zu veröffentlichen.

Hinweis: Wir werden immer wieder gefragt, ob wir mit diesem Vorgehen nicht einen unserer Wettbewerbsvorteile verspielen, aufgrund unserer internationalen Aufstellung und engen Vernetzung der Niederlassungen Dinge zu wissen, die anderen so eventuell noch nicht bekannt sind. Einerseits mag das stimmen. Andererseits verfolgen wir seit jeher eher den Grundsatz, unser Wissen gerne zu teilen und uns so gemeinsam schneller fortzubewegen. Und diese Regel gilt wohl insbesondere für das Social Web. Das bedeutet konkret: Der Vorteil, sein Wissen zu teilen und sich in unserem Fall beispielsweise als Experte auf diesem Gebiet zu etablieren, überwiegt bei Weitem den Nachteil, einen kleinen Teil seines Wissens- beziehungsweise Wettbewerbsvorsprungs aufzugeben, wobei es natürlich nach wie vor auch weiterhin Dinge gibt, die wir für uns behalten ;) Aber das sind eben weit weniger als noch vor einigen Jahren.

Im Folgenden ein kurzer Abriss der einzelnen Schritte des Aufbaus unserer Facebook-Seite:

Step 1 – Einrichtung der Page: Zuerst einmal musste natürlich die Facebook-Seite eingerichtet werden. Dabei wurden diverse Informationen zu unserem Unternehmen hinterlegt, ein extra Reiter »About Us« erstellt, auf dem wir kurz unser Unternehmen und die Personen beschreiben, welche die Facebook-Seite betreuen, und erste Statusmeldungen eingestellt.

Step 2 – Aufbau einer initialen Fanbase: Nun galt es, zuerst einmal eine initiale Fanbase für unsere eigene Facebook-Seite aufzubauen. Dies erfolgte durch die Aktivierung des eigenen Netzwerkes, indem wir aktiv via Direct Message auf Facebook, einen Newsletter und einen Beitrag in unserem Corporate Blog auf unsere neue Facebook-Seite hingewiesen haben. Zusätzlich haben wir eine kleine Facebook-Pay-Per-Click-Kampagne durchgeführt, um gezielt Nutzer anzusprechen, die sich für die Themen interessieren, die unser Auftritt behandelt. Bereits nach wenigen Tagen verfügt wir so bereits über mehrere Hundert Fans.

Step 3 – Integration Website: Mithilfe der Facebook-Like-Box haben wir die Facebook-Seite in unsere Unternehmenswebsite eingebaut. In unserem eigenen Fall haben wir das äußerst prominent gemacht, da Facebook nun einmal einen zentralen Baustein unserer täglichen Arbeit darstellt. Außerdem wollten wir einfach einmal einige technische Möglichkeiten aufzeigen, die vielen Unternehmen so noch nicht bewusst waren, als das Facebook-Widget neu auf den Markt kam. Dabei waren wir eine der ersten Agenturen, die dieses neue Widget in ihren eigenen Unternehmensauftritt integriert hat, denn für uns war die Facebook-Seite schnell ein relativ zentrales Marketingtool.

Step 4 – Umstellung auf CMS: Bereits vor einiger Zeit haben wir unsere Website *www.conceptbakery.de* einem Relaunch unterzogen. Dies ging Hand in Hand mit der Überarbeitung unserer Facebook-Seite. Inzwischen werden die Inhalte beider Seiten in einem zentralen CMS erstellt und gepflegt. So wird eine doppelte Datenhaltung von Inhalten vermieden, die auf beiden Seiten ausgespielt werden.

Tipp

Der Trend bei diversen unserer Projekte geht dahin, ein zentrales Content-Management-System aufzusetzen. In diesem werden Inhalte sowohl für die Website als auch die Facebook-Seite, mobile Websites und Applikationen zentral hinterlegt. Denn bei diversen Inhalten und Applikationen wird auf einen zentralen Applikations-Kern zugegriffen. Lediglich die Frontend-Darstellung und der genaue Funktionsumfang wird auf die unterschiedlichen Plattformen und damit einhergehenden Nutzergewohnheiten angepasst. Somit wird die Effizienz gleich in mehrerlei Hinsicht gesteigert. Doppelte Programmierung als auch Datenhaltung entfällt.

Abbildung 83: Timeline der Facebook-Seite von conceptbakery.

Zu guter Letzt hier einige Beobachtungen beziehungsweise Ergebnisse unserer Facebook-Seite:

Aufwand: Im Vergleich beispielsweise zu einem Weblog ist das Betreiben einer Facebook-Seite mit relativ wenig Aufwand verbunden. Zumindest wenn man eine ähnliche Strategie verfolgt, wie wir das mit unserer Agentur, aber auch bei zahlreichen Kundenprojekten tun. Denn es gibt unzählige tolle Inhalte anderer Nutzer, Plattformen, Fachzeitschriften, Blogs, YouTube-Videos, Flickr-Fotoalben und vieles mehr. Diese kann man auf seiner Page verlinken – ohne jeden Inhalt von A bis Z komplett selber zu erstellen. Ist das denn rechtens beziehungsweise klauen wir da nicht den wertvollen Content anderer Nutzer ist eine häufige Frage. Keinesfalls! Denn das ist einer der Grundgedanken des Social Web. Wir klauen keine Inhalte, sondern wir verlinken diese und teilen sie somit mit unseren Lesern. Dabei sind die Produzenten des Contents nicht verärgert, sondern freuen sich über dieses Vorgehen. Schließlich erhalten sie durch uns zusätzliche Besucher. Somit entsteht eine Win-win-Situation, von der alle Beteiligten profitieren. Der Produzent des Contents erhält mehr Aufmerksamkeit und Besucher. Unsere Fans erhalten ständig aktuelle Informationen – aggregiert aus den besten Newsquellen des Webs, somit müssen sie keine Zeit investieren, um diese zu suchen, sondern können sie bei uns ganz einfach finden. Und wir haben den Vorteil, dass wir ständig aktuellen Content bieten, ohne diesen selber produzieren zu müssen.

Interaktionsquote: Besonders interessant fanden wir folgende Beobachtung: Der Aufbau einer Leserschaft für einen Corporate Blog, die auch einmal interagiert und kommentiert, ist in der Regel mit sehr viel Aufwand und Liebesmühe verbunden. Ganz anders bei der Facebook-Seite: Bereits vom ersten Tag an kommentierten die Nutzer unsere Beiträge – unabhängig davon, ob wir diese selber verfasst oder externe Quellen verlinkt hatten.

Kommentare: Wie bereits erwähnt, verlinken wir oftmals auf interessante Beiträge in anderen Blogs. Nun könnte man davon ausgehen, dass die Nutzer ihre Kommentare direkt unterhalb des Original-Contents in dem Blog abgeben. Oftmals kommentieren und diskutieren die Nutzer diese Inhalte jedoch auf unserer Facebook-Seite. Wieso? Offen gesagt können wir hier nur mutmaßen. Aber wir gehen davon aus, dass sich die Nutzer auf Facebook einfach heimischer fühlen und sich lieber in ihrer »vertrauten Umgebung« austauschen als auf einer externen Seite.

Handfeste Ergebnisse: Inzwischen verfügen wir über mehr als 7.500 Fans auf Facebook – Tendenz steigend. Das mag auf den ersten Blick nicht nach viel klingen. Doch hierbei gilt es zu bedenken, dass wir eine verhältnismäßig kleine Agentur sind und ein sehr spezielles

Nischenthema abdecken. Daher können und wollen wir uns gar nicht mit den führenden Marken auf Facebook messen. In unserer ganz speziellen Branche brauchen wir uns mit dieser Anzahl an Fans keineswegs verstecken. Ganz im Gegenteil! Unsere Hauptwettbewerber verfügen in der Regel über einen Bruchteil dieser Anzahl an Fans. Und ja, dies führt tatsächlich zu handfesten Ergebnissen! Wir konnten schon Kunden direkt über Facebook gewinnen. Unsere Facebook-Präsenz hat uns zusätzliche Berichte in der Presse eingebracht, die wiederum indirekt zu neuen Anfragen und somit auch Kunden geführt haben. Und zu guter Letzt ist auch ein ganz wesentlicher Faktor nicht zu unterschätzen: Es gibt zahlreiche Agenturen, die zwar viel über Facebook sprechen, dort aber selber nicht wirklich aktiv sind. Wir demonstrieren direkt beim ersten Blick auf unserer Website, dass wir uns auf Facebook auskennen und bereits lange auf der Plattform aktiv sind. Und das nicht nur im Rahmen von Kundenprojekten, sondern auch für uns selbst. Das wissen Unternehmen, die sich für eine entsprechende Agentur interessieren, zumindest nach unserer bisherigen Erfahrung sehr zu schätzen.

Fazit

Unsere eigene Facebook-Seite läuft natürlich insofern ein wenig außer Konkurrenz, als Facebook einen wichtigen Baustein in zahlreichen Kampagnen darstellt, die wir für unsere Kunden kreieren. Daher ist es für uns sicherlich wichtiger, über eine eigene Facebook-Seite zu verfügen, als es für andere Anbieter sein mag. Nichtsdestotrotz denken beziehungsweise hoffen wir, dass auch diese Erfahrungen aus unserer Facebook-Seite hilfreich sind, um eine erfolgreiche Präsenz für ein anderes Unternehmen auf Facebook zu erstellen.

18. Dos and Don'ts – Erfolgsfaktoren in Social Networks

Im Verlauf dieses Buches haben wir Themen wie Social Web, Veränderungen im Informationsfluss, Nutzerverhalten, Marketing in Sozialen Netzwerken, technische Möglichkeiten, Vernetzung mit anderen Maßnahmen, Erfolgskontrolle und vieles mehr geschildert. An dieser Stelle möchten wir noch einmal eine kurze Übersicht zu einem wesentlichen Thema bieten, das sich wie ein roter Faden durch sämtliche Kapitel zieht. Was zeichnet einen erfolgreichen Auftritt im Social Web aus? Welches sind die zentralen Erfolgsfaktoren? Was gilt es zu beachten? Und welche Dinge sollte man tunlichst vermeiden?

Klare Positionierung – Social-Media-Story in einem Satz

Man muss dem Nutzer kurz und bündig – am besten in einem einzelnen Satz – sagen können, warum er Fan der Facebook-Seite eines Unternehmens werden sollte. Und dies muss durch die Brille des Nutzers geschehen und nicht durch jene des Unternehmens.

Kein Mono-, sondern ein Dialog – Kommunikation auf Augenhöhe

Die Zeiten, in denen Unternehmen sprachen beziehungsweise warben und Konsumenten einfach zuhörten, sind vorbei. Im Social Web heißt es für Unternehmen nicht nur senden, sondern auch zuhören, Kunden ernst nehmen und einen Dialog auf Augenhöhe suchen. Konsumenten werden nicht länger zur werblichen Schlachtbank geführt, sondern als gleichwertige Partner angesehen.

Be real – Authentizität schlägt Budenzauber

Das Social Web ist auch in diesem Punkt vergleichbar mit der Beziehung zwischen Mann und Frau. Man kann einem Menschen eventuell über einen kurzen Zeitraum etwas vormachen. Langfristig kommt es jedoch in der Regel ans Licht. Und einmal aufgedeckt sorgt dies schnell für großen Ärger. Dieser begrenzt sich heute jedoch nicht mehr auf die eigenen vier Wände, sondern erstreckt sich über das gesamte World Wide Web. Entweder man ist wirklich mit Herz und Seele bei der Sache oder man ist einfach fehl am Platz im Social Web.

It's time for a Change – Veränderter Fluss von Informationen

Erkennen, analysieren, anwenden. Diese Regel gilt auch hier. Man muss zuerst einmal den veränderten Informationsfluss betrachten und versuchen, ihn zu verstehen. Erst dann kann man ihn bewusst für das eigene Marketing nutzbar machen.

Rollenwandel – Keine Kontrolle, sondern Moderation

Clevere Unternehmen erkennen, dass sie keine Kontrolle mehr darüber haben, welche Inhalte an welchen Stellen zu welcher Zeit konsumiert und verbreitet werden. Anstatt dagegen anzukämpfen, finden sie sich mit dieser Tatsache ab und verwandeln sich geschickt vom Kontrolleur zum Zuhörer und Moderator.

Keine Angst vor der neuen Welt haben, sondern Neugier entwickeln

Warum Angst vor etwas haben und gegen etwas ankämpfen, was sich nicht aufhalten lässt. Mal ganz davon abgesehen, dass es immer schwerer wird, den Kopf so tief in den Sand zu stecken, dass man von dem Umschwung in der Kommunikation und dem Verhalten der Konsumenten nichts mitbekommt. Erfolgreiche Unternehmen im Social Web warten nicht, dass die Gelegenheiten zu ihnen kommen, sondern sie finden diese dank ihrer Neugier selber.

Nicht zögern – Machen!

Man erinnere sich an den Grundsatz von Facebook bezüglich der Mitarbeiter, die sich nicht schnell genug bewegen und zu wenig kaputt machen (siehe Kapitel 1 *Einleitung – Das Phänomen Social Networks*). Genau dieses Verhalten zeichnet zahlreiche erfolgreiche Unternehmen in diesem hyperdynamischen Umfeld aus. Nicht zögern, machen! Dabei passieren Fehler. Ganz davon abgesehen, dass sie genauso auftreten, wenn man sich langsam bewegt, ist das auch überhaupt nicht schlimm. Solange man offen damit umgeht, nichts unter den Teppich kehrt und vor allem daraus lernt, ist das vollkommen in Ordnung. Hinter Unternehmen stehen Menschen. Und diese machen nun einmal Fehler. Das Social Web macht uns hier sogar eventuell zu »besseren Menschen«. Denn durch seine Transparenz erzwingt es regelrecht eine gewisse Ehrlichkeit.

Nutzung der technischen Möglichkeiten

Plattformen wie Facebook & Co. bieten nahezu täglich neue technische Möglichkeiten. Diese sollte man nutzen! Damit herumspielen. Auf Entdeckungsreisen gehen. Und bisher unerforschtes Territorium erforschen.

KISS + Style

Wobei man stets darauf achten sollte, sich an der bewährten Erfolgsformel »Keep It Simple And Short« zu orientieren. Sowohl was Werbeaussagen, Storys als auch Abläufe, Technik und Funkionen einer Kampagne angeht. Hinzu kommt das Thema Style mit Hinblick auf Design. Einerseits betreffend der grafischen Oberfläche andererseits auch bezogen darauf, was sich in Form von Prozessen unter der Haube einer Kampagne verbirgt.

Klare Ziele definieren – und kontrollieren

Der erste Schritt auf dem erfolgreichen Weg in das Social Web? Klare Ziele definieren. Und kontinuierlich kontrollieren, ob diese eingehalten werden. Facebook Insights und Google Analytics liefern hier zahlreiche wertvolle Daten. Die gesteckten Ziele werden nicht erreicht? Sowohl die Strategie als auch die Maßnahmen und Ziele überprüfen und gegebenenfalls justieren.

Crossmedia – Einbettung in eine Gesamtstrategie

Ganz auf sich alleine gestellt ist der Unternehmensauftritt auf Facebook meist relativ wirkungslos. Auch im Social Web fallen die »gebratenen Reichweiten-Tauben« nicht vom Himmel. Hier ist Engagement und eine geschickte Verknüpfung mit unterschiedlichsten Maßnahmen gefragt. Sowohl auf Facebook als auch mit der eigenen Website, sonstigen Online-Maßnahmen bis hin zur Einbindung und dem Zusammenspiel mit klassischen Offline-Bausteinen, wie Print, Radio oder TV.

Um die Ecke denken – Weniger werben, mehr unterhalten

Wir als Unternehmen möchten, dass ... Falsch! Unsere Kunden wünschen sich ... Richtig! Die Nutzer sind nicht auf Facebook, um dort mit plumper Werbung gelangweilt zu werden. Das soll nicht heißen, dass Werbung in diesem Umfeld nicht funktioniert! Doch sie muss sich an den Spielregeln ausrichten, die von den Nutzern vorgeben werden und nicht von den Unternehmen. Und diese befinden sich im Social Web, um sich mit »Freunden« auszutauschen, gemeinsam Spaß zu haben, zu lachen, zu diskutieren, zu ... – egal, ob diese Freunde aus dem realen Leben stammen, Freundschaften im Netz mit anderen Nutzern geknüpft wurden oder mit Unternehmen entstehen. Erfolgreiche Unternehmen denken hier weniger in Werbekampagnen, sondern in Word-Of-Mouth-Specials, die zum Mitmachen einladen und Gesprächsstoff schaffen.

Auswahl einer externen Agentur – Drum prüfe, wer sich ewig bindet

Dem Auftritt eines Unternehmens im Social Web kommt oftmals eine besondere Bedeutung zu. Durch den direkten und äußerst interaktiven Austausch mit unterschiedlichen Zielgruppen trägt auch eine Facebook-Seite wesentlich zum Image und der Außendarstellung bei. Kein Wunder, dass sich viele Unternehmen professionelle Unterstützung einer Agentur sichern möchten, um hier Anfängerfehler zu vermeiden und möglichst erfolgreich zu agieren. Doch leider bekommen sie diese oftmals nicht. Denn insbesondere im Bereich Social Media gibt es leider schlichtweg sehr viele selbst berufene Experten. Schließlich gibt es hier keine Ausbildung oder sonstige offizielle Qualifikationen, die man zuerst erwerben muss, bevor man in dem Bereich tätig werden kann. Was an sich auch überhaupt nicht schlimm und teilweise sogar unmöglich ist, da sich das Umfeld in einem ständigen und rasanten Wandel befindet. Hier sind also gewisse grundsätzliche Fähigkeiten, wie eine gute Auffassungsgabe, Gespür für soziale beziehungsweise zwischenmenschliche Aspekte, Marketing und Technik-Know-how und vieles mehr gefragt. All das sollte mit jahrelanger Erfahrung im Bereich Community Management und Social Media kombiniert werden. Nur weil man ein wenig auf Facebook und ähnlichen Plattformen aktiv ist, mit der eigenen Band eine Seite betreibt und bereits ein bis zwei Vorträge oder Workshops zu dem Thema gehalten hat, ist man jedoch noch lange nicht qualifiziert, Unternehmen in diesem Umfeld auch kompetent zu beraten. Man kann sich immer wieder nur wundern, wie viele Menschen genau über diesen (nicht vorhandenen) »Erfahrungsschatz« verfügen und sich dennoch als einer der führenden oder ersten Social-Media-Berater in Deutschland betiteln. Unglaublich, aber wahr. Hier täte der Marketingbranche oftmals ein wenig Understatement doch gut zu Gesichte stehen. Denn wie in vielen anderen Bereichen erfordert eben auch die Entwicklung erfolgreicher Strategien, Kampagnen und Auftritte im Social Web schlichtweg langjährige Erfahrung. Und über diese verfügen nur wenige ausgewählte Anbieter und nicht alle Agenturen und Berater, die sich nun Social Media auf die Fahnen schreiben, da es gerade trendy ist – ohne jedoch über wirklich tief greifende Kenntnisse und vor allem praktische Erfahrung zu verfügen. Hier sollten sich Unternehmen also nicht von ein wenig Marketing-Blabla und hoher Fachbegriffs-Dichte blenden lassen, sondern ganz konkret Referenzen einfordern und diese kritisch hinterfragen. Welche Facebook-Seiten hat ein Berater oder eine Agentur wirklich komplett selber aufgebaut? Und nicht nur am Rande ein wenig beraten. Was für Marken werden bereits seit längerer Zeit in größerem Umfang betreut? Sprich: nicht nur eben mal ein Workshop mit einigen Mitarbeitern, sondern handfeste und umfangreiche Tätigkeiten. Welche Erfolge wurden dabei erzielt? Nicht nur schöne Worte, sondern greifbare Resultate. Und so weiter. Bei dieser Prüfung merkt man dann in der Regel ganz schnell, ob man einem echten Profi gegenübersitzt oder eben nur einem Schaumschläger.

Lesen bildet – Auch im Social Web

Nachmacher sind auch im Web 2.0 nicht gerne gesehen. Das heißt aber noch lange nicht, dass man das Rad immer wieder komplett neu erfinden muss. In diesem Buch hast du hoffentlich bereits einige hilfreiche Denkanstöße und Ideen erhalten. Doch das sollte nur der Anfang sein. Denn auch im Social Web gilt: Nur wer sich ständig up to date hält, kann vorne mitspielen. Daher haben wir am Ende des Buches im Anhang ein Kapitel eingefügt, in dem du diverse weitere Informationsquellen rund um das Thema findest.

Nachdem wir nun versucht haben, einen möglichst breit gefächerten Überblick über die Möglichkeiten auf Facebook zu liefern, versuchen wir nun einen kleinen Blick in die Glaskugel zu werfen. Welches sind die nächsten Trends im Hinblick auf Facebook? Einiges davon lässt sich schon mit relativ hoher Bestimmtheit sagen. Bei anderen Dingen kann sich unser Orakel aber natürlich auch irren.

19. What's next – Die nächsten Trends

19.1 Open Graph – Webseiten werden »sozialer«

Mit seinem Open-Graph-Standard und den damit einhergehenden Social Plug-ins hat Facebook den Grundstein gelegt, um das gesamte Web »sozialer« zu machen. Anonyme Seiten und Inhalte können dadurch – soweit gewünscht – sehr einfach in Bezug zu dem persönlichen Netzwerk eines Nutzers gebracht werden. Wobei er in den Einstellungen seiner Privatsphäre genau festlegen kann, ob und in welchem Umfang er das wünscht.

Die Einfachheit, Vorteile und spannenden Möglichkeiten dieser Tools hat dazu geführt, dass diese bereits in kurzer Zeit auf zahlreichen Internetseiten integriert wurden. Dadurch hat sich die Anzahl der Interaktionen seitens der Facebook-Nutzer erheblich gesteigert. Denn diese Tools sind nicht länger auf Facebook selbst oder wenige externe Websites begrenzt, sondern werden immer mehr zum Standard – egal, wo man sich gerade im Web aufhält.

Trotz der starken Verbreitung ist der Einsatz von Social Plug-ins und Möglichkeiten des Open Graph in einem Großteil der Websites noch nicht vorhanden. Dies wird sich in Zukunft ändern. Vergleichbare Funktionen werden schlichtweg Standard. Gleichzeitig werden die Nutzerzahlen von Facebook noch schneller wachsen, als sie dies bereits heute tun. Denn der Weg, der an Facebook vorbeiführt, wird durch die Omnipräsenz der Plattform immer schmaler.

19.2 Newsfeed – Besserer Filter und mehr Visualisierung

Durch die beschriebenen Social Rankings versucht Facebook bereits, die unzähligen Informationen besser zu filtern, die Nutzer Tag für Tag in Ihrem Newsfeed laden. Doch hier ist sicher bei weiten noch nicht Ende der Fahnenstange. Ähnlich dem Such-Algorythmus von Google schlummert hier eines der zentralen Erfolgsgeheimnisse von Facebook, das es ständig weiterzuentwickeln gilt. Außerdem könnte es gut sein, dass der Newsfeed noch visueller wird. Twitter hat mit seinem Launch damals dafür gesorgt, dass Facebook auch Statusmeldungen eingeführt hat. Möglicherweise gibt der Erfolg von Pinterest Facebook den Anstoß den Newsfeed nun noch visueller zu machen. Oder zumindest entsprechende Filtermöglichkeiten anzubieten, mit dem man die Ansicht seines Newsfeed auf den gewünschten Modus umstellen kann.

19.3 Verbesserung der Suche – Weniger anonym, mehr persönlich

Die Suche im Internet wird ganz klar von Google dominiert. Für viele Nutzer stellt diese Seite die zentrale Eingangstür ins Internet dar. Daran wird sich in absehbarer Zukunft auch nichts Grundlegendes ändern. Wobei doch zumindest ein wenig Konkurrenz aufkommt. Beispielsweise im Bereich topaktueller Nachrichten hat Twitter dem Suchmaschinen-Giganten zumindest teilweise den Rang abgelaufen. Parallel hat sich YouTube, das weltweit führende Videoportal, zur zweitgrößten Suchmaschine im Internet entwickelt. Wobei auch diese Plattform zu dem Unternehmen Google gehört und salopp formuliert »nur ein Ableger des Such-Giganten ist«.

Die Suche auf Facebook ist hier zurzeit noch vergleichsweise unterentwickelt. Doch sie birgt ein riesiges Potenzial. Denn gegenüber den genannten Wettbewerbern hat sie einen wesentlichen Vorteil: Suchanfragen können mit den Inhalten und Verhaltensweisen des persönlichen Netzwerks verbunden werden. Dadurch steigt die Qualität der Suchergebnisse.

Wenn man beispielsweise »Italiener Köln« bei Google eingibt, erhält man zwar zahlreiche Treffer. Doch diese sind nur mehr oder minder hilfreich. Einen Schritt weiter gehen Bewertungsportale wie zum Beispiel *Qype.com*. Hier findet man nicht nur einen Italiener in Köln, sondern sieht auch noch zahlreiche Bewertungen anderer Nutzer (diese gibt es zwar auch bei Google Maps, aber in der Regel nicht in einer solchen Vielfalt). Der Vorteil: Man sieht nicht nur die Informationen des Anbieters – in diesem Fall des italienischen Restaurants – sondern gleichzeitig auch noch mehr oder weniger unabhängige Kommentare und Bewertungen anderer Nutzer. Der große Nachteil: Diese Bewertungen können einerseits manipuliert werden. Andererseits sind diese Bewertungen von »wildfremden« Nutzern erstellt worden. Geschmäcker sind nun einmal verschieden – und auch ziemlich subjektiv. Facebook hingegen bietet die Möglichkeit, solche Bewertungen mit dem eigenen persönlichen Netzwerk zu verknüpfen. Diese kann man dann wesentlich besser bewerten.

Simples Beispiel: Ein Freund ist sehr kritisch, wenn es um das Thema Essen geht. Er findet eigentlich in nahezu jeder Suppe mindestens ein Haar. Dementsprechend wird er oft enttäuscht. Negative Bewertungen sind bei ihm keine Seltenheit. Wenn er allerdings sagt, dass es ihm gut geschmeckt hat, weiß man, dass man dieses Restaurant mit sehr hoher Wahrscheinlichkeit uneingeschränkt genießen und auch an weitere Freunde empfehlen kann.

In diesem Bereich liegt noch ein riesiges Potenzial auf Facebook brach. Und es würde uns wundern, wenn Facebook dieses nicht in absehbarer Zukunft besser nutzbar macht.

19.4 Facebook-Seite ähnlich Website oder SEO – Jeder macht's

Es zeichnet sich bereits heute in unterschiedlichen Facetten ein Trend ab, dass rund um Facebook-Seiten eine ähnliche Entwicklung stattfindet wie Ende der 90er-Jahre. Damals stürmten die Unternehmen verstärkt mit einer eigenen Internetseite ins World Wide Web. Einige Parallelen gefällig:

- Erst einmal abwarten, was die Konkurrenz macht und ob man das wirklich braucht.
- Unternehmen, die sich zuerst eine eigene URL sicherten, haben damit heute noch einen Wettbewerbsvorteil (eine ähnliche Entwicklung herrscht gerade bei den Vanity URLs auf Facebook als *facebook.com/ihrunternehmen*).
- Teilweise herrscht blinder Aktivismus – Facebook-Seiten werden ohne Strategie, Konzept und Ziele aufgesetzt.
- Oft wurde versucht, althergebrachte Mechanismen auf eine neue Welt zu übertragen.
- Die neuen technischen Möglichkeiten und das veränderte Nutzerverhalten werden dabei oft nur unzureichend beachtet.
- ...

Wir gehen davon aus, dass eine Facebook-Seite bereits in absehbarer Zukunft bei immer mehr Unternehmen einen ähnlichen Stellenwert haben wird wie die eigentliche Unternehmenswebsite. Dabei herrscht kein Verdrängungswettbewerb, sondern die unterschiedlichen Online-Präsenzen werden immer eleganter miteinander verknüpft, um die Vorteile der unterschiedlichen Welten zu nutzen und deren Nachteile zu reduzieren.

Außerdem wird wahrscheinlich aufseiten der Produzenten eine ähnliche Entwicklung stattfinden wie bei den Anbietern im Bereich Webdesign. Zu Beginn gibt es zu wenige Experten, welche von der Anfragewelle überrollt werden. Nach einiger Zeit besteht auch im Bereich Social Web die Gefahr, dass Unternehmen denken, dass diese Arbeiten auch von Studenten oder Laien übernommen werden können, um Kosten zu sparen. Nachdem immer mehr Unternehmen festgestellt haben, dass dieser Bereich einfach zu kritisch für den Unternehmenserfolg ist, um ihn »irgendwem« zu überlassen, und es weit mehr professionelle Anbieter gibt, kehrt eine Normalisierung des Marktes ein. Im Bereich Webdesign haben wir diese Entwicklung schon lange durchlaufen. Im Bereich Social Web befürchten wir, dass sie eventuell noch bevorsteht.

19.5 Social Shopping – Gemeinsam online shoppen

Neben all seinen zahlreichen Vorteilen bietet Online-Shopping bei vielen Waren immer noch einen entscheidenden Nachteil: Das gemeinsame »Shopping-Erlebnis« mit Freunden fehlt. Bei sämtlichen Entscheidungen ist man auf sich alleine gestellt. Soll man das T-Shirt besser in Weiß oder Blau kaufen? Lieber den Schuh a) oder b) bestellen? Und so weiter. Aber auch die Freude nach dem Kauf kann man in der Regel nur schwer mit anderen Nutzern teilen. Außer man gibt sie beispielsweise manuell als Statusmeldung auf Facebook ein.

Im gesamten Presales-, Sales- und Postsales-Prozess gibt es zahlreiche Möglichkeiten, bei denen man die Power von Facebook sehr gut nutzen kann. Sowohl um dem Nutzer den Einkauf zu erleichtern als auch um dieses bisher einsam erlebte Kauferlebnis zu einem Thema innerhalb des Freundeskreises des Kunden zu machen. Somit wird positive Mundpropaganda rund um das eigene Angebot erzeugt. All dies wird unter dem Begriff »Social Shopping« zusammengefasst.

Auch hierzu wieder ein Beispiel: Eine Nutzerin befindet sich in einem Online-Shop für Mode. Sie hat drei verschiedene Oberteile zur Auswahl, kann sich aber nicht entscheiden, welches sie nun genau kaufen soll. Sie legt diese drei Artikel in einen »virtuellen Warenkorb«, der es ihr ermöglicht, mit wenigen Klicks eine kurze Umfrage innerhalb ihres Facebook-Netzwerkes zu erstellen. Dabei können sämtliche Freunde abstimmen und Kommentare abgeben. Innerhalb weniger Minuten hat die Nutzerin in der Regel ein Feedback – sowohl von ihren engsten Freunden als auch von anderen Nutzern. Und das extrem benutzerfreundlich – zum Beispiel ohne diverse Inhalte in eine E-Mail zu kopieren und dann an ausgewählte Freude zu versenden, was natürlich auch ohne die Nutzung von Funktionen des Social Webs möglich ist.

Ein weiterer äußerst interessanter Effekt für den Betreiber des Online-Shops: Die Nutzerin wird nicht nur bei ihrem Kaufprozess unterstützt, was die Wahrscheinlichkeit erhöht, dass sie auch tatsächlich den »Bestellen«-Button anklickt. Gleichzeitig werden auch die Freunde auf Facebook auf den Online-Shop hingewiesen. Denn wenn ihnen die Artikel gefallen, welche in der Umfrage zur Schau gestellt wurden, besteht eine relativ hohe Wahrscheinlichkeit, dass sie den Online-Shop ebenfalls besuchen.

Ein ähnlicher Effekt kann auch dadurch erzielt werden, dass beispielsweise auf der Seite mit der Bestellbestätigung eine zusätzliche Call-To-Action-Funktion eingebunden wird. »Vielen Dank für deine Bestellung! Und herzlichen Glückwunsch zu folgenden Artikeln, die du schon ganz bald dein eigen nennen darfst (Übersicht der Artikel). Mit einem Klick auf den folgenden Button kannst du deine Vorfreude mit deinen Freunden auf Facebook teilen.« Sobald die Nutzerin diesen Button anklickt, kann sie noch einen Kommentar eingeben und die Inhalte werden bestenfalls inklusive der Thumbnails der eingekauften Artikel auf dem Facebook-Profil der Nutzerin veröffentlicht. Gleichzeitig erscheinen sie im Newsfeed sämtlicher ihrer Facebook-Freunde.

Einen ähnlichen Ansatz hat Facebook bereits vor geraumer Zeit mit seinem Programm »BEACON« verfolgt. Entscheidender Knackpunkt, der zum Misserfolg geführt hat: Die Nutzer wurden nicht gefragt, sondern ihr Einkauf wurde ohne ihr Wissen einfach auf dem Facebook-Profil veröffentlicht. Abhängig von den bestellten Artikeln kann dies natürlich zu erheblichen Problemen führen. Dabei ist das Geburtstagsgeschenk, welches nun nicht mehr länger eine Überraschung ist, noch ein eher kleines Problem.

Sprich: Wichtig beim Thema Social Shopping ist, dass der Kunde aktiv eingebunden wird und selber entscheidet, ob und wenn ja, welche Inhalte er auf seinem Facebook-Profil veröffentlichen und mit seinen Freunden teilen möchte. Außerdem eignet sich dieser Ansatz nicht für jedes Produkt. Aber bei Produkten, wo dies sinnvoll eingesetzt werden kann, denken wir, dass wir in naher Zukunft noch zahlreiche vergleichbare Ansätze beobachten werden können.

19.6 Mobile Apps – Facebook wirklich everywhere

Seit geraumer Zeit wird kaum noch ein internetfähiges Mobiltelefon verkauft, ohne dass es eine vorinstallierte Facebook-App enthält. Diese ermöglicht dem Nutzer, jederzeit und überall auf die wesentlichen Funktionen von Facebook zuzugreifen.

Es ist also nicht weiter verwunderlich, dass bereits heute ein beachtlicher Teil der Nutzung von Facebook mobil stattfindet. Mehr als 425 Millionen Nutzer – somit mehr als die Hälfte der gesamten Facebook-Community – greifen via Mobiltelefon auf Facebook zu. Diese Nutzer sind doppelt so aktiv auf Facebook, wie jene, die Facebook nur vom PC aus nutzen. Deshalb ist auch für die Mobilfunkprovider ist der mobile Siegeszug von Facebook ein wahrer Segen. Endlich besteht ein Service, den die Leute wirklich dringend mobil brauchen beziehungsweise stark nachfragen. Einerseits wird diese Entwicklung durch neue, benutzerfreundliche Telefone vorangetrieben. Auch wenn es noch einige Zeit brauchen wird, bis es wirklich für sämtliche Otto Normalverbraucher Standard ist, „always on" zu sein, wird sich diese Entwicklung nicht aufhalten lassen und sie wird auch nicht mehr allzu lange auf sich warten lassen.

Andererseits wird diese Entwicklung durch neue Services beschleunigt. Es entstehen ständig neue Angebote, welche die mobilen Möglichkeiten sowohl in puncto Technologie als auch in puncto Nutzerverhalten bestmöglich ausnutzen. Beispielsweise werden viele Handlungen, die man heute mit dem Mobiltelefon vornimmt, mit einer Geo-Koordinate versehen. Seien es Fotos, Videos, Statusmeldungen oder Ähnliches.

Zu guter Letzt ist Facebook kurz vor dem Börsengang noch auf »Einkaufstour« gegangen. Nachdem bereits Ende 2011 mit Gowalla einer der führenden Anbieter von Location Based Services übernommen wurde, hat der Kauf von Instagram, einer mobilen Anwendung zur Bearbeitung von Fotos, für sage und schreibe eine Milliarde US-Dollar für Furore gesorgt. Anschließend wurde das Start-Up Tagtile übernommen. Das Unternehmen bietet eine App mit der Nutzer Treueprämien in bestimmten Geschäften sammeln können. Auch mit diesen Zukäufen unterstreicht Facebook noch einmal, dass die Zeichen ganz klar auf »Mobile« stehen.

19.7 Facebook Payment – Das neue Bezahlsystem

Facebook bietet bereits seit geraumer Zeit ein eigenes Bezahl-System. Mithilfe von »Facebook Credits« (in Deutsch: Gutschriften) können Nutzer beispielsweise virtuelle Güter in »Social Games« auf der Plattform erwerben. Die Credits können entweder direkt innerhalb von Facebook oder in den USA auch schon im stationären Handel erworben werden. Neben den auch hierzulande üblichen Prepaid-Karten der Mobilfunk-Provider und Musikindustrie finden Kunden dort im Supermarkt bereits Prepaid-Karten von Facebook.

Anfang 2011 hat Facebook nun eine Tochtergesellschaft gegründet, die sich mit der Zahlungsabwicklung beschäftigt. Ab Sommer 2011 sollen Facebook Credits das exklusive Zahlungsmittel innerhalb von Spielen auf Facebook werden. Natürlich ist es denkbar, dass das Unternehmen seine Aktivitäten im Zahlungsverkehr weiter ausbaut. Hier könnte eine Alternative zu Diensten wie PayPal entstehen, sodass sich Nutzer zukünftig gegenseitig Geld direkt auf Facebook überweisen können. Auch im Bereich E-Commerce bieten sich natürlich zahlreiche Möglichkeiten. Hier gab es bereits erste Gehversuche. Dabei konnten die Nutzer den Film »The Dark Knight« direkt auf der entsprechenden Facebook-Seite von Warner Bros ausleihen. Die Bezahlung erfolgte via Facebook Credits. Hier dürften in Zukunft zahlreiche weitere neue Möglichkeiten und Ansätze entstehen. Wobei das Facebook-Bezahlsystem nicht nur online, sondern auch im Bereich »Mobile Payment« genutzt werden könnte. Schließlich zählt Facebook auch zu den beliebtesten Anwendungen auf dem Mobiltelefon.

19.8 Crossmedia – Nichts Besonderes mehr, sondern Standard

Derzeit befinden sich viele Unternehmen noch bei den ersten Gehversuchen im Social Web. Oftmals erfolgen diese in kleinen, abgegrenzten Pilotprojekten – weitestgehend losgelöst von der restlichen Kommunikation. Wirklich crossmediale Kampagnen, bei denen Facebook tief in andere Marketingkanäle und Werbemittel integriert wird, sind eher die Seltenheit. Die Nennung der Unternehmens-URL ist heute weitestgehend Standard. Schon in wenigen Jahren wird der Auftritt im Social Web einen ähnlichen Stellenwert haben. Die Vorteile der passiven Viralität von Maßnahmen auf Facebook werden dann ganz alltäglich mit anderen Kampagnen-Bausteinen vernetzt.

Hier einige Beispiele:

In Werbebannern steht nicht mehr die Unternehmens-URL im Vordergrund, sondern die Facebook-Präsenz. Beispielsweise bei Werbebannern zu dem Film »Alice im Wunderland« war das bereits Anfang 2010 schon Standard. Fernsehwerbung wird direkt mit der Facebook-Seite verknüpft. Insbesondere durch stärkere Verschmelzung von Internet und TV werden hier vollkommen neue Möglichkeiten entstehen. Und dies ist keine Zukunftsmusik mehr. Schon heute verfügen zahlreiche neue Fernsehgeräte über eine WLAN-Verbindung.

Events werden ganz selbstverständlich mit Facebook verknüpft. Sowohl in der Vorbereitung (Einladung von Gästen und Management der Teilnehmerliste, eventuell inklusive speziellem Gewinnspiel, bei dem Preise unter all den Teilnehmern verlost werden, die sich via Facebook für das Event registriert haben und somit via passive Viralität auch ihren Freundeskreis auf das Event hinweisen), beim eigentlichen Event selbst (aktive Einbindung von Menschen, die nicht offline an dem Event teilnehmen, aber beispielsweise via Live-Chat online integriert werden) bis hin zur Nachbereitung (Veröffentlichung von Bildern eines Events, eventuell inklusive Gewinnspiel unter allen Teilnehmern, die sich selber auf einem der Bilder taggen und damit das Event in ihrem Freundeskreis bekannt machen und zum Besuch einer möglichen Folgeveranstaltung animieren).

Wir könnten diese Liste schon heute beliebig fortsetzen. Durch die bereits absehbaren und auch durch die überraschenden technischen Entwicklungen werden sich hier voraussichtlich in naher Zukunft noch weit mehr Möglichkeiten auftun.

Tipp

Unter folgendem Link kündigt Facebook Entwicklungen an, welche in den nächsten Monaten geplant sind und somit zumindest einen Blick in die nahe Zukunft ermöglichen: *http://developers. facebook.com/roadmap*

20. Schlusswort – Kein Hype, sondern Dynamik mit Substanz

»Nach diesem Rundumflug durch die Welt von Facebook setzen wir nun langsam aber sicher zur Landung an. Wir würden uns freuen, wenn du den Flug genossen hast und wir dich schon bald als festen Passagier an Board von Facebook begrüßen dürfen.«

Okay, Spaß beiseite. Du scheinst das Buch tatsächlich bis hier zum Ende gelesen zu haben. Nun hoffen wir, dass dies nicht aus reiner Langeweile geschehen ist, sondern dass du dabei einigen interessanten Input erhalten hast und nun gut gewappnet bist, um Facebook für das eigene Marketing nutzbar zu machen.

Denn eines zeichnet sich ganz klar ab: Bei dem Thema Social Web handelt es sich um keinen kurzfristigen Hype, sondern um eine langfristige Entwicklung mit Substanz.

Möglicherweise wird das Kind zukünftig anders heißen, werden einige neue Plattformen entstehen und andere vom Markt verschwinden. Aber die dahinterstehenden Entwicklungen sind schlichtweg nicht mehr aufzuhalten.

Das bedeutet nicht, dass nun sämtliche Unternehmen Hals über Kopf in diese neue Marketingwelt stürmen müssen. Ganz im Gegenteil! Hier sind gut durchdachte Strategien und wohlüberlegte Schritte gefragt. Doch Unternehmen, die sich mittel- bis langfristig vollkommen vor diesen Entwicklungen verschließen und so weiter machen möchten wie bisher, werden es äußerst schwer haben und oftmals komplett vom Markt verschwinden.

Es gibt zahlreiche attraktive Plattformen im Social Web. Abhängig von den Zielen eines Unternehmens, der Idee hinter den Maßnahmen, den Zielgruppen und dergleichen mehr kann man nicht eine einzige Plattform als Allzweckwaffe empfehlen, sondern muss dies von Fall zu Fall genau abwägen.

Dennoch kann man mit Fug und Recht behaupten, dass zumindest aktuell Facebook eindeutig als das weltweit führende Social Network bezeichnet werden kann. Es verfügt über die größte Reichweite und Anzahl registrierter Nutzer. Die technischen Entwicklungen werden im Wesentlichen von diesem Unternehmen vorangetrieben. Natürlich abgesehen von kleinen Anbietern, welche in der Regel die wahren Innovationen entwickeln, die dann früher oder später von »den Großen« übernommen werden. Und auch für den Bereich Marketing bietet Facebook aufgrund seiner Vielseitigkeit die besten Möglichkeiten. Sei es auf Facebook selber oder durch die geschickte Integration von Facebook in die eigene Unternehmenswebsite sowie die Einbindung in sonstige externe Plattformen.

Wie das funktioniert? Das haben wir im Rahmen dieses Buches hoffentlich aus den unterschiedlichsten Blickwinkeln ausreichend beleuchtet und anhand zahlreicher Beispiele aus der Praxis bestmöglich geschildert, um die Theorie mit der Praxis zu verbinden.

Dennoch ist klar, dass zum Zeitpunkt der Fertigstellung dieses Buches bereits neue Möglichkeiten bestehen, die nicht in diesem Werk beschrieben werden. Denn die hyperdynamischen Entwicklungen im Social Web können in Form eines Buches schlichtweg nicht abgedeckt werden. Aber das war auch nicht unser Ziel.

Dies bestand viel mehr darin, Neugier zu wecken, die Möglichkeiten des Social Web zu veranschaulichen, den veränderten Fluss von Informationen und die damit einhergehenden Anpassungen im Benutzerverhalten zu verdeutlichen, um dir als Leser das notwendige Rüstzeug mitzugeben, um diese »neue Marketingwelt« zu erforschen und zu erobern. Dabei wünschen wir dir viel Spaß und Erfolg!

Eine Bitte

Natürlich freuen wir uns über jede (positive ;)) Rezension auf Amazon und/oder *www. facebook. com/fbmarketingbuch*. Dies hilft auch anderen Menschen zu beurteilen, ob sie sich unser Buch anschaffen sollten oder eben nicht. Es wäre also toll, wenn du uns und andere Nutzer mit einer Bewertung auf einer dieser Plattformen unterstützt.

21. Anhang

21.1 (Geliehene) Denkanstöße bekannter Social-Media-Autoren

Bekannte Experten wie Seth Godin, Mark Hughes oder Erik Qualman haben uns mit ihren Büchern in den letzten Jahren immer wieder inspiriert und prägen bis heute unser Verständnis für ein alternatives Marketing. Viele ihrer Aussagen sind gerade im Hinblick auf Facebook & Co. brandaktuell, und nicht jeder wird die Zeit finden, diese Bücher selbst zu lesen. Daher haben wir hier alternativ zu einem Literaturverzeichnis einige ihrer Denkanstöße aufgeführt und um aktuelle Aussagen aus Studien zur Internetnutzung ergänzt. Wir hoffen, diese gefallen dir genauso gut wie uns und bieten zahlreiche – wenn auch nur geliehene – Denkanstöße.

Aussagen aus dem Buch *All Marketers are Liars* von Seth Godin

- Als Alice im Wunderland Schach spielte, änderte die Rote Königin nach jedem Zug die Spielregeln. Das gleiche passiert im Marketing-Wunderland. Ein Wettbewerber verändert etwas und plötzlich verschiebt sich die gesamte Wettbewerbslandschaft.
- Anmerkung von uns: Hinzu kommen Veränderungen in der Medienlandschaft und dem Nutzerverhalten. Das gilt insbesondere für das Social Web.
- Marketing kann nicht länger die Aufmerksamkeit der Verbraucher erzwingen. Fernsehwerbung garantiert heute nicht mehr, dass einem die Menschen auch wirklich zuhören. Doch dieses Bollwerk der Aufmerksamkeit kann durchbrochen werden. Denn ungewöhnliche Werbung wird immer noch beachtet. Menschen können sich gar nicht dagegen wehren, etwas Ungewöhnlichem Aufmerksamkeit zu schenken, das gerade auf der Straße oder andernorts passiert.
- Viele Menschen wünschen sich das, was jedermann kauft.
- Allzu oft sind Marketer dermaßen selbstverliebt, dass sie glauben, ihre Werbebotschaft ist es einfach wert, von alleine verteilt zu werden. Nicht sie entscheiden, was es wert ist, eine Werbeepidemie auszulösen – diesen Part übernimmt immer noch die Öffentlichkeit.
- Langeweile erzielt kein Wachstum!
- Traditionelles Marketing denkt allzu oft, dass es ausreicht, den Verbrauchern eine Nachricht »einzuprügeln«. Wenn das nicht funktioniert, wird anschließend einfach versucht noch fester zuzuhauen, indem man die gleiche Werbung einfach noch öfter zu schaltet.

Aussagen aus dem Buch *Buzz* von Marian Salzman, Ira Matathia und Ann O´Reilly

- Erfolgreiches Marketing adressiert nicht die Masse, sondern jene Menschen, die andere beeinflussen. Es geht also nicht darum, die breite Masse anzuschreien, sondern eine Werbebotschaft in die Ohren der richtigen Verbraucher zu flüstern.

- Bieten Sie den Verbrauchern eine Botschaft, die es wert ist, dass man sich darüber unterhält, und sie wird sich von alleine verbreiten. Das liegt in der menschlichen Natur.
- Man muss realisieren, dass ein Massenpublikum heute ein seltener Luxus geworden ist.
- Egal, ob Sie ein Auto, einen Staubsauger oder eine CD kaufen möchten, im Internet gibt es Menschen, die Ihnen gerne über ihre Erfahrungen mit dem jeweiligen Produkt berichten.
- Die Realität erfordert heutzutage kreativere und radikalere Lösungen im Bereich Marketing.
- Leute fangen unter anderem an zu berichten, wenn sie über exklusive Informationen beziehungsweise Produkte verfügen oder einmalige Dinge selbst miterlebt haben.
- Was Freunde sagen, ist wesentlich wichtiger, als das, was unterschiedliche Medien berichten.
- Oftmals erkennen Verbraucher, dass sie beispielsweise mit einem Kurzfilm im Internet eine virale Werbebotschaft von einem Unternehmen verbreiten. Aber ist der Film gut gemacht, stören sie sich nicht daran.
- Führen all diese Erkenntnisse zum Tod der Werbung? Nicht im geringsten. Ist dies das Ende der Werbung, wie wir sie heute kennen? Auf jeden Fall.

Aussagen aus Buch *Free Prize Inside* von Seth Godin
- Das Erfolgsrezept im Bereich Marketing besteht nicht mehr darin, die gewünschten Zielgruppen mit der Werbung für ein Produkt »zu stören«. Vielmehr fliehen clevere Marketer verstärkt aus den kostspieligen Massenmedien und suchen nach entsprechenden Alternativen.
- Oftmals versuchen Unternehmen mit Marketing Probleme zu lösen, deren Kern innerhalb des Produktes liegt. Doch das beste Marketing verpufft, wenn das Produkt nicht den Erwartungen des Kunden entspricht oder noch besser diese übertrifft.
- Anmerkung von uns: Natürlich gilt dies insbesondere im Social Web. Wenn sich das Versprechen eines Unternehmens – sei es im Bereich Produkt, Service oder Ähnliches – nicht mit der Realität deckt, wird dies hier konsequent abgestraft. Wobei es hierbei unerheblich ist, ob das Unternehmen selber auf Facebook & Co. aktiv ist. Verärgerte Konsumenten finden immer einen Platz, wo sie ihren Frust kommunizieren und mit anderen teilen können.

Aussagen aus dem Buch *The Brand Gap* von Marty Neumeier
- Heutzutage haben wir einen Reichtum an Informationen, aber eine Armut an Zeit, die uns dafür zur Verfügung steht.

- Nehmen Sie sich die letzte Ausgabe Ihrer Lieblingszeitschrift zur Hand und betrachten Sie die darin enthaltenen Anzeigen. Welche berühren Ihre Emotionen? Werden Sie sich auch noch morgen an diese erinnern können? Falls nicht, liegt das oftmals an der fehlenden Kreativität vieler Anzeigen.
- Kreativität bedeutet nicht, täglich das Rad neu zu erfinden, sondern einfach »frisches« Denken.
- Henry Fords Entscheidungen beim Autobau beruhten weniger auf Marktforschung, sondern oftmals eher auf Intuition. »Wenn wir die Leute gefragt hätten, was sie benötigen, wäre die Wahl auf schnellere Pferde gefallen.«
- Wenn Menschen mit sich selbst sprechen, bezeichnet man sie als verrückt, bei Unternehmen nennt sich dies oftmals Marketing.

Aussage aus dem Buch *Buzz Marketing* von Mark Hughes
- Marketing ist oftmals nicht ehrlich und aufrichtig. Aber Verbraucher sind nicht dumm und fühlen sich hinters Licht geführt.

Aussagen aus dem Buch *Socialnomics* von Erik Qualman
- Millionen-Dollar-TV-Kampagnen sind nicht länger die Königsdisziplin im Bereich Marketing und Hauptfaktor zur Beeinflussung von Kaufentscheidungen. Sie wurden durch Empfehlungen der Menschen im Social Web abgelöst. Dabei handelt es sich um das größte Empfehlungs-Marketing-Programm aller Zeiten.
- Menschen wünschen sich, zu verstehen, was die Mehrheit gerade macht. Das Social Web bietet ihnen hierbei ideale Möglichkeiten.
- »Bist du auf Facebook« ersetzt die Frage »Kann ich deine Telefonnummer haben«.
- Konsumenten möchten Besitz von Marken ergreifen und diese mit gestalten. Clevere Unternehmen bieten ihnen diese Möglichkeit.
- Nielsen berichtet, dass 78 Prozent der Menschen auf Empfehlungen aus ihrem Umfeld vertrauen. Aber nur 15 Prozent vertrauen der Werbung.
- Die landläufige Meinung, dass Konsumenten im Social Web viel mehr negative als positive Kommentare abgeben, ist so nicht unbedingt richtig. Die Mehrheit der inzwischen 20 Millionen Kommentare auf der Hotelbewertungsplattform tripadvisor.com sind beispielsweise positiv.
- Brand Marketing sollte sich heutzutage stärker darauf konzentrieren zuzuhören, anstatt ihre Zeit damit zu verschwenden, den nächsten Award-verdächtigen, aber keinen-Kunden-gewinnenden-30-Sekunden-TV-Spot zu kreieren.
- Die Tage des traditionellen Brand Marketings sind keinesfalls vorbei. Die Disziplin nimmt jedoch neue Formen an.

- Erfolgreiche Unternehmen agieren heute eher als eine Art Publisher, Entertainer oder Partyplaner und weniger als Werbetreibender.
- Konsumenten möchten heutzutage nicht länger angeschrien, sondern unterhalten werden und Beziehungen aufbauen.
- Es ist zwecklos, ein und demselben Konsumenten zwanzig Mal die gleiche Werbung zu zeigen. Im TV passiert dies immer wieder, nicht jedoch im Social Web.

Aussagen aus dem Buch *Waiting for Your Cat to Bark* von Bryan & Jeffrey Eisenberg
- Bereits im Jahr 2000 hat A.G. Lafley, CEO von Procter & Gamble, gesagt, dass Konsumenten der »Boss« sind und sich erfolgreiche Marken in vertrauenswürdige Freunde verwandeln werden.
- Anders als Andy Warhol gesagt hat, hat heute nicht mehr jede Person 15 Minuten Berühmtheit, sondern 15 Personen sind für eine Minute berühmt.
- Marketing kann beeinflussen und Erfahrungen kreieren, aber es kann nicht kontrollieren.

Aussagen aus dem Buch *Groundswell* von Charlene Li und Josh Bernoff
- Im Social Web zuzuhören, um auf dieser Basis eine klassische Marketingkampagne zu gestalten, ist wie wenn einem jemand etwas vertraulich ins Ohr flüstert und man ihn daraufhin anschreit.
- Pro 100.000 Dollar-Budget konnte Adidas im Social Web 26.000 Nutzer zu der Aussage bewegen, dass sie nun eher bereit sind, ein Produkt des Anbieters zu kaufen als davor.
- Marketer sind es oftmals gewohnt, extrem laut zu schreien, um überhaupt einmal ein Echo zu hören.
- Nach unseren Beobachtungen sind circa 80 Prozent der Bewertungen im Social Web positiv.
- Menschen im Social Web sind überdurchschnittlich hilfsbereit und unterstützen oftmals absolut fremde Nutzer.
- Kunden beraten sich gegenseitig und verlassen sich heute aufeinander. Dabei hören sie Unternehmen nicht mehr zu. Das Beste, was Unternehmen diesbezüglich machen können, ist, Konsumenten ein Umfeld zu bieten, das es ihnen erleichtert, sich gegenseitig zu unterstützen.
- Negative Bewertungen und Kommentare sind essenziell für die Glaubwürdigkeit einer Website. Ohne diese erscheinen positive Bewertungen und Kommentare einfach nicht glaubwürdig.

Aussagen aus dem Buch *Personality not included* von Rohit Bhargava

- In vielen Unternehmen erfolgen notwendige Änderungen leider erst zu spät, nämlich wenn ein sofortiges Handeln von außen erzwungen wird. Beispielsweise durch die Planung oder Einführung eines neuen Produkts seitens eines Wettbewerbers oder eine bahnbrechende Innovation innerhalb der eigenen Branche.
- Wenn man seine Zielgruppe unterhält, ohne einen direkten Mehrwert für das eigene Unternehmen zu schaffen, handelt es sich dabei eher um einen wohltätigen Zweck als um eine Marketingkampagne.

21.2 Hilfreiche Tools und Informationsquellen

Zum Abschluss einige hilfreiche Tools für die eigene Facebook-Seite und eine Übersicht diverser Informationsquellen im Web, die sich mit dem Thema Social Web beschäftigen. Wobei diese Liste keinerlei Anspruch auf Vollständigkeit erhebt. Die Liste befindet sich auch auf der Website *www.facebookmarketingbuch.de*. Du vermisst einen Link/Anbieter? Dann teil uns das doch bitte einfach kurz mit – entweder auf Facebook, unserer Website oder indem du uns auf einer der einschlägigen Plattformen persönlich kontaktierst.

blog.facebook.com
Der offizielle Blog von Facebook, der über Neuigkeiten informiert.

allfacebook.de (ehemals facebookmarketing.de)
Eine der führenden deutschsprachigen Infoquellen zum Thema Facebook, die von Philipp Roth und Jens Wiese betrieben wird. Hut ab. Das macht ihr echt klasse!

allfacebook.com
Ein englischsprachiger Blog rund um das Thema Facebook, betrieben von Nick O'Neill.

insidefacebook.com
Informationen für Facebook-Marketer und Entwickler, die von dem Unternehmen Inside Network betrieben wird.

facebook.com/conceptbakery
Die Facebook-Seite unserer Agentur conceptbakery, die über aktuelle Trends und Kampagnen im Bereich alternative Marketingstrategien, Social Media & Co. berichtet.

developers.facebook.com/plugins
Übersicht der aktuell verfügbaren Social Plug-ins von Facebook.

developers.facebook.com/showcase/
Diverse Showcases von Unternehmen, die Social Plug-ins von Facebook in ihren Internetauftritt implementiert haben.

developers.facebook.com/tools/
Verschiedene Werkzeuge für Entwickler, zum Beispiel Java Script Konsole oder URL Linter.

facebook.com/marketing
Best Practices, aktuelle Kampagnen, News und vieles mehr zum Thema Marketing auf Facebook.

facebook.com/FacebookPages
Tipps und Tricks, News und vieles mehr zum Thema Facebook-Seiten.

facebook.com/platform
Best Practices, News, Vorstellung neuer Kampagnen und vieles mehr rund um das Thema Facebook.

facebook.com/celebs
Zahlreiche Celebrities betreiben erfolgreiche Facebook-Seiten. Hier gibt es News zu dem Thema.

facemeter.de
Übersicht der beliebtesten und am stärksten wachsenden Facebook-Seiten, aufgeteilt in verschiedene Kategorien (Marken, Medien, Politik, Freizeit, Länder) inklusive Angaben zur Anzahl der Interaktionen auf den Seiten.

techcrunch.com
Ein Blog, der auf die Vorstellung neuer Internet-Produkte und -Firmen spezialisiert ist.

mashable.com
Laut eigener Aussage der weltweit größte Blog mit Spezialisierung auf Web 2.0 und Social Media.

cluetrain.com

Das Cluetrain Manifesto. Schon mehr als zehn Jahre alt. Aber immer noch unglaublich aktuell. Ein absolutes »Must Read« für jeden, der es noch nicht kennt. Wobei sich auch ein zweites, drittes, viertes, ... Mal lesen lohnt.

contextoptional.com

Das Unternehmen bietet verschiedene Lösungen in Bereichen wie Moderation, Applikationen, Publishing und Analyse für Facebook-Seiten.

fanappz.com

Hier findet man zahlreiche vorgefertigte Applikationen, die relativ kostengünstig verwendet und unkompliziert in die eigene Facebook-Seite integriert werden können (Umfragen, Quiz, Coupons etc.).

wildfireapp.com

Der Anbieter hat sich ebenfalls auf die Entwicklung von vorgefertigten Applikationen spezialisiert (Quiz, Contests, Coupons etc.).

votigo.com

Das Unternehmen bietet verschiedene vorgefertigte Applikationen für Video- und Foto-Wettbewerbe auf Social Networks wie Facebook.

openbook.org

Suchmaschine für Facebook-Statusmeldungen. Einfach Suchbegriff eingeben und sehen, welche Nutzer was darüber gepostet haben.

allfacebookstats.com

Beispiel für einen Anbieter von professionellen Analyse-Tools für die eigene Facebook-Seite, der auch eine kostenlose Basis-Variante anbietet.

facebookmarketingbuch.de

Auf dieser Seite findest du Informationen rund um unser Buch *facebook – marketing unter freunden*.

pagesonfire.de

Baukastensystem, CMS und fertige Applikationen für Facebook – eine Version ist speziell auf KMU ausgerichtet, eine andere auf große Unternehmen.

addictomatic.com
Mit diesem Tool kann man überprüfen, ob und wenn ja, was über das eigene Unternehmen oder Produkte im Netz und vor allem auf zahlreichen Social-Media-Plattformen gesprochen wird.

socialmention.com
Funktioniert ähnlich wie addict-o-matic, nur dass es sich auf Twitter und Facebook konzentriert.

alexa.com
Ermöglicht die Analyse der Reichweite von Websites. Einfach eine URL eingeben und diverse Daten erhalten. Eignet sich besonders für große/reichweitenstarke Websites.

socialbro.com
Bietet nützliche Informationen zu den eigenen Twitter-Aktivitäten. Wer sind die Multiplikatoren? Zu welcher Tageszeit erzielt man die besten Ergebnisse? Und so weiter.

Content-Management-Systeme und fertige Module für Deine Facebook-Seite

Du möchtest eigene Reiter für ein Facebook-Seite erstellen, bearbeiten und aktualisieren? Außerdem würdest Du Deine Facebook-Seite gerne um Module wie Gewinnspiele, Umfragen und ähnliches erweitern, um Deinen Fans Mehrwerte und Unterhaltung zu bieten und somit die Anzahl der Interaktionen zu erhöhen? Ganz einfach per Drag & Drop, ohne Programmierkenntnisse? Wir bieten ein entsprechendes System, das all dies und noch mehr bietet.

Weitere Informationen und unsere Kontaktmöglichkeiten findest Du unter WWW.PAGESONFIRE.DE.

Facebook und Social Web Kochkurse

Neben der Tätigkeit in der Backstube unserer Marketingagentur conceptbakery bieten wir auch Kochkurse, sprich Schulungen und Workshops zum Thema Facebook und Social Web. Sei es speziell auf ein Unternehmen und dessen Anforderungen zugeschnitten oder im Rahmen von diversen Veranstaltungen, Messen & Co. Du möchtest Dich und Deine Mitarbeiter auf den neusten Stand bringen? Mehr über aktuelle Entwicklungen und Möglichkeiten für Dein Unternehmen lernen? Gemeinsam brainstormen?

Weitere Informationen zu unseren Kochkursen findest Du unter WWW.CONCEPTBAKERY.DE.